华南理工大学研究生教育创新计划资助项目(yjzk2010005)

食品工业中的现代分离技术

黄惠华　王　娟　编著

科 学 出 版 社

北 京

内 容 简 介

本书重点对当前及今后食品工业中应用到的一些新型分离技术进行介绍，侧重于现代新型分离技术在食品工程中的一些理论及应用的工程工艺问题，以期使读者在掌握相关技术原理与应用的同时，了解到食品工业的发展趋势；同时，为了兼顾学科的完整性，对一些常用的传统分离技术的应用及发展也进行了适当的介绍。主要内容包括：食品工业中的膜分离技术（反渗透、超滤、电渗析、液膜、膜反应器）、新型萃取技术（超临界流体萃取、双水相萃取、反相微胶团萃取）、微波技术、分子蒸馏技术、工业色谱技术与色谱反应器、食品工业中的固液分离技术。

本书可作为高等院校食品科学与工程专业的研究生、高年级本科生的专业课程教材或参考书，也可供食品及相关行业的技术人员参考。

图书在版编目(CIP)数据

食品工业中的现代分离技术/黄惠华，王娟编著. —北京：科学出版社，2014

ISBN 978-7-03-040164-9

Ⅰ.①食… Ⅱ.①黄…②王… Ⅲ.①食品工程-分离 Ⅳ.①TS201.1

中国版本图书馆 CIP 数据核字(2014)第 047330 号

责任编辑：裴 育 唐保军/ 责任校对：张小霞
责任印制：吴兆东/ 封面设计：蓝正设计

科学出版社 出版
北京东黄城根北街 16 号
邮政编码：100717
http://www.sciencep.com

固安县铭成印刷有限公司 印刷

科学出版社发行 各地新华书店经销

*

2014 年 3 月第 一 版 开本：720×1000 1/16
2024 年 1 月第八次印刷 印张：13 1/4
字数：251 000

定价：80.00 元

（如有印装质量问题，我社负责调换）

前　　言

食品工程这一学科方向所要研究的主要内容是将化学工程的单元操作引入食品加工过程，并解决这一过程中相关的设计和设备问题。因此，食品工业、食品工程学科的发展动力必然是高新技术的不断应用与更新。目前，国外在本学科方向的研究与发展，表现出如下几个特点：

(1) 新的化工技术与单元操作不断向食品工业渗透，并逐步更新和替代传统的单元操作。例如，超滤技术成功地应用于食品工业中大豆食品的加工与奶类食品的处理；反渗透技术成功地应用于果蔬汁饮料的生产；新单元操作技术的引入，大大地改观了食品工业的生产面貌。

(2) 以新的研究手段和方法对传统的单元操作过程进行更新。例如，对于冷冻浓缩、蒸馏、萃取等传统的单元操作，引入数学模型化、计算机模拟及控制自动化等新的技术方法进行研究，为这些单元操作中的设备更新、工业最优化以及节能方面注入新的内容。

然而，目前国内食品工程领域的学术著作以及高等院校中的相关课程在内容与教学理念方面，尚存在一些不足，与当前互相渗透的高新技术发展趋势不相适应，具体主要表现为：

(1) 单元操作的新技术引入过程较慢，对新的研究成果吸收和更新也较慢，阻碍了学生及行业工程人员学习吸收食品工程新技术，因此有必要在这个方面进行相关的介绍，以开阔学生和专业人员的技术视野。

(2) 新技术的引入不够完整，未能体现出系统性，不利于系统而完整地按照"过程分析—过程数学描述—实例分析"模式进行教学。

(3) 对于以新技术替换传统的食品加工单元操作的发展前景没有给予充分的重视。

因此，尽管可能会有诸多不足，但本书试图在上述几点中进行改进，希望得到同行专家的指正。

本书重点对当前及今后食品工业中应用到的一些新型分离技术进行介绍，侧重于现代新型分离技术在食品工程中的一些理论及应用的工程工艺问题，以期使读者在掌握相关技术原理与应用的同时，了解到食品工业的发展趋势；同时，为了兼顾学科的完整性，对一些常用的传统分离技术的应用及发展也进行了适当的介绍。主要内容包括：食品工业中的膜分离技术（反渗透、超滤、电渗析、液膜、膜反应器）、新型萃取技术（超临界流体萃取、双水相萃取、反相微胶团萃取）、微波技术、分子蒸馏技术、工业色谱技术与色谱反应器、食品工业中的固液分离技术。

本书共7章，其中黄惠华主要负责第1～4、6章的编写以及全书的统编，王娟主要负责第5、7章的编写。刘淑敏、马玉荣、秦艳、刘智钧、厉剑剑、邓雪、党子建、刘丽斌、唐雪娟、罗文超、王浩、周端等参与了本书的校对工作，感谢他们的帮助。同时，对书中引用的文献资料源作者表示衷心感谢。特别感谢“华南理工大学研究生教育创新计划资助项目”(yjzk2010005)对本书出版给予的大力支持。

目　　录

前言
第1章　绪论……1
1.1　分离技术的概念、特点及分类……1
1.1.1　分离技术的概念……1
1.1.2　食品工程及生物工程中分离的一般过程……2
1.1.3　分离技术的分类……4
1.2　现代分离技术与食品工业……5
1.3　现代食品分离过程的特点及技术方法的选择……7
1.3.1　现代食品分离过程的特点……7
1.3.2　分离步骤与方法的选择……7
1.4　食品分离技术的评价与发展趋势……9
1.4.1　食品分离技术的评价……9
1.4.2　食品分离技术的发展趋势……9
参考文献……11
第2章　食品工业中的膜分离技术……13
2.1　膜技术概论……13
2.1.1　膜分离技术的定义……13
2.1.2　膜分离技术的一般原理……13
2.1.3　膜分离技术的发展……15
2.2　膜及膜分离技术的类型……17
2.2.1　膜的分类与制备……17
2.2.2　膜分离技术的类型……24
2.3　膜分离的机理……28
2.3.1　膜分离过程传递现象……28
2.3.2　溶液中组分的膜透过机理……31
2.3.3　膜组件……33
2.3.4　常用的膜分离过程工艺流程……36
2.3.5　评价膜及膜分离过程分离效果的指标……39
2.3.6　影响膜分离过程的因素及其控制……39
2.4　反渗透、超滤与微滤技术在食品工业中的应用……42

2.4.1 水处理——海水、苦咸水淡化和纯水的制备 …… 42
2.4.2 反渗透和超滤技术在果蔬汁浓缩与加工的应用 …… 42
2.4.3 速溶茶加工工艺中的膜技术应用 …… 45
2.4.4 膜技术在酒类饮料生产中的应用 …… 46
2.4.5 膜技术在奶制品加工中的应用 …… 48
2.4.6 食品加工废水的处理 …… 48
2.4.7 膜技术在酶制剂工业中的应用 …… 50
2.5 电渗析分离技术及应用 …… 51
2.5.1 电渗析的基本原理及传质机理 …… 52
2.5.2 电渗析过程中的极化和结垢问题 …… 56
2.5.3 电渗析设备 …… 58
2.5.4 电渗析分离技术在食品工业的应用 …… 61
2.6 液膜分离技术 …… 64
2.6.1 液膜及液膜组成 …… 64
2.6.2 液膜类型及其制备 …… 65
2.6.3 液膜分离的操作过程 …… 66
2.6.4 液膜分离机理 …… 69
2.6.5 液膜分离技术的应用 …… 72
2.7 膜反应器与膜分离技术的发展 …… 74
2.7.1 膜技术与反应器的结合——膜反应器 …… 74
2.7.2 全细胞膜生物反应器 …… 77
2.7.3 膜生物反应器在食品工业中的应用 …… 78
参考文献 …… 80
第3章 新型萃取技术 …… 82
3.1 超临界流体萃取技术 …… 82
3.1.1 超临界流体及萃取技术概述 …… 82
3.1.2 超临界流体萃取的基本原理及过程特点 …… 84
3.1.3 超临界流体萃取的工艺流程 …… 90
3.1.4 超临界流体萃取技术在食品工业中的应用 …… 93
3.1.5 亚临界流体萃取技术 …… 95
3.2 双水相萃取技术 …… 97
3.2.1 双水相萃取的概念及原理 …… 97
3.2.2 生物质在双水相体系中的分配 …… 99
3.2.3 双水相萃取的特点及影响分离效果的主要因素 …… 101
3.2.4 双水相萃取分离的基本流程及发展 …… 102

3.3　反相微胶团萃取 …… 105
3.3.1　反相微胶团萃取的概念及原理 …… 105
3.3.2　影响反相微胶团形成及分离效果的因素 …… 106
3.3.3　反相微胶团分离方法 …… 108
参考文献 …… 109
第4章　微波技术与食品工业 …… 111
4.1　微波技术的概述 …… 111
4.1.1　微波的定义及概念 …… 111
4.1.2　微波萃取技术的发展 …… 112
4.1.3　微波产生的原理及热效应 …… 113
4.2　微波萃取机理 …… 115
4.2.1　微波的热效应和非热效应 …… 115
4.2.2　微波能的转化与物料加热的定量表达 …… 116
4.2.3　微波辅助萃取工艺中溶剂介质的搭配 …… 118
4.2.4　微波场中材料的不同反应及在微波反应器中的应用 …… 119
4.2.5　微波处理工艺中的基本加热系统 …… 121
4.2.6　影响微波萃取的参数 …… 124
4.2.7　微波辐射的防护 …… 126
4.3　微波技术在食品加工中的应用 …… 126
参考文献 …… 129
第5章　分子蒸馏技术 …… 130
5.1　分子蒸馏技术的发展过程 …… 130
5.2　分子蒸馏的概念、原理及特征 …… 130
5.2.1　分子蒸馏的概念 …… 130
5.2.2　分子蒸馏的原理 …… 131
5.2.3　分子蒸馏的特点 …… 132
5.3　分子蒸馏的参数、设备及流程 …… 133
5.3.1　与分子蒸馏效率相关的主要参数 …… 133
5.3.2　分子蒸馏设备 …… 134
5.3.3　分子蒸馏流程 …… 137
5.4　分子蒸馏在食品工业中的应用 …… 138
5.4.1　脂肪酸甘油酯混合物的分离 …… 138
5.4.2　在制备多不饱和脂肪酸方面的应用 …… 139
5.4.3　在维生素提取方面的应用 …… 139
5.4.4　在精油制备方面的应用 …… 140

5.4.5 在提取类胡萝卜素和色素方面的应用 …… 140
参考文献…… 140
第6章 工业色谱技术与色谱反应器…… 142
6.1 色谱技术的分类及一般原理 …… 142
6.1.1 色谱技术及其分类 …… 142
6.1.2 色谱分离的一般性理论及原理…… 145
6.2 亲和色谱分离技术 …… 148
6.2.1 亲和色谱分离技术的原理及过程 …… 148
6.2.2 载体的选择及活化 …… 150
6.2.3 亲和色谱分离条件的选择 …… 152
6.3 离子交换色谱分离技术 …… 153
6.3.1 概述 …… 153
6.3.2 离子交换树脂结构及种类 …… 154
6.3.3 离子交换过程及其影响因子…… 155
6.3.4 离子交换技术的操作及应用…… 156
6.4 凝胶色谱分离技术的基本原理及应用 …… 159
6.5 色谱反应器 …… 160
参考文献…… 162
第7章 食品工业中的固液分离技术…… 163
7.1 打浆制汁和细胞破碎 …… 163
7.2 过滤分离 …… 165
7.3 离心分离 …… 166
7.4 沉淀分离 …… 167
7.4.1 盐析法沉淀分离 …… 169
7.4.2 等电点沉淀分离原理及应用…… 171
7.4.3 生物大分子的变性沉淀分离…… 175
7.4.4 果蔬汁、茶饮料制品及啤酒浑浊沉淀的机理及稳定化…… 177
7.5 结晶分离技术 …… 182
7.5.1 结晶的定义及晶体的性质 …… 182
7.5.2 晶核的形成和晶体的成长 …… 183
7.6 絮凝分离 …… 187
7.6.1 絮凝分离作用机理 …… 187
7.6.2 絮凝剂的种类和影响絮凝作用的因素 …… 189
7.6.3 絮凝分离技术的应用 …… 190
7.7 蒸发 …… 191

7.8　干燥 …… 194
7.8.1　干燥的原理及影响干燥效果的主要因素 …… 194
7.8.2　常压干燥技术 …… 195
7.8.3　真空干燥技术 …… 196
参考文献…… 198

第1章　绪　　论

1.1　分离技术的概念、特点及分类

1.1.1　分离技术的概念

化工过程的分离是指通过一定的技术方法，将某种或某一类成分从混合物中分离出来的过程，它是对某种所需成分的除杂和纯化过程。分离的技术方法可以是物理的，也可以是化学的，或者是化学和物理手段相结合的；被分离处理的对象包括原料、反应产物、副产物、中间成分或者废弃物；获得的目标产物可以是小分子、大分子、生物活性分子（如酶）或者非生物活性分子。因此，分离技术就是研究采取什么样的方法能从混合物中将所需要的某种或某类成分高效地分离出来的技术。

在化工过程中，都是先反应形成产物，再进行分离。一般化工产品的反应及分离过程如图1-1所示。要实现混合物的分离，就需要某种专门的设备和特定的过程，同时还必须提供相应的能量和物质。这是因为从混合物中进行分离是一个无序度（熵）降低的过程。要实现体系的熵减，必须要有外加能量。

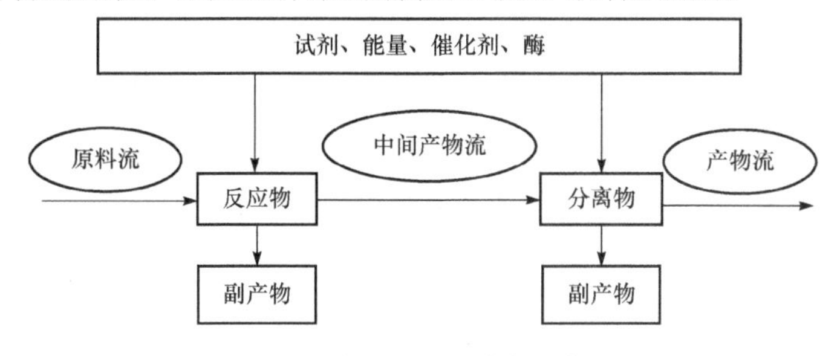

图1-1　化工产品反应及分离的典型过程

在食品工程和生物工程中，也往往涉及一系列的生物反应，如通过发酵或细胞培养获得所需要的产物。但是，这并不意味着生产过程的结束，因为产品生产并未完成，还需要一系列的后续处理才能得到符合质量要求的产品。所以，相对于上游反应和转化过程，分离工程就是这条生产链中的下游过程。在食品工程和生物工程中，下游过程主要包括对生物反应后的物料（包括发酵、细胞培养、酶反应器处理等各种生物工程的培养液）进行分离或纯化处理，使目标产物最终成为市场需要的商品。

食品工程和生物工程中，产品的分离和纯化成本一般占总过程成本的75%。当产品为蛋白质、酶或抗体等具有较大附加值的组分时，由于这些成分的含量相对较低、活性敏感，并且分离过程复杂，分离和纯化的成本会更高。对于食品工业，分离技

术的意义主要包括：

(1) 为反应提供符合质量要求的反应原料；

(2) 去除对反应有损害的物质，减少副反应的发生，提高反应产率；

(3) 纯化反应产物；

(4) 循环利用未反应的物料；

(5) “三废”的治理和环境保护。

能够做到上述几点，就可以达到高效分离的目的。图 1-2 为双酶法生产葡萄糖的过程中对热原物质——酶（α-淀粉酶、糖化酶）的去除过程。用淀粉原料生产葡萄糖最初是采用酸解法制备技术。后来发明了双酶法，即在淀粉的液化过程中利用淀粉酶催化完成液化，然后利用葡萄糖酶进行糖化形成葡萄糖产物。与常规的酸解法相比，双酶法在产品转化率、质量等方面都获得较大提高。但是，由于反应过程中引入了属于蛋白质的酶类，如果在终产品中不加以去除，就不能够作为医药产品使用。原因是异源蛋白质被注射或输液进入人体内会作为热源引起不良反应。通过分离原理，在纯化阶段利用超滤技术，将大分子的两种酶与小分子的葡萄糖等产品分离，就可以达到去除异源蛋白质的目的，主要产品的档次也得到了提高。这是分离技术在产品纯化应用中的一个典范。

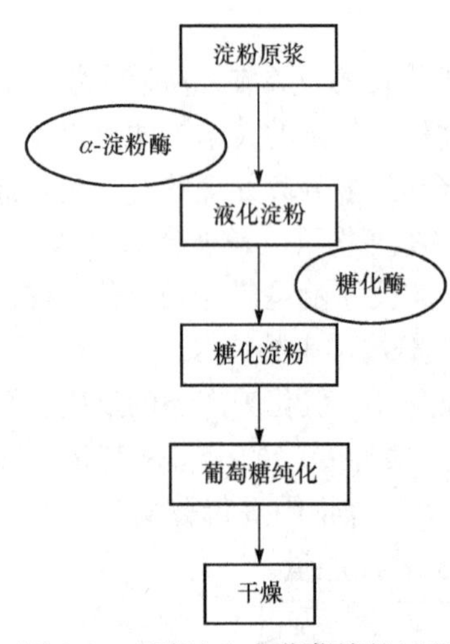

图 1-2 双酶法生产葡萄糖的过程

1.1.2 食品工程及生物工程中分离的一般过程

在食品工程和生物工程中，相对于上游产品的处理，作为下游过程的分离，一般的技术路线如下：

固形物的去除→细胞破碎与细胞内含物的释放→目标成分的分离→产品深加工

在上述路线中，目标成分的分离往往在整个过程中占有重要地位。不同的产品，由于物理、化学性质的不同，会有不同的最适宜分离技术。

食品工程和生物工程中很多组分的分离涉及人类保健和医学相关的功能性成分，如蛋白质、多肽、酶、核苷酸、多糖，同时还有各种小分子成分，如氨基酸、激素、各种生长因子，副产物如乙酸、乙醇、抗生素、维生素以及各种有重要应用价值的次级代谢产物等。

一个产品的形成，往往需要采取多种分离技术才能达到要求。例如，对于抗生素的发酵生产，过程中所采用到的分离技术就包括过滤、离心、初级分离、除杂、纯化、结晶等手段。不同的技术手段对于产品形成的意义也各不相同：对于抗生素的发酵生产，初级分离和除杂可以将抗生素的浓度由0.1%～0.5%提高到1%～10%；纯化处理后，其浓度可以提高到50%～80%；经过结晶，能够将其浓度提高到90%以上甚至接近100%。表1-1列出了食品工程和生物工程中主要应用的分离方法。

表1-1 食品工程和生物工程中主要应用的分离方法

方法归类		主要应用	特点简述
固液分离	过滤	去除细胞及细胞碎片；细胞脱水，去除果蔬汁加工余渣	旋转式真空过滤器最常用；板框压滤；采用错流形式组件可以减少滤饼的形成
	离心	去除细胞及细胞碎片	间歇式的离心分离机，其容量和效率受到限制
	蒸发	浓缩果蔬汁生产；酶或蛋白质沉淀前处理	降膜蒸发等操作适用于热稳定成分，热敏性成分适用真空干燥技术或冷冻干燥技术操作
	絮凝	去除细胞及细胞碎片；食品工业废水处理	常用线性高分子聚合物作絮凝剂
	沉淀	减少体积；获得纯固体的产品；大豆分离蛋白的制备	盐析或聚乙二醇沉淀；共沉性沉淀；等电点沉淀
	干燥	获得纯固体的产品	干燥蛋白质产品，要考虑活力的保持，需要低温干燥（冷冻干燥较为常用）
	结晶	获得较纯的结晶体产品；食品的糖、味精制备	在溶液处于过饱和状态中进行
浓缩	溶解和释放	发酵细胞中不溶于水、与膜结合的蛋白质的分离；包埋体的溶解	实验室操作的常用手段，常用到非离子型表面活性剂
	萃取	去除细胞及细胞碎片；产物（蛋白质、抗生素等）的分离；蛋白质的亲和分离	对于蛋白质萃取，在双水相聚合物体系中进行效果较好；多采用温和的有机溶剂，必要时添加亲和性络合物；利用高分子的络合物
	吸附	全培养基处理（抗生素）；产品（蛋白质、抗生素等）的浓集；蛋白质的亲和吸附	在不去除固体物情况下进行发酵培养液的吸附分离；特异性吸附和非特异性吸附都需要进行洗脱
纯化和分级分离	色谱技术	凝胶渗透色谱，根据相对分子质量的大小进行分离（蛋白质脱盐）；亲和纯化（蛋白质）；废水处理的离子交换色谱等其他色谱方法	各种色谱技术都是基于物质在色谱柱上迁移速率的差异进行，存在放大生产的问题；除亲和色谱外，一般都缺少特异性
	电化学分离（蛋白质）	应用电泳、等电聚焦、双向电泳酶、蛋白质等进行生物大分子的分级分离；应用电渗析进行海水淡化、氨基酸分离	电泳等技术属于小规模处理方法，存在热传导问题；小规模处理方法，需制备凝胶；电渗析对离子性成分的分离最有效
	超滤	酶、蛋白质、多糖的浓缩；小分子或盐的去除	存在滤饼形成和膜污染的问题，需采用错流技术改进；有各种各样的膜分离组件，常用中空纤维膜组件
	磁力分离	将蛋白质吸附到磁性载体上进行蛋白质或细胞的分离，如顺磁性的红细胞分离	使用磁力亲和珠，本质上属于吸附技术

分离过程就是利用混合物中组分之间存在的性质差异，通过适当的技术把各种组分分离和纯化。一般来说，被分离组分之间的性质差别越大，分离的手段就越多，分离就越容易，分离得到的结果也越精细，产品也越好。

1.1.3 分离技术的分类

常见的分离技术有20～30种。

(1) 按分离技术的应用规模可分为：实验室规模(分析分离和制备分离)、中试规模和工业应用规模。

(2) 按分离性质分类则有：物理分离法、化学分离法、物理化学分离法和酶分离法等。

(3) 按分离过程中传质的类型可分成两大类：一为平衡控制分离，借助于分离介质，以各组分在介质中不同的分配系数为依据而实现分离的过程，如萃取、蒸馏、吸附、吸收、离子交换、结晶及泡沫分离等；二为速率控制分离，根据混合物中各个组分在介质中的扩散速率差异来实现分离的过程，如反渗透、超滤、电泳等。在速率控制分离过程中，所处理的原料产品通常属于同一相态，仅仅是组成上存在差异，利用浓度差、压力差以及温度差等作为分离推动力。表1-2列出了一些典型的平衡控制分离与速率控制分离过程的原理及应用。

表1-2 平衡控制分离与速率控制分离过程的原理及应用

分离过程		分离原理	获得产品形式	应用实例
平衡控制分离	蒸发	蒸汽压差异	液体、蒸汽	果汁浓缩
	蒸馏	蒸汽压差异	液体、蒸汽	石油馏分分离，酒的浓缩
	萃取	不同组分在介质中分配系数的差异	多相液体	食用油的溶剂法提取
	结晶	溶解度变化	固体	糖、食用盐和味精的结晶析出
	离子交换	质量作用定律	液体	污水处理及硬水的软化
	泡沫吸附	表面吸附与分配差异	液体	污水中洗涤剂的去除
	凝胶过滤	相对分子质量差异	液体	蛋白质脱盐
	双水相萃取	分配系数差异	液体	培养液中大分子与小分子物质的分离，细胞菌体及碎片的去除
	反向微胶团分离	分配系数差异	液滴、液体	发酵液中酶或蛋白质的分级分离
速率控制分离	电泳及等电点聚焦	电场下带电粒子(组分)泳动速率的差异	液体	酶及蛋白质的分级分离
	反渗透	压力驱动下膜对组分的选择性透过	液体	海水淡化，果蔬汁的浓缩
	超滤	压力驱动下膜对组分的选择性透过	液体	酶和蛋白质的浓缩、除菌和除杂
	电渗析	电位差条件下膜对离子的选择性透过	液体	苦咸水脱盐，氨基酸分离，味精分离

1.2 现代分离技术与食品工业

1. 分离技术是现代食品工业的基础

绝大多数食品工业都离不开分离技术，其中不少食品加工以分离过程为主要生产工序。例如，利用膜分离技术对果蔬汁进行浓缩，可以代替传统的蒸发浓缩工艺而成为果蔬汁生产的主要工艺，不但节能，而且可以避免传统工艺中因加热而破坏果蔬汁的风味品质(如荔枝汁的烧焦味)；从油料种子中提取植物油用到的是压榨技术；从植物种子原料中提取蛋白质(大豆分离蛋白)和淀粉用到的是沉淀分离技术；从糖料植物中提取糖以及速溶咖啡与速溶茶的生产，其生产工艺中主要应用浸提分离技术；饮用水的净化则主要利用膜分离及离子交换技术；等等。这些行业，离开了分离技术，生产根本无法进行；另外，若分离水平不高，产品的质量也会受到影响。

2. 良好的分离技术有利于食品原料的高值化利用及环境保护

良好的分离技术能有效利用农产品原材料中的各种成分，提高其综合利用程度，从而有利于农产品的高值化开发和利用。例如，大豆中含有35%的蛋白质，传统压榨法提取植物油，豆粕中的大豆蛋白质已经变性，在食品工业上的利用价值大为降低，只能作为饲料使用。而采用溶剂溶出法提植物油，可以高效地保持蛋白质不变性，再通过适当的技术组合，可获得多种大豆食品制品，并对乳清进行适当的处理，回收其中的有价值蛋白质，降低化学耗氧量(COD)和生物耗氧量(BOD)，使其利用价值得以提高，并降低对环境的破坏(图1-3)。又如，组合适当的分离技术，可以从茶叶下脚料中分离出茶多酚(甚至其中的5种儿茶素单体)、咖啡因、茶碱、可可碱等组成成分，使茶叶原料的利用大为增值；采用有效的分离方法从柑橙中分离柑橙油、柑橙皮苷和果胶等；在制糖工业中，采用色谱分离技术可以从糖蜜中直接回收蔗糖，使产糖率提高。

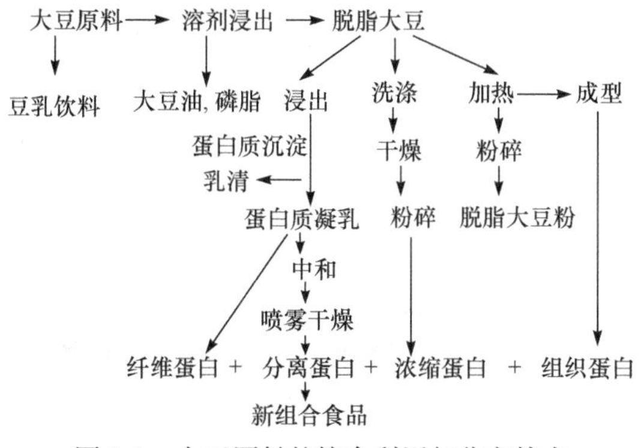

图1-3 大豆原料的综合利用与分离技术

3. 良好的分离技术有利于保持和改进食品的营养、风味和感官性质

采用现代分离技术可以将一些需在高温下完成的操作转为在常温下进行，这样可以极大地改善食品的色、香、味及营养。因为在较低的温度下，减少了香气成分的挥发，避免了营养成分的破坏和热敏性成分的失活，尽可能地保护了一些生理活性成分的活性。例如，以膜分离技术代替常规的蒸发浓缩生产咖啡、果汁、茶饮料等产品，可以最大化地保持这些产品的风味成分，使其不因为加热而损失；以超滤法提取植物蛋白酶替代常规的试剂沉淀法，既可以避免试剂的残留，又可以最大限度地保存其活性，提高产品质量。在茶饮料及速溶茶的生产中，传统的茶饮料及速溶茶产品，会产生浑浊现象（冷后浑），原因是茶多酚与其他大分子成分结合成相对分子质量更大的络合物，从而产生沉淀。为了避免产品的这种冷后浑现象，需要增加一些转溶工艺和方法。如果采取恰当的分离手段，把导致沉淀的其他成分去除，并保留茶多酚这种风味成分，将会使产品风味和品质都得到提高。啤酒的澄清是一个技术性的问题，啤酒浑浊中的主要组成是起浑性的蛋白质和多酚类成分，最好的技术是既能够选择性去除起浑性的蛋白质，又能够保留发泡性的蛋白质和多酚类成分。因为发泡性蛋白质是使啤酒泡沫持久的成分，而多酚类则是构成啤酒苦涩味品质的成分。

4. 良好的分离技术能使产品符合食品卫生与安全相关法规的要求

食品分离技术的应用包括提取原料中的有益成分和去除有害成分。利用恰当的分离技术，去除原料中的有害成分，可使最终产品符合卫生法规，并同时提高和改善原料的利用价值。例如，棉籽中含有棉酚这种有害物质，油菜籽中含有芥子苷，木薯中含有氰化物的前体，花生、玉米等油制品易受黄曲霉污染而产生黄曲霉素，这些成分在食品中都具有毒性。又如，大豆中的多种有害成分：抗酶因子（胰蛋白酶抑制剂），植物凝集素，致甲状腺素肿大因子，胀气因子（水苏糖、棉子糖等低聚糖），豆腥味成分，由脂肪氧化酶作用产生的 2-戊基呋喃、7,4-二羟基异黄酮、5,7,4-三羟基异黄酮等。这些成分可以通过适当的分离技术加以去除，保证产品的卫生与安全。此外，分离技术在保证食品生产用水的卫生方面也起到非常重要的作用。

此外，现代分离技术在食品工业中的应用，还可以使行业的生产面貌大为改观。一个突出的例子是制盐行业的变化，过去利用盐田法制盐，在盐田里利用太阳能将海水浓缩，然后结晶制取食盐。改进的生产工艺是将盐田里经过初步浓缩得到的卤水，经过多效真空浓缩、结晶，制取食盐。这些方法生产的食盐，产品纯度低、需用场地大、成本高，并且受天气影响。改用电渗析法生产食盐则可克服上述缺点，并带来整个行业生产面貌的改观。此外，分离技术对速溶茶、速溶咖啡、大豆分离蛋白等的生产状况也起到了改善作用。

1.3　现代食品分离过程的特点及技术方法的选择

1.3.1　现代食品分离过程的特点

现代食品工业中，分离过程多种多样，其主要的共同特点有以下几点。

1）分离处理的对象种类繁多、结构复杂

分离处理的对象为各种原料、辅助材料、半成品，甚至可以包括气体和水。例如，在有氧发酵中需要获得无菌空气，就必须对空气进行除菌和微粒过滤，必须有适当的分离技术。分离中，有的物料属于无机化合物，有的属于有机化合物，有的具有生物活性（如酶和蛋白质），有的甚至有生命活动（如微生物）。一些热敏性成分和易于氧化的成分，如果依靠常规的加热方式，如蒸馏、蒸发等分离方法（虽然这些技术已成为食品加工中的单元操作），解决不了活性保存的问题。为了保持产物的活性，必须借助新型的分离技术。

2）食品的产品质量与分离过程密切相关

食品工程处理的原料，尤其是在加热和暴露于氧气的条件下加工处理，非常容易腐败变质。食品变质的原因主要有以下几种：

（1）生物学原因。例如，由于酶及微生物的活动导致食品的腐败。

（2）化学性原因。例如，美拉德反应、风味损失、颜色变化、脂肪的氧化等。

（3）物理性原因。例如，压力、吸潮或失水等导致的食品质构破坏。

这些都会使食品在营养、风味和感官上产生变化。因此，要求在食品的分离和加工过程中，尽量避免高温、高压、强酸、强碱、强辐射和重金属离子的作用，一些特殊的加工和分离还要考虑到避免原料自身的酶解作用。

3）对食用安全性要求高

易腐败是食品原料及其制品的一个明显特点。因此，在分离过程中必须控制分离条件，尽量缩短分离周期。所使用的分离技术必须保证产品符合相关的卫生准则，同时避免给原料及产品带来二次污染。食品分离过程处理的对象主要是食用性物料，获得的产品也主要是用于食用，更高级别的是用于医药，因此对其质量和安全性有较高的要求。分离过程中所使用的分离技术必须考虑这些因素。此外，一些食品原料或辅料因某种活性成分的存在而利用价值高，但往往同时含有极少量的有毒成分，这是比较普遍的现象。例如，木薯中含有氰化物的前体，大豆中含有胀气因子，棉籽中含有棉酚，油菜籽中含有芥子苷，茶籽中含有茶皂素。利用这些原料的前提是必须把有毒成分或污染物去除，这就要求所采用的分离技术必须具有较好的选择性。

1.3.2　分离步骤与方法的选择

在食品工程和生物工程中，下游过程对于上游过程中产品的处理往往涉及生物分离。生物分离与多个分离步骤有关,如低浓度组分大量体积的处理、易失活组分的处理、高纯度消费产品的处理以及众多相似组分的分级分离等。准备一种分离方案时,通常要考虑以下几种分离步骤:内含物的释放和不溶物的除去(即细胞和细胞碎片);组分的提取和分离(产品被浓缩,体积被减少);产品的纯化(获得高纯度的独特产品);为适应市场进行的产品再加工(使得消费者能够接受产品)。

在上述考虑中,目标成分的分离往往在整个过程中占重要地位。分离步骤的先后顺序是先易后难,把难度最大的操作放在最后。对于微生物菌体的去除,可利用过滤、离心分离和絮凝等技术;对于细胞破碎与内含成分的释放,可利用的技术包括珠磨法、高压匀浆法、超声波破碎法以及酶溶法等;在分离提取过程中,可利用的技术则更多,涉及传质分离的技术有几十种,如反渗透、超滤、柱色谱分离、电泳技术、双水相分离和反向微胶团分离技术等。

对于以应用为目的的食品分离技术,主要是分离已知结构、性质和功能的成分,如设计一个蛋白质的分离过程涉及以下几个步骤:

(1) 考虑与分离目标成分相关的一些重要因素:①蛋白质的特性,如相对分子质量、等电点、生物亲和性、溶解性;②过程的特性,如预期的杂质及其特性,目标成分对热、剪切力的失活敏感性,组分的浓度;③细胞的特性,如细胞壁破碎的难易程度,是细胞内产物或者细胞外产物,如果是细胞内产物,它是与细胞膜结合还是与细胞内其他物质结合。

(2) 选择和确立对该组分进行定性、定量测定的方法,目的在于能对分离效率有一个有效的评价。

(3) 确定选用分离技术并对分离条件进行实验选择。

(4) 对分离效果进行评价。

(5) 中间实验和工业生产应用的放大设计。

当然,各种分离技术的应用,都有其本身的特点,在应用时考虑的角度也不一样。图 1-4 是关于利用膜分离技术进行蛋白质等大分子分离的技术应用决策图。

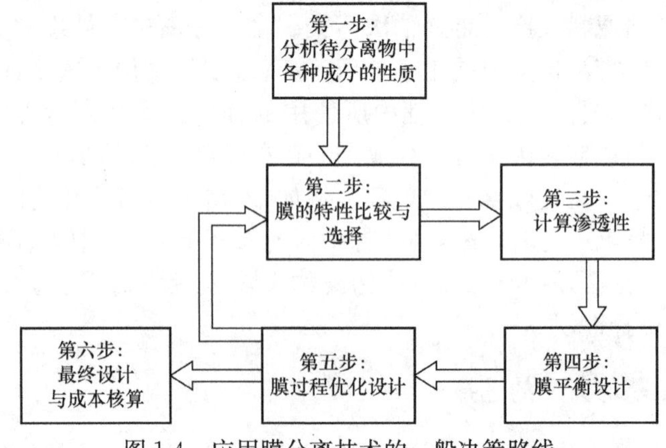

图 1-4　应用膜分离技术的一般决策路线

1.4 食品分离技术的评价与发展趋势

1.4.1 食品分离技术的评价

一项分离技术应用于食品工程，其效果如何，综合起来可以从以下四个方面进行考察评价：

(1) 分离效率和选择性。分离效率是指单位时间内分离获得的目标成分(或除去杂质)的数量，与分离的传质速率有关；选择性是指分离技术对目标成分的有效性，涉及目标成分在产品中的含量及纯度。评价一项应用于食品工程中的分离技术，首先要考察其分离效率。分离效率可以用目标组分的回收率或待去除组分的脱除率表示。一般情况下应以分离效率较高的为好，无论是分离回收某一有用组分，还是分离脱除有毒和污染的组分，都是如此；否则，分离过程就无经济意义，也无法应用于实际生产。但是高到什么程度，则要看产品的具体情况和具体要求，同时考虑过程的成本。一般来说，过程的分离效率能达到产品的规格要求即可，片面追求过高的分离效率，往往要采用多种分离技术，以及多次反复过程，成本也跟着上升，过程的成本效益便成为问题。

(2) 产品质量。一项有应用前景的食品分离技术应能使最终产品的色、香、味、营养、感官品质和储存性能等质量指标都有所提高，并尽量做到对原材料的综合利用，实现高值化利用资源。

(3) 产品的安全性。分离获得的产品应保证符合食品或药品相关卫生法规和准则的要求，同时对于原有的原料不应造成污染，使原料便于综合利用。例如，通过亲和层析，从猪胰中分离出胰岛素等，作为医药用品，应保证符合药品卫生要求。

(4) 生产工艺的简化和生产成本的降低。分离工艺应尽可能简捷，便于工业化应用与规模化生产。同时分离所耗费的人力、物力及能源等成本，要尽可能低，以利于降低应用新技术的生产成本。一些新的分离技术可以在常温下进行，过程中无相变(如反渗透和超滤分离技术)，因此能降低能耗，有助于降低生产成本，提高经济效益。另外，由于新型的分离技术简化了生产程序，能节省生产设备和生产场地的投资，从而也能降低生产成本。这些都是应该进行考察的方面。

上述几点，对于某些食品分离技术来说可能是一致的，但对于另外一些分离技术来说，有时很难做到一致，有时甚至是相互矛盾的。这就要求我们对采用的分离技术进行多方面的分析、比较、论证，作出综合性评价，以便作出最优化的选择。

1.4.2 食品分离技术的发展趋势

总体来说，分离技术的发展是以提高选择性和分离效率为主要目标，发展过程中除了不断出现新技术外，各种集成分离技术也在不断出现，以达到提高选择性和分离效率的目的。分离技术的发展，主要聚焦于两个方面：

(1) 以改善分离选择性为目标的集成分离技术。主要是应用分子识别及分子间的亲和作用来提高大规模分离技术的分离精度(选择性)。利用高度特异性的生物亲和作用与其他分离技术，如膜分离、双水相萃取、反胶团萃取、沉淀分级、色谱和电泳等相结合，相继发展出亲和过滤、亲和双水相萃取、亲和反胶团萃取、亲和沉淀、亲和色谱和亲和电泳等亲和纯化技术。

(2) 以强化传质为目标的集成分离技术。例如，膜分离与渗透蒸发过程的集成；膜分离与精馏过程的集成；电泳与色谱耦合产生的电泳色谱技术；将亲和色谱、离子交换色谱与液固流态化技术耦合的膨胀床色谱技术等。通过强化生物分离过程中的传质，可以缩短分离时间，增加处理量。

图 1-5 为一种将渗透蒸发与膜分离技术组合起来应用于浓缩果蔬汁的集成工艺，目的在于获得 68%的果蔬汁浓缩产品。一般的单独单元，如膜分离或蒸发等工艺，由于渗透压及物料的热敏感性，不容易达到此种目的。在此集成工艺中，用于浓缩分离的组件包括：一个超滤膜分离组件、一个反渗透膜分离组件、一个渗析膜分离组件，用于将质量分数为 18%的果汁悬浮液进一步浓缩。经过超滤设备处理后，大分子被截留，然后采用反渗透膜将其透过液浓缩成质量分数为 30%的果汁浓缩液。由于渗透压的作用，反渗透膜的处理效果下降。进一步的浓缩可以与渗透蒸馏集成，得到果汁质量分数高达 68%的浓缩产品。此过程中浓缩物质的质量没有任何变化，与仅采用渗透蒸馏的产品质量相同，但是集成操作降低了成本费用，获得了浓度更高的果汁浓缩液。

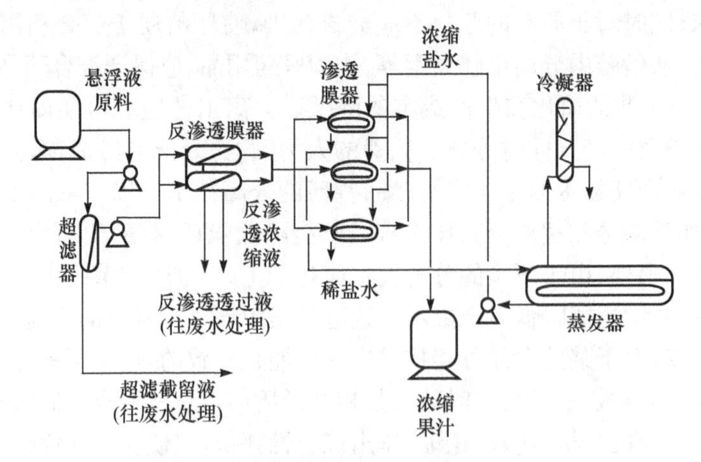

图 1-5　果汁悬浮液浓缩的不同技术及过程的集成

近几十年来，工业分离技术以及生物化学分离技术等取得了长足的进步，其显著特点具体表现在下面几个方面：

(1) 传统分离技术的发展。蒸馏、吸收、吸附、萃取、沉淀等过程都是传统的分离技术,它们在机理、数学模型化及操作自动化、计算方法、设备的改进、工艺优化选择、节能新型吸附剂的研究开发等方面都取得了很大进展。

(2) 实验室规模分离技术的放大和应用。例如,凝胶色谱和离子交换等技术就是从实验室应用于工业规模的典型例子。1970年左右在芬兰就已采用色谱分离技术从甜菜糖蜜中直接回收蔗糖。电泳技术虽然可以获得均一性极好的生物大分子,但由于所处理的样品量极少,一直作为实验室的分析手段,而最近由于采用了新的支持介质,简化了操作,增加了上样量,使此项分析分离技术演化成制备分离技术,并朝生产应用的方向发展。

(3) 生物大分子的分离技术。对蛋白质、酶及核酸等生物大分子的分离有新的突破。传统的化学分离方法一般只能分离小分子,而对于大分子则显得无能为力,现在由于超滤、电泳、凝胶过滤以及亲和色谱技术的出现,生物大分子的分离得到了更广泛的实际应用,产品质量大幅度提高。例如,用超滤分离技术从大豆中分离大豆蛋白,由超滤法代替碱提酸沉法,不仅可以有效改进产品质量(包括风味、色泽和溶解度等),还可以显著提高蛋白质的得率,减少污染,节约能源。

(4) 新型分离技术的开发。膜分离、泡沫分离、超临界流体萃取、电泳分离、微波萃取及色谱分离等技术的相继出现,使新型分离技术进一步发展,并逐步扩大应用范围。例如,膜分离技术在食品中的果汁浓缩、速溶咖啡、速溶茶的生产以及酶的提取等方面都已经有了工业化应用;超临界流体萃取技术应用于香气成分及活性物质的提取也展现了较好的应用前景。

(5) 集成化分离技术的发展。分离技术的发展是以提高选择性和分离效率为主要目标的,发展过程中除了不断出现新技术外,各种集成分离技术也在不断出现,如膜分离/反应过程的集成、渗透蒸馏/其他膜分离过程的集成、膜分离/吸附过程的集成、超临界萃取/超声波处理集成、膜分离/超声波处理集成等。

参考文献

高孔荣,黄惠华,梁照为. 1998. 食品分离技术. 广州:华南理工大学出版社

高以恒,等. 1989. 膜分离技术基础. 北京:科学出版社

葛毅强,孙爱东,蔡同一. 1998. 现代膜分离技术及其在食品工业中的应用. 食品与发酵工业, 24(2):57-61

蒋维钧. 1992. 新型传质分离技术. 北京:化学工业出版社

刘茉娥,等. 1993. 新型分离技术基础. 杭州:浙江大学出版社

陆九芳,等. 1994. 分离过程化学. 北京:清华大学出版社

王学松. 1994. 膜分离技术及其应用. 北京:科学出版社

张英莉,胡耀辉,黄坤,等. 2002. 膜分离技术及其在乳品工业中的应用. 吉林农业大学学报, 22(2):108-111,116

Donnelly D, Bergin J, Duane T, et al. 2008. Application of membrane bioseparation processes in the beverage and food industries//Subramanian G. Bioseparation and Bioprocessing: Biochromatography, Membrane Separations, Modeling, Validation. Weinheim: Wiley-VCH Verlag GmbH & Co. KGaA

Fricke J, et al. 2002. Chromatographic Reactors. Weinheim: Wiley-VCH Verlag GmbH & Co. KGaA

Grandison A S, Lewis M J. 1996. Separation Processes in the Food and Biotechnology Industries: Principles and Applications. Cambridge: Woodhead Publishing

Guiochon G. 2002. Basic Principles of Chromatography. Weinheim: Wiley-VCH Verlag GmbH & Co. KGaA

Henley S. 2006. Separation Process Principles. 2nd Edition. New York: John Wiley & Sons

Kurian R, Nakahla G, Bassi A. 2006. Biodegradation kinetics of high strength oily pet food wastewater in a membrane-coupled bioreactor (MBR). Chemosphere, 65: 1204-1211

Marcano J G S, Tsotsis T T. 2003. Membrane Reactors in Ullmann's Encyclopedia of Industrial Chemistry. Weinheim: Wiley-VCH Verlag GmbH & Co. KGaA

Rousseau R W. 1987. Handbook of Separation Processes Technology. New York: John Wiley & Sons

Strathmann H, Stuttgart U. 2002. Membranes and Membrane Separation Processes. Weinheim: Wiley-VCH Verlag GmbH & Co. KGaA

第 2 章　食品工业中的膜分离技术

2.1　膜技术概论

2.1.1　膜分离技术的定义

分离膜的定义:分离工程中,狭义的分离膜是指在一个流体相内或两个流体相之间起分隔流体作用并用于实现分离目的的一薄层凝聚相,这个凝聚相通常是用聚烯烃类物质做成。而广义的分离膜定义是指在一个相或多个相之间用于把相隔开的一个界面或不连续区间,此区间可以以特殊的形式限制某些化学物传递、允许另一些化学物传递而实现选择性分离。通常所说的分离膜是狭义的。分离膜一般具有以下特征:必须是半透性的(否则就是隔膜);可以是同种物质组成的均一性聚合膜,也可以是不同种物质组成的非均一性膜;在结构上可以是对称的或不对称的;可以是液体属性或固体属性;可以是电中性的,也可以带正或负电荷;还可能带有某些官能团而具备特殊的亲和结合或配合能力。膜的厚度差异可以很大,透过膜的传质可以是通过分子扩散实现,也可以是以浓度差、压力差、温度差、电位梯度等为驱动力驱动。被分离的化学物质可以是液体状态或者气体状态。

膜分离的定义:膜分离是指利用半透性的分离膜对流体状态(液体或气体)不同成分透过膜的速率差别而实现对混合物中组分分离的过程,实质上是一种由于膜的作用导致传质速率差异的效应。如图 2-1 所示,由于膜的选择性透过作用,使得化合物组分中组分 b 和组分 c 容易透过膜,组分 a 较难透过膜,结果是组分 a 得以浓缩并与组分 b 和组分 c 分离。

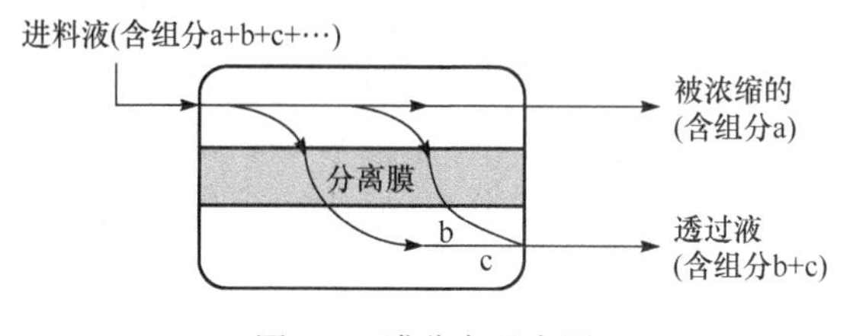

图 2-1　膜分离示意图

2.1.2　膜分离技术的一般原理

对分子混合物中各种组分的分离、浓缩和纯化在化学工业、石油工业中是一个很重要的问题。在生物工程、食品工程与医药工业以及相关的工业中,为了获得高品质的产品、优质的水源以及从工业废水中除去有毒成分，高值化利用回收成分，同样也需要高效的分离技术。

对于一个特定的分离过程，合适的膜与膜分离过程的选择与多种因子有关，如混合物中组分的特性、要处理溶液的体积、要达到的分离程度、大规模工业过程的成本等。在许多情况下，膜分离过程与常规的分离技术相比，在技术与经济效益方面都具有优势。尤其是在食品工业中需要处理那些对热比较敏感的组分，热处理常常导致营养和风味品质方面的损失，如采用蒸发浓缩荔枝汁，常常出现烧焦味。

按膜的操作方式和应用领域，实际上应用的膜分离过程多种多样，在机理、驱动力方面有很大的不同。但是这些膜分离技术都具有一些共同的特征，使之能够成为具有极大应用价值的分离手段，这些共同的特点如下：

(1) 所有膜分离技术基本上都属于物理过程，过程中无相变，一般在常温下操作，不需要加热，被分离和浓缩的成分能最大程度地保持原来的特性，对于食品来说，就能很好地保持其原有的色、香、味、营养和口感；能保持生物物质的活性，这一特点在食品和医药工业中相当重要；在生物产品的下游工艺中，由于常常需要处理对温度敏感的物质，膜分离就具有重要意义。

(2) 产品一边生成一边移去，所以不存在平衡关系。

(3) 具有一定的选择性，并且操作过程简单有效，适用范围广。

(4) 无论对于大规模的连续操作(如苦咸水脱盐)，还是对于小量批量的间歇操作(如有价值药物的分离和纯化)，膜分离过程都具有同等的适应性。

(5) 能耗低，无污染。

各种膜分离过程，其一般原理是用天然或人工合成的分离膜，外加某种推动力(如压力、化学位差、电势差、气体分压差等)，利用膜对不同组分的透过速率的差异，实现对各种组分的分离、分级、提纯和富集。例如，由半透膜隔开的两相之间的静压差能够引起流体间的传递，当不同的组分在压力作用下过膜的速率存在差异时，不同的化学组分就得以分离。除了压力外，由膜隔开的两相之间的浓度差也能够驱动组分的质量传递，当组分间在膜中的扩散性存在差异时，这些组分也得以分离。由膜隔开的两相之间的电势差同样也能够驱动带电粒子的质量传递，当带电性和电量不同的粒子(主要是离子组分)在膜中表现出不同的透过性差异时，这些不同的化学组分便得以分离。

膜分离技术不但可以用于液相之间的组分分离，也可以用于气相之间的组分分离。液相分离包括水溶液体系、非水溶液体系、水溶胶体系及含有其他微粒的水溶液体系。由于膜的结构及种类的不同以及过程操作条件的差异，各种膜分离技术对不同组分的分离适应性也不同，此种差异主要表现在对不同相对分子质量组分的分离效果方面。图 2-2 列出了各种膜分离技术的适用范围及所分离分子的大小、特征及其与食品组分相关的代表性成分。

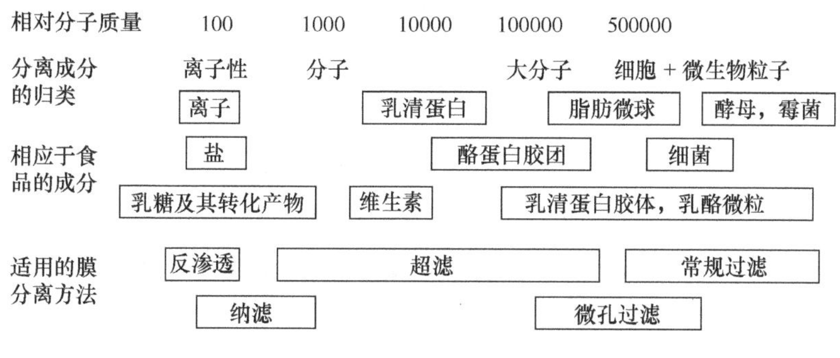

图2-2 食品中分离组分的特征与各种膜技术的适用性

以压力推动的膜分离过程包括微孔过滤、超滤、反渗透等。在压力作用下，流体中含有不同大小组分的混合物溶液被带到半透性膜的表面，压力差的作用使某些组分透过膜，而另一些组分则不易透过膜而被截留。进料液由于膜的分离而分成透过液和浓缩液，透过液中去除了大部分被膜阻隔的颗粒或分子，而浓缩液中则保留了被膜阻隔的组分，这些组分得以浓缩。

2.1.3 膜分离技术的发展

虽然工业规模上分离技术的出现已有近200年的历史，经典的分离技术(如蒸馏、沉淀、结晶、萃取、吸附及离子交换等)相继出现，具有工业应用价值的分离技术目前也多达数十种，但是为了获得更好的选择性和更高的分离效率，新的分离技术依然在不断开发，如膜分离技术的产生和发展。膜和膜技术的发展是多个科学领域交叉发展的结果，它是以聚合物研究领域中新型材料的开发为前提，以物理化学和数学手段对膜的传质特性进行数学模型化描述为基础，并利用化学工程的设计对分离过程进行实际的操作应用。

膜技术的发展同扩散、渗透等现象的发现与研究是分不开的。随着对扩散、渗透及传质现象研究的不断深入，膜技术也不断得以发展和完善。首先，膜能够选择性地透过不同成分的现象可以追溯到18世纪中期。Nollet将装有乙醇的动物膀胱放在水中，发现水能透过膀胱膜，导致膀胱膨胀，甚至由于压力的作用而将膀胱胀破。这一现象证明了动物膀胱膜具有半透性，因为水比乙醇更易于透过膜(膀胱)。这是最早关于膜选择性分离不同组分现象的实验。而渗透压的概念则是在若干年后由Dutrochet提出。化学家Fick将陶瓷管浸于硝酸纤维素乙醚的溶液中制备成超滤半透膜，并用此种硝酸纤维膜进行扩散研究。数年后Traube利用二价的金属化合物在一个未上釉的陶瓷薄层上沉淀制备成膜。这些膜由Hoff等研究人员用于对渗透现象的研究。同时Graham发现橡胶对不同的气体表现出选择性透过的特性。此前还发现某些成分的水溶液，如胶体大分子等通过动物膜时，其扩散速度比盐和糖等小分子成分要慢得多。根据这些不同成分的选择性透过现象，用膜分离方法可以从多糖蛋白质溶液中除去一些无机盐类物质，这就是透析技术。

对扩散、渗透及传质现象及其机理的深入研究，促进了相关的膜分离技术的发展。首先是20世纪30年代微滤技术的开发，然后是40年代透析技术在医学上的应用，50年代电渗析技术开始应用于苦咸水和海水的淡化，60年代超滤技术开始由实验室向工业化应用，70年代反渗透技术在海水淡化及苦咸水脱盐的实际应用，80年代纳滤技术的发展与应用，90年代渗透汽化技术的出现，直至目前对亲和膜技术及膜反应器的研发，等等。

Bechhold在20世纪初将具有不同性质的膜应用于不同相对分子质量组分的分离实验中，经过研究首次提出超滤概念并发表了滤膜性质的报告。之后，Elford等对醋酸纤维膜的膜分离进行了相应的过程研究。之后就出现了用于过滤病毒和分离血清蛋白质的硝酸纤维膜商品。Mcbain用赛璐玢制成了透析膜。Strauss等在Donnan平衡原理的基础上，即在对带电聚合物的离子分布机理研究的基础上，开发出电渗析膜及其分离过程。

20世纪50年代末60年代初，膜制备技术取得了突破发展，膜分离技术也随之出现了飞跃性的发展，膜和膜分离过程获得了具有应用意义的工业开发。一个具有里程碑式发展意义的是Loeb和Sourirajan制备出具有高透水性和高脱盐率的不对称膜，并应用于海水和苦咸水的淡化。此外，Kolfe第一次发明了人工肾的制备技术，触发了医学和其他工业对渗透膜的大量需求。其后，Sartorius和Millipore等公司制备和提供了用于实验室的一系列人工合成商品膜；Cadotte第一次制备了应用于反渗透的合成膜；Michsels等研究了不对称膜的形成机理，由此奠定了利用各种聚合物制备一系列具有不同特性的超滤膜和微孔膜的基础。60年代，在膜分离技术的工业化应用方面，超滤和微孔过滤技术得到最先的发展，然后是反渗透技术的发展。在电渗析技术方面，Mcrae等成功制备了高效的离子交换膜，并且实现了大规模的工业应用。关于膜分离的质量传递机理也获得了一些重要的理论阐述。Barrer等研究了膜的物质传递过程及机理，提出了膜分离的理论基础。目前膜技术的前沿性研究，集中在控制释放、渗透蒸发、主动传递的载体液膜分离、亲和膜及膜反应器、膜能量转换技术等方面。这些研究都是具有高技术含量的课题。

膜及其技术过程最初是作为分析手段引入化学与生物医学实验室操作的，但是由于其实用价值很快就发展成具有明显效益的工业过程，并获得迅速发展。各种膜、膜技术在研究与开发、市场应用方面的状态如图2-3所示。目前膜及其分离技术已被大规模地应用于各种工业领域，包括：从苦咸水和海水中制备饮用水与生活用水；各种工业废水处理；废水中有价值组分的回收；饮料食品工业和医药工业中的浓缩单元操作；生物化学中大分子的纯化和分离；医学上利用人工肾除去尿及其他有毒成分；用于内服药中某些药物的缓释；等等。此外，以膜为基础的其他新型分离过程,以及膜分离与其他分离过程的集成也日益得到重视和发展。

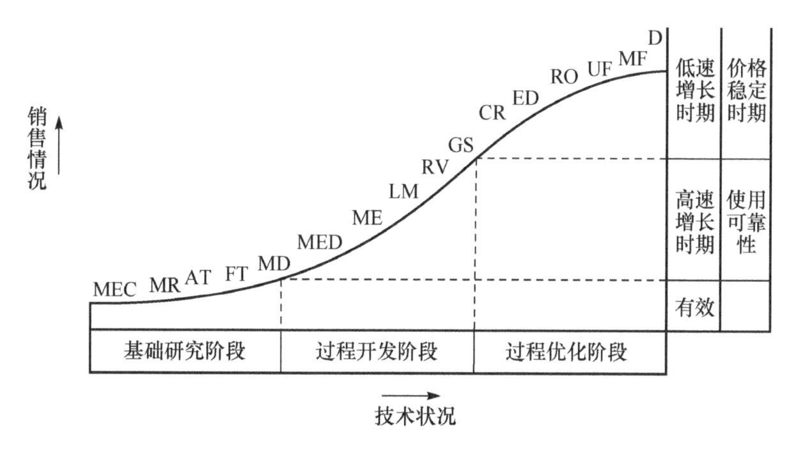

图 2-3　各种膜及膜技术的研究与开发(高孔荣等,1998)

D. 透析;MF. 微孔过滤;UF. 超滤;RO. 反渗透;ED. 电渗析;CR. 控制释放;GS. 气体分离;RV. 渗透蒸发;LM. 液膜分离;ME. 膜电解;MED. 双极性膜;MD. 医用膜;FT. 促进传递;AT. 主动传递;MR. 膜反应器;MEC. 膜能量转换

2.2　膜及膜分离技术的类型

2.2.1　膜的分类与制备

了解膜的种类及其制备过程有助于理解膜分离技术的机理及操作过程。天然的生物膜存在于动植物细胞中,如细胞膜、线粒体膜、液泡膜。生物膜具有最完善的主动运输和能量代谢交换功能。人工合成膜的部分功能也朝着模拟生物膜功能的方向发展。应用于分离的膜都是合成膜。根据膜的性质可分为有机膜和无机膜两大类,以有机化合物合成的膜居多。根据分离过程又可分为反渗透膜、超滤膜、微滤膜、纳滤膜、透析膜及电渗析膜等。虽然合成膜在物理结构与功能方面有很多种类,但是如果根据膜结构分类,又可大体将其分为 5 类:微孔膜、无孔膜(致密膜)、非对称膜、液膜、荷电膜。

1) 微孔膜

微孔膜对混合组分的分离是根据孔径和颗粒大小按照筛分原理进行的(图 2-4)。微孔膜表面有直径在 1nm～20μm 范围的小孔,孔隙率在 80%左右,孔的平均分布为

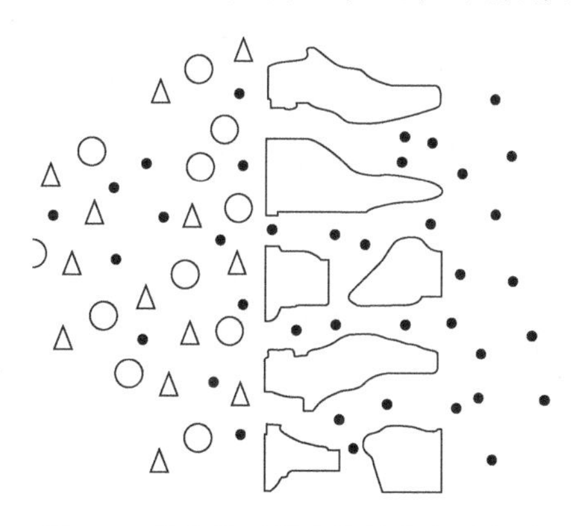

图 2-4　微孔膜对混合物的分离示意图

10^7 个/cm^2。微孔膜具有较高的透过性，但选择性则偏低，其分离效果主要取决于膜孔（或称为截留相对分子质量）及组分的分子大小，当溶质的相对分子质量大于膜孔时，可以获得较理想的截留效果和选择性。

微孔膜用陶瓷、石墨、金属、金属氧化物及高分子聚合物等材料制备。其结构方面有对称性和非对称性。对称性是指膜的横切面上的孔径大小基本一致，非对称性是指膜的孔径大小可以不一致。微孔膜应用于诸如微孔过滤、超滤及渗透等过程，用于分离体积或相对分子质量显著不同的组分。微孔膜的制备技术包括简单的烧结、辐射、蚀刻、相转化以及聚合物沉淀等技术过程。

(1) 烧结法。制备的是无机膜类型。将氧化铝、氮化硅、碳、钨、镍、铝及多种有机高分子微细粉末在高温下烧结。孔径大于 1μm，可用于气体、液体中的微粒分离，如在微孔过滤或超滤中水的净化，溶液除菌、除酶，血液净化等。目前用于气体分离、控制释放、电渗析、反渗透、超滤、微孔过滤、渗析等的膜发展速度较快。

(2) 相转化法。制膜的基本过程为：聚合物溶解→在平板上浇铸→凝胶化→相转化（获得非对称性膜）。

(3) 拉伸均相法。制膜的基本过程为：熔融→挤出成膜→延伸退火→拉伸。此方法是在相转化法的基础上发展而成。主要是以聚烯烃（主要是聚乙烯和聚四氟乙烯）等高分子作为制膜材料，将结晶态的聚烯烃在低温熔融，挤出成膜；然后在垂直于挤出的方向拉伸，使得薄膜内部分断裂，相应地留下直径为 1～20μm 的孔。这样的膜具有 90%的孔隙率，孔大小整齐，可以做成平薄状、管状或毛细管状，目前广泛地应用于酸碱溶液、有机溶剂以及热气体的超滤。由于其具有相当高的孔隙率，这种膜对气体有较高的透过性，所以被应用于膜蒸馏的过程中，如从啤酒中去除乙醇生产低酒精度的饮料。

(4) 辐射-蚀刻法（又称痕迹蚀刻法）。制膜的基本过程为：均相聚合成膜→^{235}U 辐射→蚀刻→洗涤成膜。

如图 2-5 所示，以做成的聚碳酸酯、聚酯等薄膜为材料，用辐射源（主要是 ^{235}U）辐射，薄膜在辐射的作用下断裂了分子中的某些键，形成径迹。再用酸、碱等溶液进行浸渍处理，除去受辐射的痕迹，留下垂直的孔道而获得微孔膜。此方法的

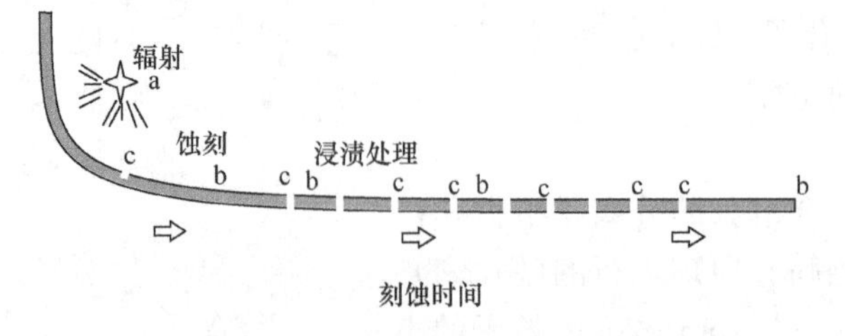

图 2-5　辐射-蚀刻法制备微孔膜示意图

a. 辐射源；b. 聚合物薄膜；c. 蚀刻痕迹

工艺参数具有可操作性，有利于工业化生产，产品规格和特性一致，膜孔大小和孔隙率易于控制等优点，因此是一种有应用价值的方法。

表 2-1 列出一些制备微孔膜常用的材料、制备方法及应用。图 2-6 为 Strathmann 等(2002)研究人员对几种用不同材料制备成的典型微孔膜的扫描电镜图。

表 2-1　制备微孔膜常用的材料及其应用(Strathmann et al.，2002)

膜类型与制备材料	膜孔径范围/μm	制备方法	膜分离过程及应用
由陶瓷、金属或聚合物粉末制备的无机膜	0.1～20	粉末挤压后经过高温烧结	微孔过滤
由聚乙烯膜、聚四氟乙烯制备的均一聚合物薄膜	0.5～10	聚合物挤出成膜后再进行拉伸	微孔过滤，烧伤敷料剂，人造血管
由聚碳酸酯制备的均一聚合物薄膜	0.02～10	利用放射源进行痕迹蚀刻后再用酸、碱溶液浸渍	微孔过滤
由硝酸纤维素、醋酸纤维素制备的聚合物膜	0.001～5	相转化	微孔过滤，超滤，无菌过滤

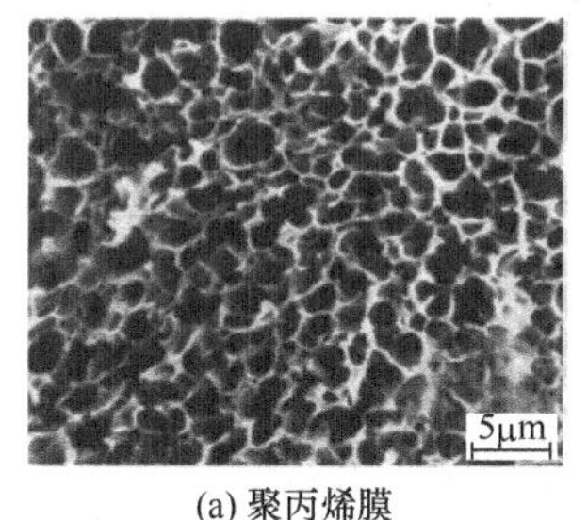

(a) 聚丙烯膜

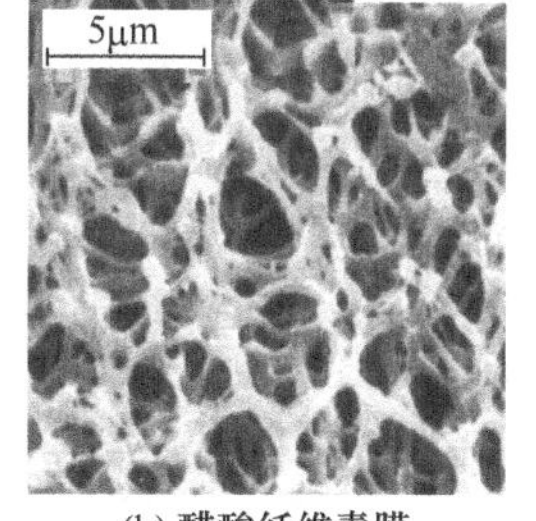

(b) 醋酸纤维素膜

图 2-6　几种微孔膜的扫描电镜图(Strathmann et al.，2002)

2）无孔膜

无孔膜也称为均一膜、非微孔膜。无孔膜的结构较为致密，孔径为 5～10Å，孔结构用电子显微镜观察不到。膜的孔隙率小于 10%，膜通常较薄，为 50～50000Å，由结晶部分与非定型部分组成。膜的各部分都保持相同的特性，常应用于反渗透与超滤的过程。无孔膜是一种结构密实的薄层，混合物溶液通过压力差、浓度差或电势差的作用迁移过膜，迁移过程中的传质通常以“溶解扩散”模型的机理进行解释(图 2-7)，即在推动力作用下，主体溶液一侧的溶剂或部分溶质首先溶解于膜中，然后在膜相中扩散迁移过膜并在膜的另一侧释放。混合物中各组分的分离与其在膜相内的溶解及扩散速率有关。无孔膜的一个主要特征是对于相对分子质量相似的组分，无论是气体或液体，尽管其扩散速率相似，但是当其浓度差异显著时

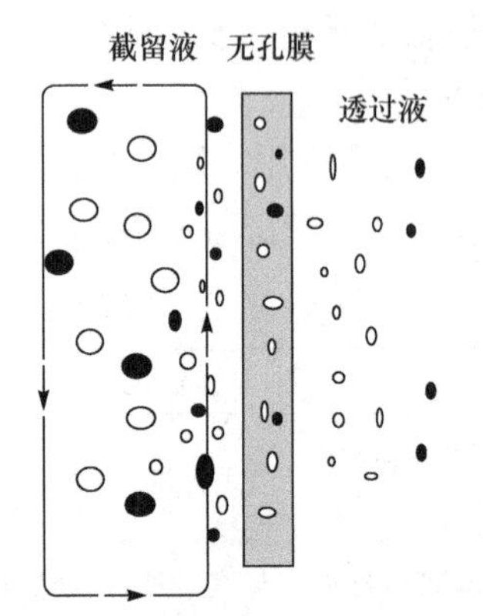

图 2-7 无孔膜对混合物的分离示意图

(即在膜相中的溶解度差异显著),就能进行有效的分离。由于无孔膜中的传质按照溶解扩散进行,所以其透过速率比较低。无孔膜主要用于分离相对分子质量相近而化学特性不同的组分,如蒸发气体的分离等。

无孔膜通常是用聚合物等材料通过成膜技术制备而成的。这一类膜的制备,常利用浇铸法进行。比较典型的是醋酸纤维素膜的制备,一般的步骤如下:

(1) 溶解。将含有一定乙醚基的醋酸纤维及添加剂按比例加入溶剂中,充分混合,配成浇注液。

(2) 流延成膜。配制好的成膜溶液经压滤和脱气后,在一定的温度和湿度条件下,以流延法在平滑的玻璃板表面流延浇注成具有一定厚度的液膜。

(3) 蒸发。将制成的液膜在同样操作条件下,静置一定时间,使溶剂蒸发。

制备这一类膜的常用材料有:聚丙烯、聚砜聚酰亚胺、聚酰胺、聚丙烯腈、纤维素等。这一类膜也适用于反渗透、超滤等过程。

3) 非对称膜

非对称膜是指断面不对称的膜。这种膜是由相同或不相同的材料分别制备成极薄的活性层(位于表面)和多孔支撑层(位于下部)所组成,如图 2-8 所示。

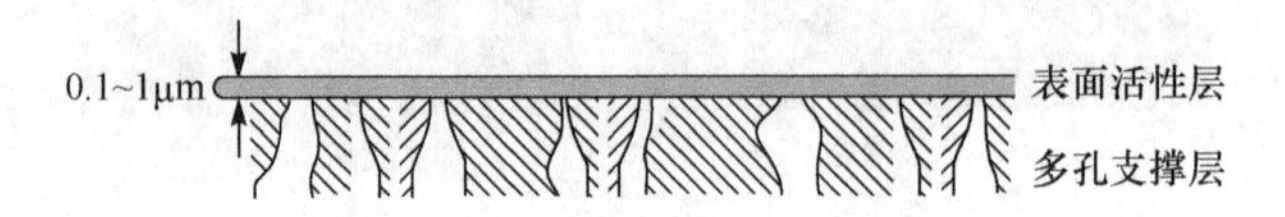

图 2-8 非对称膜横截面示意图

在非对称膜的结构中,其面上的表皮层作为选择性分离的膜,而下面的多孔支撑层则起支撑作用。在大规模分离过程中使用的膜大部分都是属于这一类在结构上相当精密的非对称性膜。在这种膜中,表皮层通常具有微孔,也可以无孔。膜的分离效果取决于表皮层膜材料的性质和孔的大小,表皮层的厚度则决定了其传质的速率。起支撑作用的多孔亚层结构对所有组分都是全通过的,仅起着对整个膜的支撑作用而已,所以对膜的分离特征及传质速率影响不大。非对称性膜主要应用于反渗透、超滤或气体分离,因为这些过程可以最佳地利用膜的高传质速率和良好的机械稳定性。

图 2-9 是 Strathmann 等研究人员对由聚砜材料制备而成的非对称膜进行电镜扫描获得的结果。

制备非对称性膜通常有两种技术：一种方法是利用相转化过程，此方法制备的膜，其表皮层与支撑层形成一种整体结构；另一种方法是利用在微孔性的表皮层下面形成极薄的聚合物沉淀层。相转化法中，根据膜特性的需要，将制膜材料中的溶质如醋酸纤维素、聚烯烃类、壳聚糖等溶解于溶剂（如甲酸、乙酸、丙酸、甲醇等）中，根据需要加入必要的添加剂（如聚乙二醇、聚乙烯吡咯烷酮、NaCl 等，如果是制备酶膜或催化膜，则加入酶和催化剂等），再经过浇铸、凝胶化、相转化等过程而获得非对称性膜。以醋酸纤维非对称性膜的制备为例，其步骤可归纳如下：

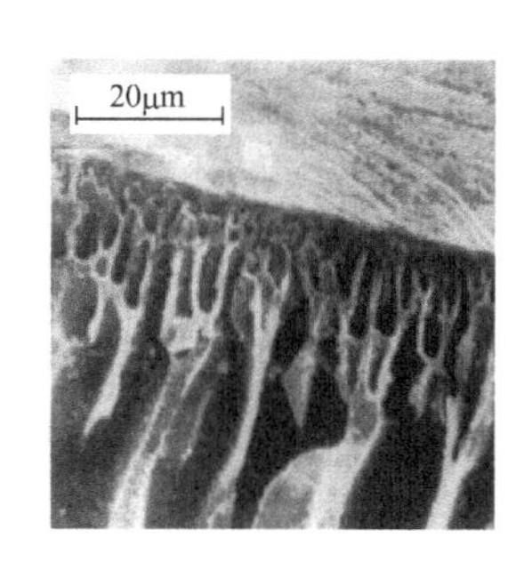

图 2-9　典型的非对称膜
(Strathmann et al. ,2002)

(1) 将聚合物溶解于适当的溶剂中，形成 10%～30%（质量分数）的溶液。

(2) 将溶液浇铸成 100～500μm 厚的薄膜。

(3) 将薄膜在非溶剂（通常是水或水溶液）中淬火。淬火过程中均一的聚合物溶液分离成富聚合物的固相和富溶剂相，富聚合物的固相部分即形成了膜的支撑结构，而富溶剂相则形成了膜的表皮层，由于填充有溶剂，通常先在膜的最表面上迅速出现沉淀，溶剂蒸发后形成微孔。

膜表面上的孔比膜内部、膜底部形成的孔要小得多，这就是膜不对称结构的原因。与非对称膜相对应的是对称膜，是指膜的纵向部位都是由单一材料构成，膜的各部分基本上没有结构或其他物理特性方面的差别。

4) 液膜

液膜即液体状的薄膜，简单如对水击打后所形成的气泡，但这样形成的液膜是极不稳定的，所以没有实用价值。具有实用价值的液膜其实是必须经过乳化后的液膜。因此，液膜由溶剂、表面活性剂和添加剂组成。溶剂分为油溶性溶剂和水溶性溶剂两大类。表面活性剂是使液体乳化形成稳定水包油或油包水体系的乳化剂。添加剂包括载体和其他的膜稳定剂等。载体的作用是使分离组分与载体在液膜的一侧形成结合体，然后在液膜中扩散迁移，扩散至液膜的另一侧时将分离组分释放，载体再返回与其他分离组分结合。载体在过程中起主动传递的功能。由于载体的存在，物质的传递可以逆浓度梯度进行，并使分离的选择性得到提高，传质速率大大加快，见图 2-10。

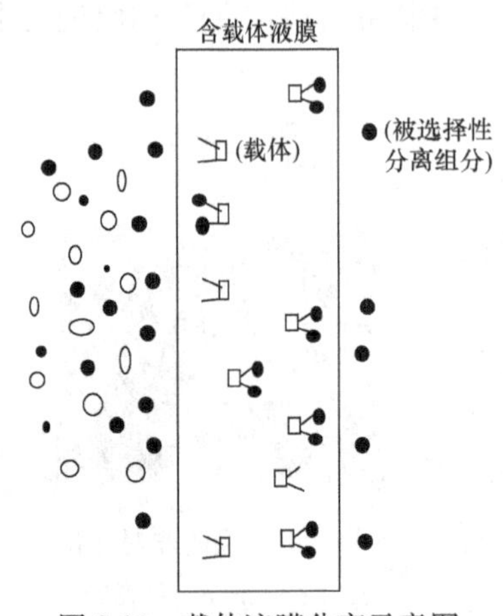

图 2-10　载体液膜分离示意图

液膜的制备技术主要是在乳化液中利用表面活性剂将选择性液体材料稳定化成为薄膜；另外也可以将制备成的液膜相填充于微孔的固定性的聚合物结构中，以便于使用。液膜的成膜方法是将成膜剂倒入分离液中，然后高速搅拌使之乳化，乳化液外层即为液膜(图 2-11)。液膜分为油包水型和水包油型两类。选择适当的乳化剂和操作条件就可以制备所需要的液膜类型。为了防止液膜因溶解而损失，处理水溶性的溶液需采用油溶性成膜剂，乳化后形成油包水型液膜，这样在分离时就形成了相应的 w/o/w (水/油/水)体系；反之，处理油溶性的溶液则采用水溶性成膜剂，乳化后形成水包油型液膜，在分离时就形成 o/w/o(油/水/油)体系。液膜的厚度为 1～10μm，乳化液的液滴直径为0.05～0.2mm。就目前的技术来说，制备液体膜并不是问题，主要的问题在于分离过程中如何保持液膜的稳定性及改善液膜的分离特性。因此，对乳化剂及添加剂的选择就具有一定的技术性。

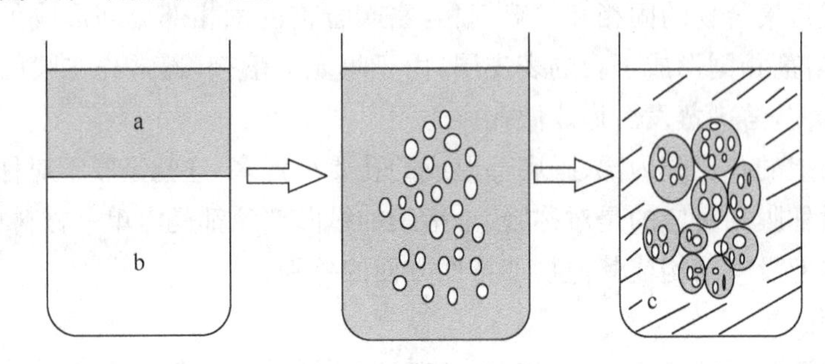

图 2-11　液膜制备示意图

a. 液膜相；b. 吸收液；c. 进料液

5) 荷电膜

荷电膜是一种含有带电性基团的聚合膜。这种带电性的功能性基团使膜产品具有离子交换的特性。膜中带电性基团来自于固定基团解离形成的阳离子或阴离子，膜相应地就保留着阴离子固定基团或阳离子固定基团，这样的膜就分别称为阳离子交换膜和阴离子交换膜。离子交换膜通常都使用有机聚合物制备，膜的特性与制备取决于所使用的离子交换树脂。不同的树脂类型具有不同的有机聚合物功能性基团。

阳离子交换膜含有带负电性的固定基团，解离出阳离子交换基团，能交换溶液中的阳离子并使之迁移过膜，对阴离子则产生排斥现象。也就是说，阳离子交换膜只允许阳离子通过膜。同样地，阴离子交换膜含有带正电性的固定基团，并解离出阴离子交换基团，能选择交换溶液中的阴离子并使之迁移过膜，并排斥阳离子。离子交换膜在分离工程的应用主要是电渗析。电渗析可用于海水和苦咸水的淡化、味精发酵中的谷氨酸分离以及蛋白质水解后的氨基酸分离等，这些在食品的加工中有重要意义。离子交换膜在其他工业中的应用包括在电解、电池、燃料电池等工业加工过程。

离子交换膜中固定基团电荷的类型与含量决定着离子交换膜的透过性与电阻，同时对膜的其他特性，如溶胀度、机械强度等也有影响。典型的阳离子交换膜是含磺酸型活性基团：

$$R—SO_3^-—H^+（或 Na^+）$$

其中，$R—SO_3^-$ 为阴离子固定基团；H^+（或 Na^+）为阳离子交换基团，用于交换溶液中游离的阳离子。适用于作为阳离子交换膜固定基团的还有如下的离子性化合物：

$$—SO_3^-，—COO^-，—PO_3^{2-}，—AsO_3^{2-}$$

而典型的阴离子交换膜含季胺基型活性基团：

$$R—N^+(CH_3)_3—OH^-（或 Cl^-）$$

其中，$R—N^+(CH_3)_3$ 为阳离子固定基团；OH^-（或 Cl^-）为阴离子交换基团，用于交换溶液中游离的阴离子。适用于作为阴离子交换膜固定基团的还有如下的离子性化合物：

$$—NH_3^+，—\overset{|}{N}H_2^+，—\underset{|}{\overset{|}{N}}H^+，—\underset{|}{\overset{|}{N^+}}—$$

离子交换膜的制备：先将单体聚合或缩聚，在单体聚合的过程中事先加入阴离子固定基团或阳离子固定基团，同时制备成膜。阴离子固定基团或阳离子固定基团的引入也可以通过化学反应的方式实现。图2-12为阳离子交换膜的结构示意图。

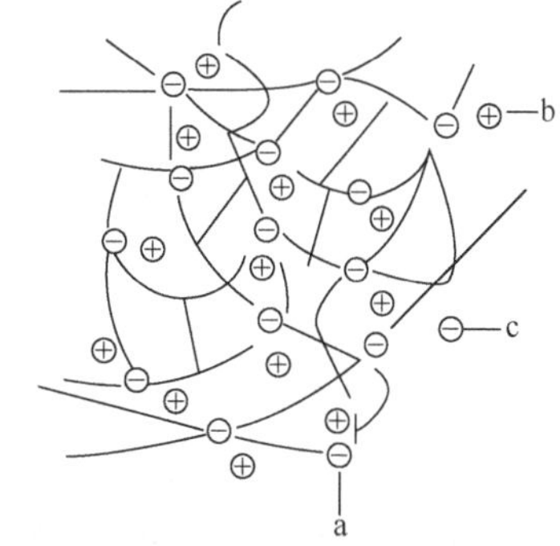

图2-12　阳离子交换膜结构示意图

a. 带负电性固定基团聚合物基质；b. 溶液中可交换的正电性反离子；c. 溶液中负电性同离子

上述的几种膜通常就是用于工业上超滤、反渗透、电渗析及液膜分离过程的主要膜种类。当然关于这些膜的分类是相对的，因为有许多膜结构可以同时具有几种性质，所以若按以上的单一标准分类有时会出现交叉的情况。例如，一种膜在结构上具有多孔性，也可以具备不对称性，同时还可以带有电性等。

从上面对膜的基本介绍中可知，膜是一个相或多个相中间的一个不连续区间，在超滤、反渗透与微孔过滤过程中，膜用各种有机聚合物或无机物制备而成；在液膜分离过程中，膜是由乳化液通过乳化制备而成；而在电渗析分离过程中，使用的则是含有带电性基团的离子交换膜。即使是在超滤、反渗透与微孔过滤过程中所使用的膜也是各种各样的。但是，作为分离使用的膜，首先必须具备选择性透过这一特性，否则膜就失去其使用意义。在此基础上，膜的特性特征可以千差万别。在适当的驱动力下，混合物中的不同组分进行差别性的质量传递。这种驱动力可以是浓度差、压力差或电势差。而与膜分离过程效果相关的主要因素包括：①待分离组分的性质；②膜的孔径、形状、疏密程度；③膜的分子结构；④膜与组分之间的相互作用；⑤膜的荷电性质。这 5 种主要的影响因素中，有 4 种因素直接与膜的性质相关，因此对膜的种类及制备进行一些初步的了解，对于认识膜的特性，理解膜分离过程具有重要意义。

2.2.2　膜分离技术的类型

以推动力分类，膜分离技术可以分为由浓度差、电势差、静压力差和蒸汽压差等动力推动的过程；根据膜孔的不同，膜分离技术可分为渗析、微滤、超滤、纳滤和反渗透。在某些膜分离过程中，为了强化膜分离过程的选择性及透过通量可同时利用数种推动力，如利用压力差和浓度差同时进行分离的蒸发和膜蒸馏过程。

以推动力区分的几种膜分离过程包括压力推动的膜分离和非压力推动的膜分离。

压力推动的膜分离过程包括：

(1) 反渗透(reverse osmosis，RO)。反渗透过程主要利用微孔膜和无孔膜(主要为微孔膜)，在较高的压力(2～10MPa)下，推动水或溶剂等小分子透过膜，而溶液中相对分子质量大于膜截留相对分子质量的组分分子则被截留，被截留的相对分子质量通常在 300 以下。

(2) 超滤(ultra-filtration，UF)。超滤过程主要是利用微孔膜或无孔膜(多为微孔膜)，推动小分子过膜，而溶液中的大分子组分(300～500000)则被截留，所需要的压力一般为 0.1～1MPa。

(3) 纳滤(nano-filtration，NF)。纳滤过程是一种处于 RO 和 UF 的中间状态的膜分离技术，所截留的相对分子质量以及所使用的压力也都介于 RO 与 UF 之间。纳滤可以应用于脱盐，也可以应用于对大分子的浓缩及与小分子的分离。相对分子质量为 200～500 的有机酸组分也可以被截留。纳滤过程的特点是透过通量较高，需要的压力也相对低。

(4) 汽化渗透(vaporization permeation，VP)。汽化渗透过程的推动力为分压差，是利用挥发性成分的沸点差异所进行的分离过程，常应用于各种芳香性成分的分离及空气中气体的分离和富集。

(5) 微孔过滤(micro-filtration,MF)。微孔过滤过程是利用微孔膜在一定的压力下从液体或气体中去除0.01～10mm大小的粒子的过程,如空气中的微粒及微生物。此种技术可应用于饮用水的无菌过滤、食品包装过程中的无菌过滤及果蔬汁的澄清。

(6) 气体交换与分离。利用膜技术进行气体的交换与分离在食品发酵工业及需要加气的饮料工业中有应用价值。同时,膜分离中气体组分的迁移过膜的机理适用于反渗透、超滤、纳滤等过程的传质解释。工业上用膜进行的气体交换与分离有两种方法:一种是利用微孔膜分离技术,此种技术中,微孔膜主要是根据气体相对分子质量不同进行截留与透过,基本上属于一种筛网作用;另一种是利用无孔膜进行的气体交换与分离,此种过程传质的主要机理按"溶解扩散"模式进行。在压力差的推动下,气体中的一些组分透过膜,另一些组分不能过膜,这是由于气体组分透过膜时对膜所具有的溶解和扩散能力存在差异,从而使进料流体被分成透过相与截留相。在截留相和透过相中都有某些气体组分会得到富集或分离,从而实现了分离。此种过程中,由于膜相中的溶解和扩散的机理,不同质量的组分在传递分离中可以有较大差异,因此可以获得较高的选择性。此种过程的膜溶解与扩散过程包括三步:①气体混合物中的组分在膜界面上产生溶解或吸附,溶解与吸附作用按照组分在气相与膜相之间的分配系数进行;②单组分在膜相中进行扩散,扩散作用受组分的活性梯度及压力推动;③组分透过膜到了膜的另一侧,产生解吸作用,成为透过相。

上述的"溶解扩散"模式可作为一种主要机理,用于解释一部分溶液混合物在无孔膜中的分离过程的传质现象,包括反渗透、超滤和纳滤等过程。从过滤的角度看,把反渗透、超滤、纳滤及微孔过滤等过程视为特殊的过滤,在反渗透、超滤、纳滤及微孔过滤等过程中,按流体的流动形式分为堵塞式微孔过滤与错流式微孔过滤。不同的过滤方式对分离效率的影响很大。常见的深层过滤与表面过滤都属于堵塞式微孔过滤,此种形式的操作,由于过滤方向与压力方向相同,最终会导致截留物在膜面上的堆积而造成膜污染,所以又称为死胡同式微孔过滤。为了保持膜的透过通量,需要进行经常性的清洁,所以只能是间歇式操作。在各种膜分离技术中,尤其是反渗透和超滤,理想的过滤模式应该是通过对设备(流道)、压力及流体速度的设计,使之形成错流过滤方式。在错流过滤的方式中,过滤方向与压力方向垂直,如图2-13所示。利用流体对膜表面上的沉积物进行冲刷与剪切,大大减少膜表面的堆积现象,反渗透及超滤中的浓差极化和凝胶化现象就能够显著减少。此种操作方式可以在较长时间内维持较高的透过通量,膜分离过程的效率得到提高,是一种可以进行连续操作的膜分离技术。

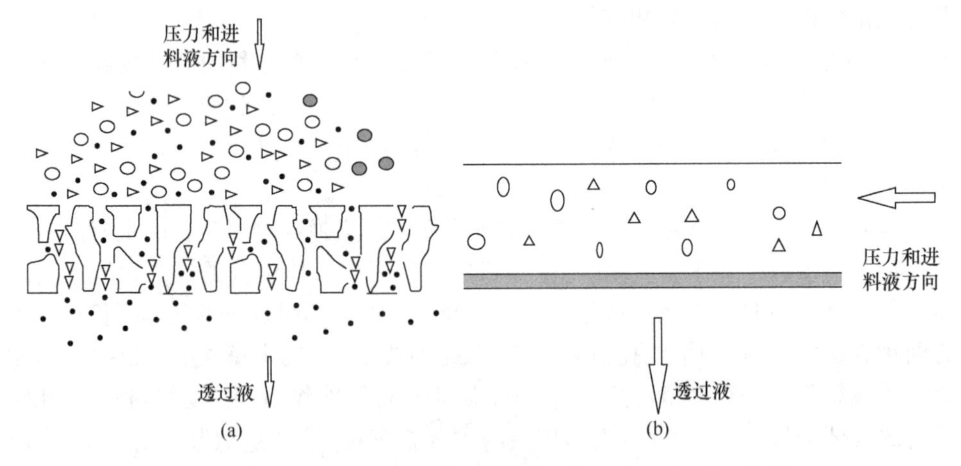

图 2-13　压力推动的堵塞式过滤(a)和错流式过滤(b)示意图

气体分离技术最初应用于石油化工和化学工业方面，目前也应用于酿酒工业。现在发展出一种比较特殊的气体分离技术——汽化渗透。此种技术在两个气体相中加入一个膜相作为第三相，汽化渗透过程膜具有选择性，使某种气体组分更容易传递透过膜，达到另一边的气相。过程的特征是待分离的组分由液相相变成气相，然后选择性地迁移过膜，因此定义为汽化渗透。汽化渗透非常适合于对食品及生物材料的处理。气体交换的另一种形式是通过加压，利用疏水膜的选择性进行膜两边的液相与气相之间的气体交换：此过程中，利用有微孔的疏水膜，对系统施加一定的压力(500kPa)，气体与液体可以透过膜孔混合。气体传递的推动力就是气相与液相之间的分压差。混合中，如果气相中一种特定气体的分压比其在液体中的分压高，则该气体就会进入液体中；反之，如果其在气相中的分压比较低，气体就会从液体中被去除。这样就实现了气体的交换。此种技术被应用于酿酒工业中。

非压力推动的过程包括：

(1) 电渗析(electrodialysis，ED)分离。基于组分所带的电荷种类及大小以直流电压作为推动力，利用离子交换膜对不同电性组分离子的选择性透过而实现分离的过程，主要应用于海水和苦咸水的淡化、纯水和饮用水的生产、制盐和氨基酸的分离等过程。

(2) 液膜分离(liquid emulsion membrane separation)。以化学势差和主动运输作为推动力，靠浓度梯度及乳化液膜中的载体对混合物中的某一组分进行选择性透过而实现分离的过程。主要应用于工业废水的处理。

目前膜分离过程已应用于不同的领域，包括：①水处理，如海水和苦咸水的淡化，纯水及饮用水的生产；②医药医疗设备工业，如药剂浓缩、提纯，人工肝、人工肾、人工肺的制备；③食品工业，如果蔬汁的浓缩，速溶咖啡及速溶茶的生产，饮料除菌及澄清，大豆分离蛋白的制备，乳制品处理，食品废水处理；④石油化工和环境保护等领域。

各种膜分离过程的特点及其比较见表 2-2，其中的反渗透、超滤、电渗析以及液膜等分离过程在本书后续章节中还会进行单独介绍。此外，最近还发展出一些新型的分离过程，如酶膜反应器、催化膜反应器等，这些也将在膜技术的进展章节中进行适当的讨论。

表 2-2　各种膜分离过程及其不同的特征

膜分离过程	过程特征及传质机理	进料液初始状态	膜种类及结构特点	食品工业中的应用	推动力	透过成分	被截留成分
超滤	从溶液中将大分子或聚合物与小分子分离，以筛分、溶解扩散等机理为主	液体	主要以微孔膜为主，也用无孔膜	大分子溶液的分离，溶液中分离大分子和聚合物，发酵液酶的提纯，大豆分离蛋白制备	压力差，0.1～1MPa	水和盐等低分子组分	蛋白质，酶，多肽等高相对分子质量组分
反渗透	溶剂透过溶质被截留，以溶解扩散、优先吸附、毛细孔流等机理为主	液体	无孔膜为主，微孔膜也适用	海水和苦咸水淡化，饮用水生产，果蔬汁浓缩，速溶茶生产	压力差，2～10MPa	水和溶剂	溶质，盐及小分子溶解物
微孔过滤	分离微生物、空气中的粒子、有机物和聚合物，利用膜中孔径的筛分机理	液体或气体	微孔膜，孔径 0.1～10μm	从液体混合液中分离悬浮固体，发酵中的空气无菌过滤，果蔬汁澄清	压力差，0.1～500kPa	水，溶剂，小分子	微粒，微生物悬浮物
电渗析	依据离子的电荷种类及大小，利用离子交换膜选择性透过机理	液体	由阳离子交换膜和阴离子交换膜组成的膜组件	氨基酸分离，海水和苦咸水淡化，饮用水的制备	电势差	与膜固定基团电性相反的离子	与膜固定基团电性相同的离子

续表

膜分离过程	过程特征及传质机理	进料液初始状态	膜种类及结构特点	食品工业中的应用	推动力	透过成分	被截留成分
液膜	液膜的分配系数差异、溶解扩散、载体的主动运输机理	液体	乳化后的液膜或乳化形成带载体的液膜	食品工业废水处理	浓度差，膜载体的主动运输	回收的组分	处理后的净化水
气体分离	去除混合气体中某一成分，膜的溶解扩散机理	气体	不对称均质膜，无孔膜或微孔膜	空气分离与提纯、净化	压力差，浓度差	膜中易溶解扩散的气体组分	膜中不易溶解扩散的气体组分
汽化渗透	在加热低压作用下混合物组分通过汽化扩散过膜，然后真空回收，利用分压差和溶解扩散机理	液体	不对称均质膜，无孔膜	芳香性风味成分的回收，乙醇-水共沸混合物除水	蒸汽压差，低压	易挥发成分先回收	难挥发性成分
透析	从溶液中膜选择性除去水、盐小分子成分，利用对流-自由层中的扩散机理	液体	微孔膜，孔径0.01～1μm	盐的分离及大分子溶液脱盐和去除小分子	浓度差，压力差	小分子	大分子

2.3　膜分离的机理

2.3.1　膜分离过程传递现象

由于反渗透及超滤技术在食品工业中的应用最广，本书所讨论的膜分离机理及过程的传递现象主要是指反渗透和超滤过程中的机理与传递。如图 2-14 所示，膜分离过程中主要存在着 3 种传递现象：

(1) 溶剂(水)在压力差的作用下通过膜的传导；

(2) 溶质在压力差及浓度差的作用下通过膜的传导；

(3) 膜的高压侧产生浓差极化现象，聚集的溶质由于浓度差的推动，从膜边界层向主体溶液的扩散现象。

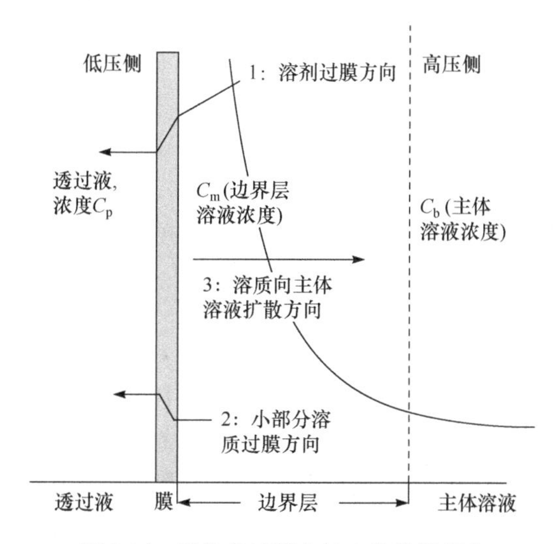

图 2-14　膜分离过程中的 3 种传质现象

膜分离过程的浓差极化现象是指在膜分离过程中，随着时间的延续，膜表面逐渐聚集了溶质，形成一个由膜边界向主体溶液浓度递减的梯度。浓度梯度的存在导致溶质由边界层向主体溶液扩散地传递。膜分离过程中这种因溶质在膜表面聚集而导致的浓度梯度现象，称为浓差极化。对于超滤来说，由于是大分子溶质的堆积，这些大分子浓度达到一定程度时容易凝胶化，于是在边界层形成凝胶层，此种现象称为凝胶化现象。浓差极化或凝胶化都会导致膜分离效率下降等一系列不良后果。

对于上述 3 种传质现象，传质量(通量)都与某些因素相关。对于第一种传质，如果是微孔过滤和超滤，质量传递是以通量为主，溶剂透过膜的通量可以用以下数学表达式表示：

$$J_v = A(\Delta p - \Delta\pi) \tag{2-1}$$

或

$$J_v = \frac{\omega r^2}{8\eta\tau} \cdot \frac{\Delta p}{\Delta z} \tag{2-2}$$

其中，J_v 表示溶剂(水)的透过通量，单位通常为单位压力下单位时间单位膜面积通过的溶剂(水)质量或体积；A 为渗透因子；ω 为膜孔隙率；r 为孔半径；η 为动力学黏度；τ 为扭曲因子；Δp 为膜两边的压力差；Δz 为膜厚度；$\Delta\pi$ 为渗透压差。上述数学模型基本上反映了微孔膜的主要特性与膜通量之间的关系。

对于反渗透过程，推动力与超滤过程相同，也是压力差，但如果是使用无孔的均一膜，则不涉及膜的孔隙率、孔半径、扭曲因子等参数因子，传质的机理存在较大不同。其传递机理基本上是基于优先吸附和溶解扩散机理。膜的溶剂通量可以用如下数学模型表达：

$$J_{\mathrm{v}}=\frac{D_{\mathrm{I}}^{\mathrm{M}}v_{\mathrm{I}}}{RT}\left(\frac{\Delta p-\Delta\pi}{\Delta z}\right) \tag{2-3}$$

式中，D 为扩散系数，上标 M 表示膜内，下标 I 表示溶剂；v_{I} 为溶剂的摩尔体积分数；R 为摩尔气体常数；T 为热力学温度。

对于第二种传质，在微孔过滤和超滤的情况下，由于膜的截留作用，被截留的组分会形成溶质浓度差，于是在膜的两侧产生渗透压差和溶质过膜的扩散通量。可用下面的数学表达式表示：

$$J_{\mathrm{n}}=-D_{\mathrm{n}}^{\mathrm{M}}\frac{\Delta C_{\mathrm{n}}^{\mathrm{M}}}{\Delta z} \tag{2-4}$$

式中，J_{n} 为溶质的透过通量，单位通常为单位压力下单位时间单位膜面积通过的溶质(盐)质量；Δz 为膜的厚度；$D_{\mathrm{n}}^{\mathrm{M}}$ 为膜界面中组分 n 的扩散系数；$C_{\mathrm{n}}^{\mathrm{M}}$ 为膜界面中组分 n 的浓度。对于稀溶液中的溶质通量，式(2-4)也同样适应于反渗透膜分离。

如前所述，在反渗透、超滤等以压力为推动力的膜分离过程中，浓差极化是难以避免的现象。浓差极化最终会导致溶质由膜的边界层向主体溶液的扩散传递。在反渗透、超滤及微孔过滤等膜分离过程中，其浓差极化的原因都是相似的，但后果却有很大差别。以质量平衡表示在浓差极化情况下溶质的各种走向：

$$J_{\mathrm{n}}=J_{\mathrm{con}}-J_{\mathrm{diff}} \tag{2-5}$$

或

$$J_{\mathrm{s}}=\frac{\omega r^{2}C_{\mathrm{s}}^{\mathrm{M}}}{8\eta\tau}\cdot\frac{\Delta p}{\Delta z}-D_{\mathrm{s}}^{\mathrm{M}}\frac{\Delta C_{\mathrm{s}}^{\mathrm{M}}}{\Delta z} \tag{2-6}$$

其中，$D_{\mathrm{s}}^{\mathrm{M}}$ 为扩散系数；$C_{\mathrm{s}}^{\mathrm{M}}$ 为溶质在超滤膜孔内溶剂中的浓度；J_{s} 为溶质的过膜通量，单位通常为单位压力下单位时间单位膜面积通过的溶质(盐)质量；J_{con} 为对流传递到达膜的溶质通量；J_{diff} 为溶质以扩散形式从膜表面回流到主体液的通量，同时

$$J_{\mathrm{s}}=J_{\mathrm{v}}C_{\mathrm{p}},\quad J_{\mathrm{diff}}=-D\frac{\mathrm{d}C}{\mathrm{d}z}$$

并且

$$J_{\mathrm{con}}=\dot{V}C=J_{\mathrm{v}}C \tag{2-7}$$

其中，J_{v} 为膜的透过通量；C_{p} 为透过液中溶质浓度；$\dot{V}$ 为到达膜表面的对流传递体积通量，在稀溶液中为一近似值，等同于过膜通量；D 为扩散系数；$\mathrm{d}C/\mathrm{d}z$ 为边界层溶液中的浓度梯度。合并式(2-5)和式(2-7)，同时设定边界层条件：$z=0$ 时，$C=C$，$z=z_{\mathrm{b}}$时，$C=C_{\mathrm{b}}$，积分得到

$$\frac{J_{\mathrm{v}}z_{\mathrm{b}}}{D}=\ln\frac{C_{\mathrm{w}}-C_{\mathrm{p}}}{C_{\mathrm{b}}-C_{\mathrm{p}}} \tag{2-8}$$

其中，z_{b} 为边界层厚度；C_{w} 为膜中的溶质浓度；C_{b} 为主体液浓度。这样，膜截留率

R 与透过液和膜中的溶质浓度有关，用下式表示：

$$R=1-\frac{C_p}{C_w} \tag{2-9}$$

合并式(2-8)和式(2-9)，得

$$\frac{C_w}{C_b}=\frac{\exp\left(\frac{J_v z_b}{D}\right)}{R+(1-R)\exp\left(\frac{J_v z_b}{D}\right)} \tag{2-10}$$

其中，C_w/C_b 的意义就是浓差极化比，其值越大，表示浓差极化越严重。

在超滤或错流微孔过滤过程中，由于处理的溶液含有大分子组分甚至悬浮物质，其过膜通量又比反渗透高出许多。因此，上述简单的薄层流道模型不适用。因为超滤及错流微孔过滤等过程中膜阻不仅与膜的特性有关，在浓差极化情况下，还受到被截留溶质所形成的凝胶层甚至滤饼的影响。如果忽略进料溶液的渗透压，这时过膜通量可表达为

$$J_v=\frac{1}{R^M+r^L\Delta z^L}\Delta p \tag{2-11}$$

其中，J_v 为过膜通量；R^M 为膜的水压阻力；r^L 为凝胶层的比阻力；Δz^L 为凝胶层的厚度；Δp 为静压力。

2.3.2　溶液中组分的膜透过机理

在解释混合液中不同的组分在迁移透过膜过程中的差异时，要从机理上作出确切的解释目前还是比较困难的。一是由于膜的种类很多，这在前面部分已经述及，因此想用一种通用的机理解释全部的膜分离过程现象似乎不可能；二是有些观点到目前为止还难以用实验去证实。因此，目前的一些解释，还只能称之为假说。只能在膜分类的基础上，将各类型膜及膜分离过程的传质机理进行大致的归纳。总体来说，解释各种类型膜分离过程的传质机理有 4 种：由 Ried 等提出的氢键理论-结合水-空穴有序扩散模型；由 Sourirajan 提出的优先吸附-毛细孔流理论；由 Lonsdale 和 Riley 提出的溶解扩散理论以及筛分理论等。各种机理的要点如下：

(1) 氢键理论-结合水-空穴扩散模型。该模型由 Ried 等提出，其要点为：以此种机理进行的膜分离过程，适用的膜材料必须是亲水性的，能与水形成氢键。其中以无孔的醋酸纤维素膜为典型代表。由于氢键和范德华力的作用，膜内部形成晶相区域和非晶相区域。在非晶相区，迁移过程中，水与醋酸纤维素羰基上的氧原子容易形成氢键，形成所谓的"结合水"，引起水分子熵值的极大下降。在结合水中紧密结合的称为一级结合水，较松散结合的称为二级结合水。一级结合水的介电常数很低，对离子无溶剂化作用，也就是说离子不能进入一级结合水因而也就不能透过膜。二级结合水的介电常数与普通水接近，离子可以部分地进入，所以有部分的

离子会透过膜。具有理想分离效果的膜,膜与溶液的接触只形成一级结合水,形成的二级结合水很少甚至没有。与醋酸纤维素不能形成氢键的离子或分子就不能透过结合水区域,而能和膜产生氢键结合的离子或分子(如水、酸等组分),则可以进入结合水区域,并在压力推动下迁移通过膜。在压力作用下,溶液中的水分子和醋酸纤维素中的羰基形成氢键,而原来水分子间形成的氢键被断开,水分子解离出来和另一个羰基形成新的氢键。这样连续不断地出现氢键形成与断开,使水分子进入膜的多孔层,由于多孔层含有大量的毛细管水,水分子能畅通流出膜外。这种溶剂分子或离子的迁移就像空穴的迁移,故又称为空穴扩散模型。

此种模型机理解释了以无孔膜为主的膜分离现象,其最大缺陷就是忽略了溶质、溶剂和膜材料之间的相互作用力,体现不出膜除了亲水特性以外的其他性质对分离效果的影响。

(2) 优先吸附-毛细孔流理论。此理论解释是 1963 年 Sourirajan 在 Gibbs 吸附方程基础上提出的,其要点是:以微孔膜进行分离后,当溶液与微孔膜接触后,膜对水具有优先吸附的功能,因此在膜与溶液之间的界面处,溶质浓度会急剧下降而形成被吸附的纯水层。在压力作用下此纯水层通过膜的毛细孔,即可获得纯水,同时在界面处形成新的纯水层。纯水层厚度为 1～2 个水分子层,水分子的有效直径约 5Å,所以纯水层厚度是 5～10Å。纯水层的厚度与溶液及膜的化学性质有关。当膜表面毛细孔的孔径为纯水层厚度的 2 倍时,即 10～20Å 时,膜结构处于最理想状态,此时每个毛细孔得到最大流量的纯水,此时的毛细孔径被称为"临界孔径"。如果膜的孔径大于临界孔径,会导致溶质的泄漏,而小于临界孔径时则通量下降。临界孔径可以比溶质与溶剂的分子直径大几倍,此时仍能对溶质进行有效的分离。这种分离与孔的一系列特性有关,包括膜的厚度、孔径与孔分布、孔隙率以及孔的扭曲度等。膜表面应具有尽可能多的处于"临界孔径"的孔,这样才能获得最佳的截留率和最高的透水速率。同时当膜材料对水优先吸附时分离效果更加理想。

这个理论与氢键理论-结合水-空穴扩散模型相接近,也解释了能与膜产生氢键的溶质的扩散迁移。同时解释了膜特性对分离效果的影响作用,根据溶剂的过膜通量模型 $J_v=\frac{\omega r^2}{8\eta\tau}\cdot\frac{\Delta p}{\Delta z}$,设计出分离效果与之相近的膜类型。但是此理论的缺陷在于:到目前为止,所谓的处于"临界孔径"状态的微孔及纯水层尚未得到证实。

(3) 溶解扩散理论。此理论由 Lonsdale 等基于膜对气体中不同组分的选择性透过现象提出,用于解释无孔膜的选择性分离。前述的关于气体膜分离的机理都可以应用于此类分离的解释。其主要的观点认为:①在完全致密的无孔膜界面处,水和溶质通过薄膜分为两个阶段完成。溶剂与溶质透过膜的机理是由于溶剂与溶质在膜中的溶解,溶解度的差异导致溶剂与溶质迁移过膜的差异,而与膜孔的有无及性质关系不大。在给定条件下,溶质与溶剂在膜中的溶解度和扩散系数是恒定的,其透过膜的速率及分离率也是恒定的。由于溶质与溶剂在膜中的溶解度和扩散系数的差异而使得不同组分的传质速率不同,从而获得分离。②透过的第一阶段是水和溶质被吸附溶解到膜材质表面上；第二阶段是水和溶质在膜中的扩散传递，在压力差和化学位差的推动下，最后通过膜。因此，溶解扩散理论不要求膜是有孔的。

溶解扩散理论认为膜可以是均质膜，解释了无孔膜的分离现象。但这个理论忽略了膜结构及性能对分离效果的重要影响，同时还不能解释膜材料具有高度吸附性和对水、盐具有高渗透性的原因。

(4) 筛网的筛分理论。此种理论适用于微孔膜的分离解释。解释比较简单，把微孔膜视为一个具有多孔的筛网，相对分子质量不同的组分在压力推动下迁移，由于膜的阻隔及微孔的筛分作用，小分子组分容易透过膜，而大分子组分则不容易透过膜，从而实现不同组分的分离。当然，对组分的截留，并不简单机械地按膜孔大小进行，还同时受到膜及膜孔其他特性的影响。

2.3.3 膜组件

在性能良好的膜的基础上，根据流体的动力学原理，按一定方式组装起来形成相应的膜组件，才能有效地实现分离，这就是膜组件的作用。膜组件的最先开发形式是平面膜的大型化，但是这样组装形成的设备体积太大，单位体积设备中的膜面积即膜容量太低，不符合经济效益原则。其后根据流体动力学原理设计开发出管式、毛细管式、卷式和中空纤维式膜组件。这些膜组件各有不同的特点和应用。由于薄层流道装置的出现，板框式膜组件又获得新的发展和应用。螺旋卷式组件就是在板框式膜组件的基础上进行改良开发，它其实就是一个卷起来的板框式膜组件，但是其膜容量相比于板框式膜组件大大提高了。各种膜组件的比较见表 2-3。图 2-15 为常见的分离过程中所使用的各种膜组件。

表 2-3　各种膜组件的主要性能的一般比较

性能	管式膜组件	板框式膜组件	卷式膜组件	中空纤维式膜组件
结构	简单	复杂	较复杂	非常复杂
膜装填密度/(m^2/m^3)	33～330	160～500	650～1600	16000～30000
膜支撑体结构	简单	复杂	简单	不需要支撑
抗污染性	很好	好	一般	差
膜清洗	易于清洗	易于清洗	难清洗	难清洗
膜更换方式	更换膜	更换膜	更换部分组件	更换整个膜组件
膜更换成本	低	一般	较高	较高
对水质要求	低，只需除去 50～100μm 微粒，前处理成本低	较低，前处理成本尚可	较高，前处理成本高	高，前处理成本高
要求泵容量	大	中	小	小
按比例放大	易	重新研制	重新研制	重新研制
主要应用	反渗透，超滤	透析，反渗透，汽化渗透，超滤和微孔过滤	透析，反渗透，超滤和微孔过滤	透析，反渗透，超滤

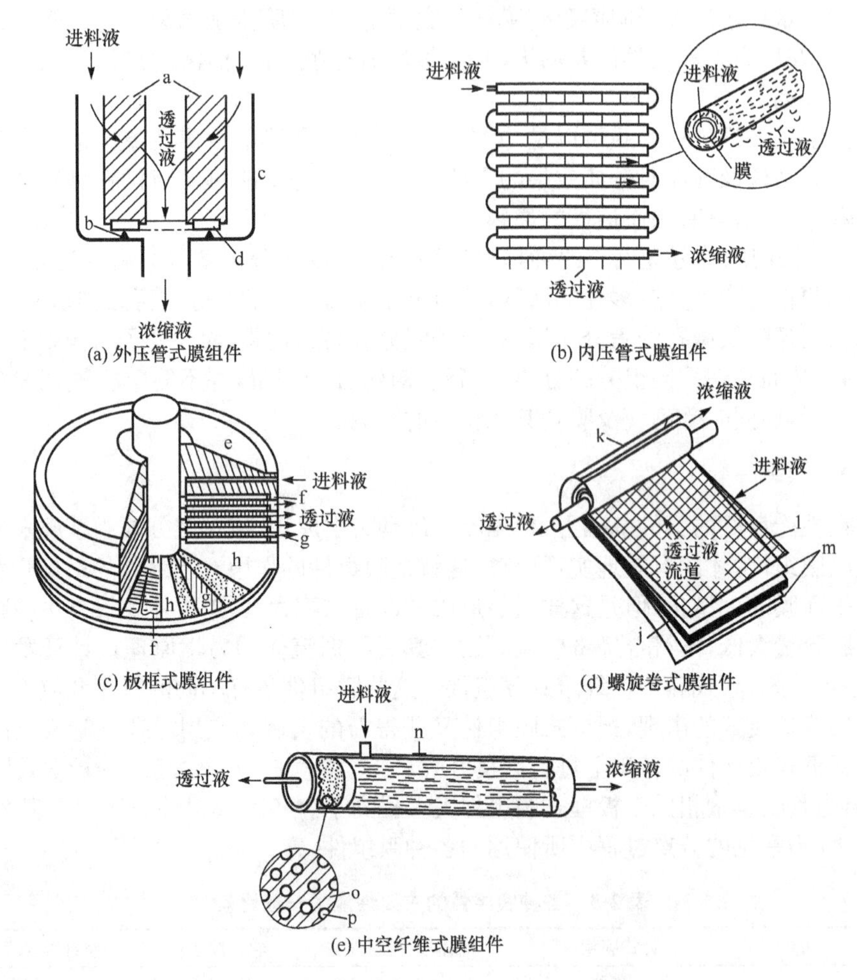

图 2-15　工业分离过程所使用的膜组件(Strathmann et al. ,2002)

a. 中心柱;b. 刀型封口;c. 滤室;d. 弹性平垫圈;e. 端板;f. 隔板;g. 膜支撑板;h. 膜;i. 滤纸;j. 多孔性膜支撑;k. 面盖板;l. 隔板筛;m. 膜; n. 壳管;o. 环氧树脂;p. 中空纤维

按组装的结构,工业上常用的膜组件基本上可分为:管式、毛细管式、板框式、螺旋卷式及中空纤维式 5 种。毛细管式在体积大小、膜容量等性能上处于管式和中空纤维式之间,理解了管式组件和中空纤维式膜组件,就可以理解毛细管式膜组件。因此,实际上可以把膜组件归为 4 类。

1. 管式膜组件

管式膜组件分为内压式、外压式及集(套)管式 3 种。其基本结构组成是“多孔中心柱+膜+外壳”,膜粘在多孔中心柱上,根据需要,管式膜组件中心柱的管径可以有大有小。膜通常是粘在中心柱的外壁(比较方便),中心柱应有良好的透水性及较高的强度。其中，内压式即进料液从中心柱内往外压，将透过液及其中的组分压过膜；外压式是进料液从外往中心柱内压，将透过液及组分压过膜分离。在反渗透中所用的膜工作面多在外壁，而在超滤中，由于压力较低，内压式、外压式两种均有采用，但是为了使凝胶层减至最薄，多选用内压式组件。管式膜组件又可分为单管式与列管式，还可组合成串联式与并联式。为了提高膜的装填密度，可将多个膜管组合于同一装置中，即为集(套)管式。

这种设备的优点在于有比较宽的流道，不容易堵塞，膜表面可用化学法和物理机械法清洗，适合于废水处理等工业应用。但膜的装填密度较低，过程效益也相对较低，因此设备及操作费用较高。

2. 毛细管式膜组件

毛细管式膜组件的基本结构与管式膜组件相似，但管的直径小很多，为0.5～1.5mm。

3. 板框式膜组件

板框式膜组件的基本结构：由“导流板＋多孔支撑板＋膜”组装成一个用于分离的单元，多个这样的分离单元再组装形成一个膜组件。这种组件是在常规的板框式压滤设备的基础上设计而成的。组件中，膜、多孔膜支撑板以及隔板被夹装在一起，构成分离单元(如果用于苦咸水淡化过程则通常称为脱盐板)，多个分离单元组装在一起时，相应的孔对接形成进料流道、透过液流道和浓缩液流道。此种组件能耐高压，适用于反渗透和超滤过程。膜的更换、清洗、维护容易，预处理要求不是很高，设计时应考虑到能够增大进料液的雷诺数，以尽量减少过程中的浓差极化或凝胶化现象，可以将原液流道设计为波纹型，利于进料液成为湍流，分离效果得以提高。此种膜组件的缺点是膜容量较低，在应用于高压过滤时，能耗及压力容器的费用较大。

4. 螺旋卷式膜组件

螺旋卷式膜组件的基本结构：将“膜＋多孔支撑板＋膜＋隔网材料”结构黏合，形成软层结构的分离组件。此种软层结构可以做得很长，粘成3面密封的长袋形，隔网装在膜袋外，未封口的膜袋口一端插入中空柱中(即中心集水管)并将缝隙密封。软层结构其余的3个端口是密封的，整个结构做成卷轴形式。卷轴有3个接口：进料口、浓缩液出口和透过液出口。此种组件最先是美国Gulf General Atomic公司开发的。我国在1982年由国家海洋局第二研究所研制成功。隔网多为聚丙烯格网，厚度为0.7～1.1mm，起进料导流作用并促进料液湍流的形成。膜的支撑材料用聚丙烯酸类树脂或三聚氰胺树脂。此种膜组件用于反渗透时，由于压力高，压力损失的影响较小。单个组件的压头损失较小，只有7～10.5kPa。外壳材料为不锈钢或玻璃钢管。卷式膜组件一般要求的膜面流速达到5～10cm/s。此种膜组件能克服或减少膜分离过程的浓差极化和膜污染现象。主要缺点是如果在组装时对称性不够，易发生料液的侧漏。

5. 中空纤维式膜组件

中空纤维式膜组件不用中心柱作支撑，其基本结构是“中空纤维束＋外壳”。用适当的工艺，将聚烯烃类聚合物挤出制备成具有微孔的中空丝状纤维，外径50～100μm，内径15～45μm。再将多达数千乃至上万根这样中空纤维，通过适当的黏合，密封于一个套管中成为一个中空纤维式膜组件，膜的装填密度高达16000～30000m^2/m^3。中空纤维型组件的主要缺点在于：透过水一侧的压力损失大，透过膜的水是由极细的中空纤维膜的中心部位引出，压力损失会达几百千帕；膜面污染去除较困难，只能用化学清洗，因此进水需要进行严格的预处理；其中的纤维丝一旦有部分损坏，无法更换，大部分情况下是整个组件的更换。

2.3.4 常用的膜分离过程工艺流程

图2-16是实验室规模的设备实物图以及反渗透和超滤的间歇式分离流程图。一个膜分离设备流程，膜组件是其最主要部件，同时根据需要，还必须配备相关的部件及仪器，其中能够提供足够压力需要的泵（如进料泵及循环泵）为最重要的配套部件。对于泵的选择，除了考虑压力能否满足需要外，还要考虑在分离过程中对待分离组分可能产生的影响，如产生的剪切力对敏感性酶及蛋白质活性的影响。膜分离过程中使用的泵包括容积式与非容积式两种类型。容积式泵主要有往复式与旋转式两种（如柱塞泵、隔膜泵、齿轮泵、转子泵、叶片泵、螺杆泵、偏心泵、蠕动泵等）。非容积式泵主要有离心泵、旋涡泵等。反渗透中多用螺杆泵、柱塞泵、隔膜泵；超滤中常用离心泵、旋涡泵、转子泵等。如果过程中要处理生物活性成分，如蛋白质、酶等成分，宜选用蠕动泵，以避免因剪切力的作用而使其失活。其他的部件还有储罐、预处理设备（预过滤器、氯化处理设备及溶液、清洗设备及溶液、热交换设备等）、压力表及其调控设备、pH控制器及检测设备等。将这些相关的部件以一定的形式连接起来，便形成各种膜分离流程。

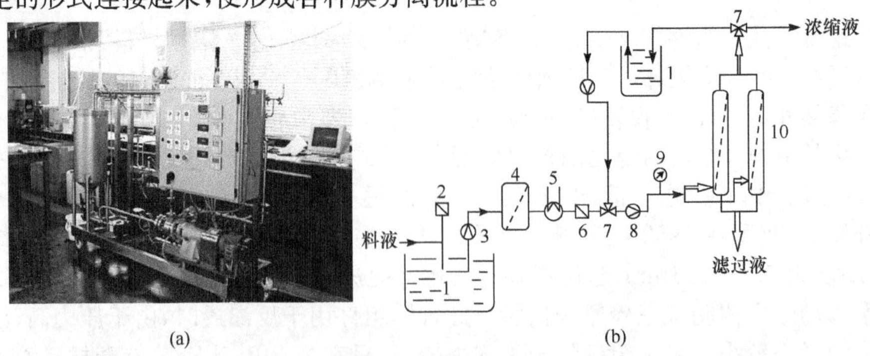

图2-16　典型的反渗透和超滤的流程图

1. 料液罐；2. 水的预处理设备；3. 料液泵；4. 预过滤器；5. 热交换器；6. pH检测及调控设备；7. 三通阀门；8. 高压泵；9. 压力表；10. 组合式膜组件

实际生产中，膜分离过程的浓缩液及透过液都可以作为过程的产品，因此可根据废液的处理排放标准、浓缩液有无回收价值等方面的需要，综合考虑组件的配置方式。如果以浓缩(如果蔬汁的浓缩)为主要目的，则注重浓缩液的效果；如果以透过液(如苦咸水脱盐、饮用水生产、废水处理)为产品目的，则注重去除效果。因此，可按照生产需要及溶液分离的质量要求，配置浓缩液及透过液的不同处理流程。这样实际应用中就有一级和多级(通常为二级)的工艺流程配置。所谓级是指进料液经过加压的次数，即通过泵处理的次数；而段的不同工艺流程通常是指料液所经过膜处理的次数，一次膜组件处理，称为一段，两次则为两段。而根据过程中浓缩液或透过液是否循环处理，又分为循环式和连续式。常用的工艺流程包括：

(1) 一级一段循环式。图 2-17 为一个一级一段循环式的膜分离工艺流程图。为了提高透过液的回收率，部分浓缩液回流到进料液储槽与原有的进料液混合后，再次通过组件分离。

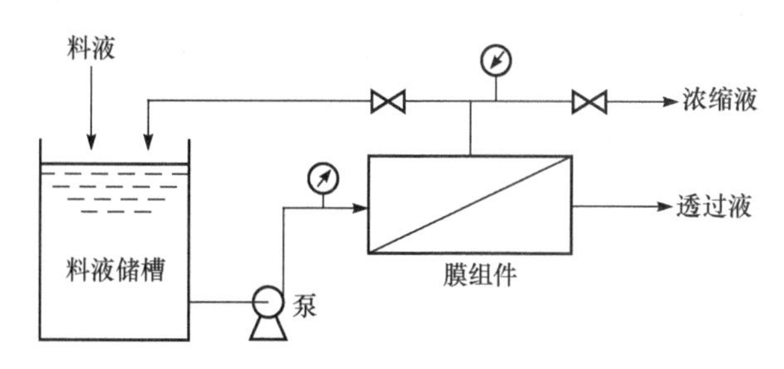

图 2-17　一级一段循环式膜分离过程(刘茉娥等，1993；高孔荣等，1998)

(2) 一级多段循环式。图 2-18 为一个一级多段循环式膜分离工艺流程图。工艺流程中第二段的透过液返回料液储槽，与进料液混合作为第一段的进料液，第一段的浓缩液是第二段的进料液，这种工艺流程可得到较高浓度的浓缩液产品。

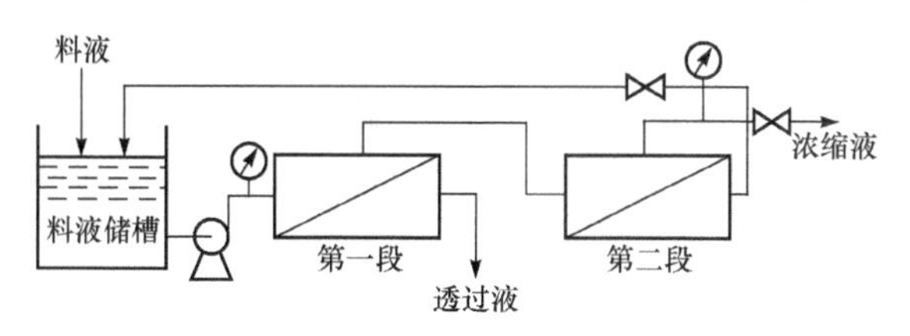

图2-18　一级多段循环式膜分离过程(刘茉娥等，1993；高孔荣等，1998)

(3) 多级多段循环式。图 2-19 为一个多级多段循环式的膜分离工艺流程图。其前级的透过液作为后一级的进料液，后一级的浓缩液与前一级的进料液混合后再进行分离。特点是提高了透过液的回收率及质量，但是增加了泵的数量或泵的功率，设备及能耗的成本也随着提高。在海水淡化及苦咸水脱盐中，如果一级工艺进行脱盐淡化，对泵的操作压力要求高，需要有高性能的泵及脱盐性能良好的膜，在技术上有很高要求。而采用此种多级多段循环式分离可降低操作压力,降低对设备和膜的脱盐性能的要求,此种工艺有较高的实用价值。

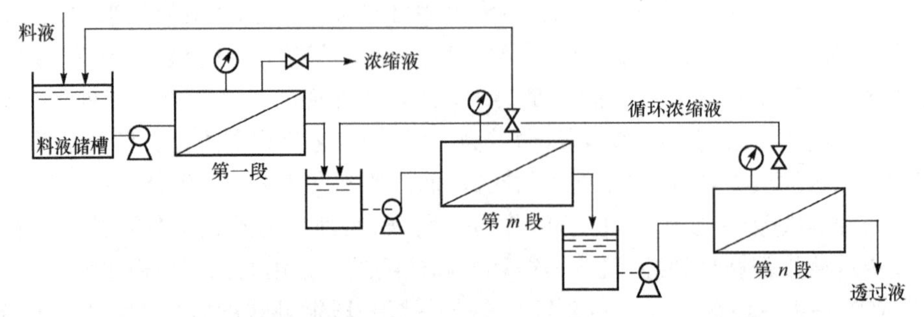

图 2-19　多级多段循环式膜分离过程(刘茉娥等,1993;高孔荣等,1998)

(4) 一级一段连续式。图 2-20 为一个一级一段连续式的膜分离工艺流程图。其特点是:工艺中经膜分离的透过液和浓缩液被连续引出系统,同时过程进行中不断地加进料液。这种工艺比较简单,但是透过液的回收率不高,在工业中较少采用。

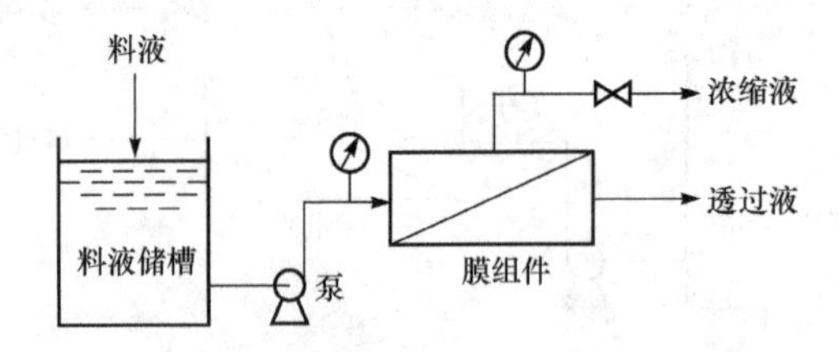

图 2-20　一级一段连续式膜分离过程(刘茉娥等,1993;高孔荣等,1998)

(5) 一级多段连续式。图 2-21 为一个一级多段连续式的膜分离过程工艺流程图。由于有较高的回收率,大规模的膜分离系统多采用此种工艺。其工艺特点是把第一段的浓缩液作为第二段的进料液,再把第二段的浓缩液作为第三段的进料液,依此类推,工艺中经膜分离的各段透过液被连续排出,过程进行中不断地加进料液。这种工艺方式中水的回收率高,浓缩液量少,而浓缩液中的溶质含量较高。但是对泵的操作压力要求也高,需要有高性能的泵及脱盐性能良好的膜。

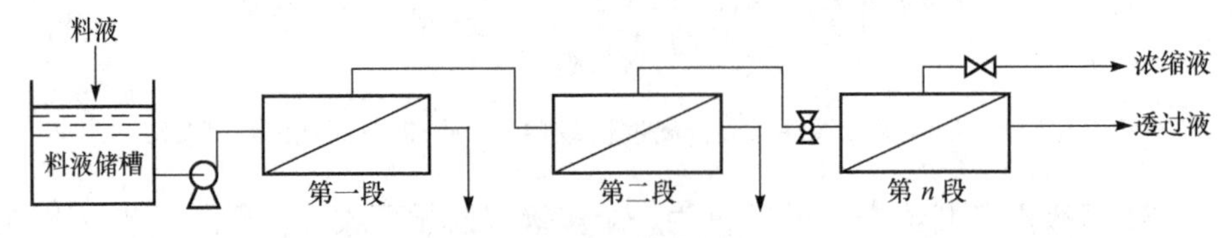

图 2-21　一级多段连续式膜分离过程(刘茉娥等,1993;高孔荣等,1998)

在上述各种方式中,由于段数的增多,料液在各段组件膜表面上的流速会随着段数的增加而下降,流体对膜面上被截留的小分子的冲刷作用减弱,溶质易于在膜表面上积累，导致浓差极化现象的可能性加大。为了避免此种现象，可将多个组件并列层叠配置成段，同时在后面的段中逐渐减少组件，但是这种工艺得到的浓缩液由于经过多段流动，压力损失较大，生产率下降，解决的办法是增设高压泵。

2.3.5　评价膜及膜分离过程分离效果的指标

评价压力推动的膜分离过程的效果有 3 个主要指标：透过速率（或透过通量）、对组分的分离特性（即膜截留率）和膜分离过程的通量衰减系数（压密系数）。

透过速率：即前面所讨论的膜分离过程中的第一种质量传递，通常用膜的通量 J_v 表示。其意义是单位压力下单位时间单位膜面积通过的溶剂（水）的质量或体积。

膜截留率：不同的膜能够截留不同相对分子质量的组分。膜的截留相对分子质量是指膜让溶质透过的最大相对分子质量，再大就不能透过，或者说是指膜所能截留的最小相对分子质量，再小就不能截留。对于需要截留的组分，当然是截留率越大越好，表示反渗透、超滤、微孔过滤几种过程的分离能力越强。对于某一种组分，膜分离过程的截留率用 R 表示：

$$R=\left(1-\frac{C_f}{C_r}\right)\times 100\%$$

其中，C_f 为截留组分在透过液中的浓度；C_r 为截留组分在截留液中的浓度。

通量衰减系数（压密系数）：大部分的膜在分离过程中，开始的透过通量最高，但是随着时间的推移，膜的透过通量逐渐下降。透过通量下降的速率与膜特性及过程中的操作参数如压力、溶液流速、溶液的动力学特性等相关。促使膜本身发生特性变化的主要原因是：操作压力与温度所引起的压密（或称为压实）作用造成透过通量的不断下降。过程中膜的透过通量变化与时间之间的关系可用公式表示：

$$J_t=J_0 t^{-m}$$

式中，J_0 表示初始时的透过通量；J_t 表示运转 t 时间后的透过通量；m 则是膜透过通量的衰减系数。将公式变换：$\lg J_t=\lg J_0-m\lg t$，则

$$m=(\lg J_0-\lg J_t)/\lg t$$

m 越小越好，因为小的 m 值意味着膜的寿命较长。

2.3.6　影响膜分离过程的因素及其控制

压力、流速、温度、浓差极化和膜污染现象等是膜分离过程中起着重要影响作用的几个因素。

1. 压力

在一定的压力范围内，膜分离过程中膜的透过通量会随着过程的操作压力提

高而提高。随着过程的进行，膜表面的被截留组分堆积，浓度逐渐增加，造成浓差极化现象，在高压力操作的情况下尤其如此。被截留的组分慢慢地达到一个临界值，从而形成一个新的外加滤饼或凝胶层。在这种情况下，通量在达到一个极限值(称为极限通量)后再呈现下降趋势。压力的再提高，对于提高膜的透过通量再无作用，反而会加速滤饼或凝胶层的进一步严重化。这是在边界层处浓差极化的一个特征，此时的压力被称为极限压力。再增加压力只是用于克服滤饼或凝胶层所增加的膜阻力，增加能耗，不仅不能增加通量，同时容易导致沉淀物加速进入膜孔，使膜发生不可逆的损坏。因此，为了避免浓差极化现象，过程中的操作压力应该在极限压力和极限通量之下。

2. 流速

设备中根据流体动力学特性设计的进料液流道，在一定压力下流体的流速大小对于膜分离过程效果的影响非常大。湍流的流速要求能够避免严重的浓差极化与结垢现象。因为在能够以错流形式进行的过滤中，可以对膜面上截留的组分不断地进行冲刷，有效地避免浓差极化现象，使得膜分离过程能够保持良好的稳定性。

3. 温度

高温能够降低流体的黏度，从而可以明显地提高流速和透过效率。但是操作温度受到膜材料的制约。如果温度太高，膜可能会因为老化加速而容易损坏。同时，对于食品物料来说，加温操作容易导致微生物污染而加速变质。所以，对于食品工业来说，膜分离过程的加温操作不具有实际应用意义。

4. 浓差极化

膜分离过程中，由于被截留组分的逐渐积累，在紧邻着膜表面的边界区域与主体液之间形成一个浓度梯度。这种现象被称为“浓差极化”。随着膜表面上截留组分的堆积，膜表面吸附的现象越来越严重。对于大分子来说，还会因为凝胶化造成凝胶层的形成，从而导致了膜通量的下降。控制浓差极化的影响是设计膜分离工艺与设备的一个重要技术问题。浓差极化进一步发展，膜表面对料液成分的吸附进一步增强，这种现象被称为“膜污染”。

大多数情况下，浓差极化与膜污染之间往往很难进行定量化的区分。浓差极化导致的后果是：

(1) 渗透压增加，能耗提高。

(2) 在推动压力不变的情况下，膜通量下降。

(3) 膜泄漏加大，使得透过液的质量下降，这是因为膜的溶质泄漏随着膜表面溶质浓度的提高而提高。

(4) 在超滤和微孔过滤中，由于截留的是大分子组分，大分子一般都具有其相应的凝胶化浓度，当截留组分的浓度达到或超过了这个凝胶化浓度时，在膜表面就会形成凝胶层，这就是凝胶化现象。凝胶层本身就具有膜的过滤特性，所以凝胶化现象导致了膜的非正常性加厚，结果是膜阻力上升，通量下降。

浓差极化是膜分离过程中较难避免的现象，但在操作过程中应该从膜组件、设备、流程及操作参数的设计方面尽可能地防止此种现象。其中，根据流体的动力学特性，以最优化的压力调整和提高进料液的流速、改善进料液的湍流、提高温度(降低黏度)、对膜进行定期的清洗和适当反冲是常见的改善膜污染、防止浓差极化的有效方法。

5. 膜污染

膜污染概念通常用来描述由于溶液中的组分在膜表面积累而导致的长期的通量下降的现象。其原因在于膜分离过程中出现的浓差极化和凝胶化现象。大多数情况下，浓差极化与膜污染之间很难有明显的界限与区分。浓差极化发展到比较严重的程度，就会强化膜表面对料液成分的吸附而造成膜污染。膜污染中，被膜表面上吸附的小分子，多为盐类或氢氧化物类，如 NaCl、$CaSO_4$、$Fe(OH)_2$ 及其他的金属氢氧化物；被吸附的还有生物大分子类，如蛋白质、腐殖酸及其他大分子物质，生物性成分如微生物及其代谢产物等。溶液中组分在膜表面上的吸附，其机理包括疏水作用、范德华力或静电力等。

对膜污染的预防及控制，主要从以下几个方面入手：

(1) 料液的预处理。减少料液中的污染源，包括对料液的化学沉淀、预过滤、pH 调整、氯处理或碳吸附等。

(2) 膜设备及工艺的设计。从膜组件、设备、流程及操作参数的设计方面尽可能地防止此种现象。一切能够减少浓差极化现象的方法，都适用于对膜污染的预防。

(3) 在膜的制备中进行膜的表面改性。这是从根本上降低膜污染的有效方法，但是涉及膜制备技术。

(4) 膜设备的清洗与杀菌处理。工艺结束后进行适当的化学试剂清洗和杀菌处理，是有效消除膜污染、恢复膜通量的方法。常用的清洗剂包括酸、碱(如 HNO_3 和 NaOH)、EDTA(乙烯二胺四乙酸)及相应的酶、清洁剂和消毒剂等。采用低压高流速的清洗液冲洗膜表面 30min，可使膜的透过通量得到一定程度的恢复；也可采用水和空气混合流体在低压下冲洗膜表面 15min，该方法对初期受有机物污染的膜的清洗较有效。对于内压管膜的清洗，可以在管内通过水力控制海绵球流经膜表面，对膜表面的污染物强制性去除。但去除硬质污垢时，易损伤膜表面。对于设计较好的膜设备，膜及其辅助系统通常都有原装在线清洗系统(CIP)的设计和配备，可以方便地进行清洗。由于膜处理的物料种类不同,引起膜污染的化学成分也不同,采取的清洗剂及清洗方法也不尽相同。对矿物质的沉淀,酸性清洗剂及络合剂较有效,如硝酸(0.5%(质量分数))、EDTA、柠檬酸;对污染源为蛋白质成分,可用高活性的蛋白酶或腐蚀性的碱性清洁剂(0.5%～1%(质量分数));对污染源为淀粉、蛋白质、葡萄糖等成分,可用淀粉酶、蛋白酶、葡聚糖酶;对污染源为微生物,可用杀菌剂、消毒液(如过氧化氢、过氧乙酸、次氯酸盐、亚硫酸氢钠、臭氧及二氧化氯等)。

2.4 反渗透、超滤与微滤技术在食品工业中的应用

目前膜技术在化学化工、食品工业、医学工程、生物工程及环保工程方面都有着重要的应用。以美国为例,在膜技术的应用及膜材料市场上,近年来食品与饮料工业方面占20%,水及废水的处理方面达到40%,制药与医学达15%,而化工过程占8%,工业气体的生产占4.5%。随着传统工艺的改造与升级,膜技术在食品工业中的应用比例将会进一步扩大。

2.4.1 水处理——海水、苦咸水淡化和纯水的制备

膜分离过程处理水,一方面是通过苦咸水、海水的脱盐以获得食用水,另一方面是对工农业生产中的废水进行治理,排放之前减少其BOD和COD含量。各种水资源的水含盐量差异较大,而食用水的盐含量必须低于500mg/L。地表水(江河、湖泊)的盐含量为100～500mg/L,一般不需要脱盐处理。但是在部分雨水稀少地区,地表水的含盐量可达1000～5000mg/L,某些内陆湖水含盐量可高达40000mg/L以上,这部分水资源如果不经过脱盐处理是不能饮用的。地下水的盐含量在300～10000mg/L,相当一部分属于苦咸水(>1000mg/L),也必须进行脱盐处理才能食用。海水盐含量在28000～35000mg/L,而脱盐工艺中膜处理的最大浓度一般为10000mg/L,对应渗透压0.689MPa,因此单一的反渗透技术并不适合于所有的海水淡化处理。相对于含盐量较高的海水,单一的反渗透技术更适用于水的各种净化处理,包括封装食用水、家用净水、城市直饮水、锅炉供水、电子工业用高纯水制备、电镀用水、医学和医药用水、苦咸水及部分海水的脱盐淡化等。

水处理中的膜技术应用,大多数情况下都是与其他技术集成连用的,如与超滤、反渗透、微孔过滤、离子交换等技术之间的集成。这一方面可以改善分离的选择性和效率,获得理想的水处理效果;另一方面有利于发挥各种技术之间的效能,延长设备(如膜、树脂等)的使用寿命。技术之间的集成,根据所需水产品的质量要求而定。图2-22为纯水制备工艺中的膜技术与其他技术的集成形式。

2.4.2 反渗透和超滤技术在果蔬汁浓缩与加工的应用

利用膜分离技术进行浓缩,尤其是在液体食品的脱水方面具有较大优势。生

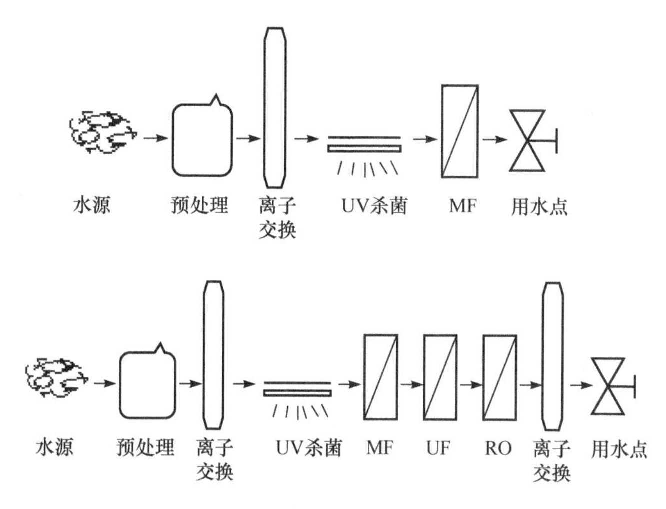

图 2-22　水处理的膜技术与其他技术的集成

产速溶咖啡、速溶汤、速溶茶、浓缩牛奶、浓缩果蔬汁等产品时，必须进行脱水工艺处理。常规的脱水方法不仅成本高，并且由于加热过程中损失了大部分的芳香性成分，对产品质量造成不利影响。反渗透作为一种相对经济的工艺，过程中无加热的影响，所以在食品工业中是常规脱水方法的理想替代工艺。在这方面应用膜分离技术所存在的主要问题是：①反渗透技术的应用受限于膜对一些小分子组分如乙醇、有机酸及某些芳香性成分等的截留率还不是太理想；②许多像果蔬汁的浓缩食品具有很高的渗透压，操作过程中需要相应高的操作压力；③由于浓缩食品中较高的固形物含量造成浓差极化与膜污染。这些问题都需要运用较好的方法来避免和解决。

通过特定的工艺设计，将膜技术应用于果蔬汁的浓缩(如橘子汁、柠檬汁和葡萄汁等)可获得具有较佳风味特征的果汁产品。图 2-23 为渗透蒸馏与膜分离技术的一种集成工艺。用来生产高浓度(大于 68%)的果蔬汁。一般来说，果蔬汁类的产品，随着其浓度的提高，由于渗透压的作用，反渗透膜处理的效果也跟着下降。膜分离技术只能将果蔬汁浓缩至 30%左右。如果继续用反渗透浓缩，效率会明显下降。在图 2-23 所示的膜分离渗透蒸馏集成工艺中，首先将质量分数为 18%的果汁悬浮液用反渗透技术浓缩成质量分数为 30%的果汁浓缩液；在下一步的渗透蒸馏中，透过浓盐水的渗透，将果汁的质量分数进一步浓缩到 68%左右。稀释的盐水通过盐水蒸发器的蒸发，提高浓度后再循环渗透。浓缩过程中产品的风味及质量与仅采用单一的渗透蒸馏的产品质量相同，同时避免了传统的降膜蒸发的热作用所带来的副作用，降低了成本费用，获得浓度更高的果汁浓缩液，大大方便了储藏和运输。

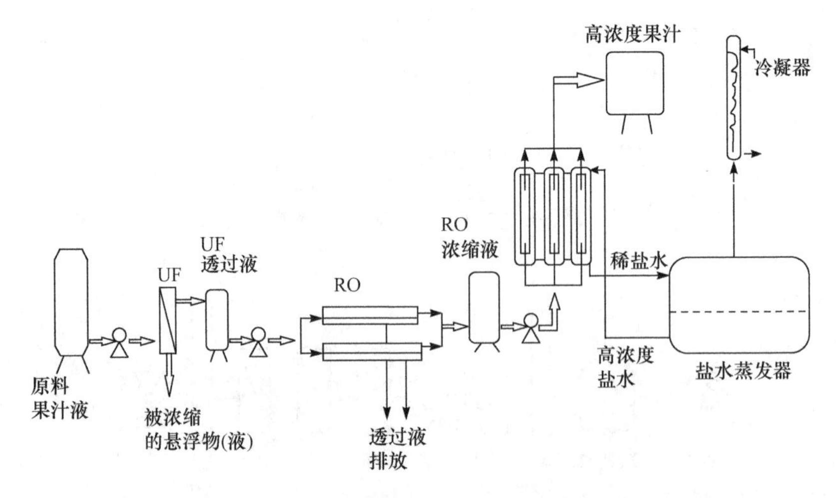

图 2-23　果汁悬浮液浓缩的过程集成系统

图 2-24 为一个应用于生产橘子汁、番茄汁的清汁浓缩液及浑浊汁浓缩液的改良工艺。工艺中，原料打浆后，将果肉与清汁分开处理。果汁用超滤技术(UF)进行大小分子的分离。超滤透过液用反渗透技术(RO)浓缩。浓缩后的清汁，结合相应的无菌包装技术，即可包装成浓缩的清汁产品，由于避免热处理，能够最大限度地保存风味成分。浓缩后的清汁也可以与经过加热杀菌处理后的离心果肉、超滤截留物混合形成浑浊汁。这样获得的浑浊汁，既保存了风味成分，也保留了原来的果肉及大分子成分，风味更佳。

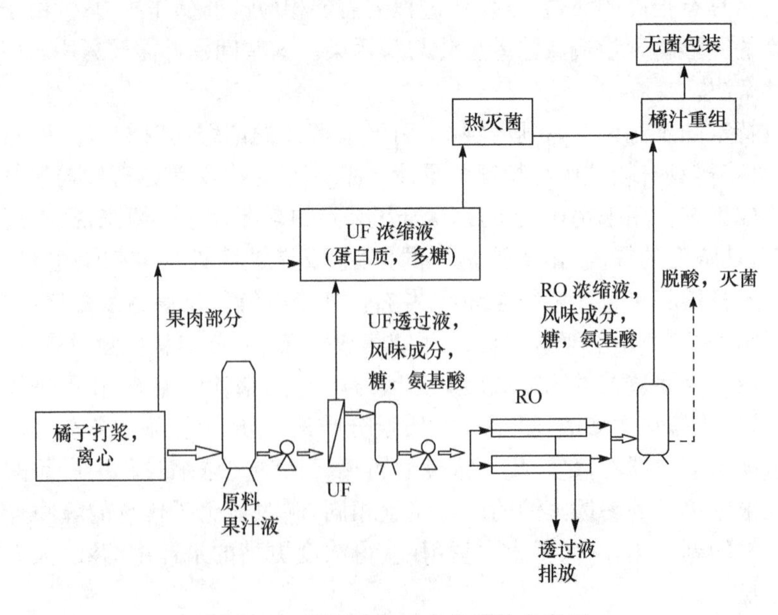

图 2-24　橘子汁加工中的膜技术应用

对于利用反渗透技术浓缩苹果汁，由于苹果汁中含有较多的果胶，大分子的果胶容易对膜造成污染，所以其浓缩程度一般只能使可溶性固形物含量达到 20%～25%。此种情况下可以添加果胶酶对果胶进行降解，用超滤技术澄清后再进行反渗透，这样可以使果汁浓缩液可溶性固形物含量达到 45%以上甚至更高。通过适当的工艺设计，其中的酶可以反复利用以降低成本。

2.4.3　速溶茶加工工艺中的膜技术应用

图 2-25 为传统的速溶茶加工工艺。在速溶茶的加工中，喷雾干燥前的浓缩是关键技术。对于速溶饮料尤其是速溶茶来说，其主要的品质要求除了能够最大限度地保持原来风味以外，还必须具有良好的冷溶性，也就是说产品用冷水冲泡都应该有很好的可溶性，同时不能在溶解放冷后出现浑浊现象，即所谓的"冷后浑"。为了达到这些产品特点要求，在传统工艺的浸提和加热浓缩中使用液态 CO_2 回收香气成分，然后在喷雾干燥中加回产品中，以此最大限度地保持茶的风味。同时，应用单宁酶法或添加碱化学成分法，降解在浸提和浓缩工艺中所形成的"茶凝乳"，以提高速溶产品的冷溶性。新工艺如图 2-26 所示，其中应用 UF 和 RO 替代蒸发浓缩或真空薄膜浓缩。UF 的作用在于除去茶汤中的蛋白质、多糖等高分子，但是茶多酚不会截留，因此能够在保持茶风味的前提下，除去了导致"茶凝乳"形成的主要成分。RO 工艺在于浓缩，对浸提液中的茶多酚具有截留作用。新工艺减少了浓缩中的热处理和增溶工艺，同时提高了产品品质。

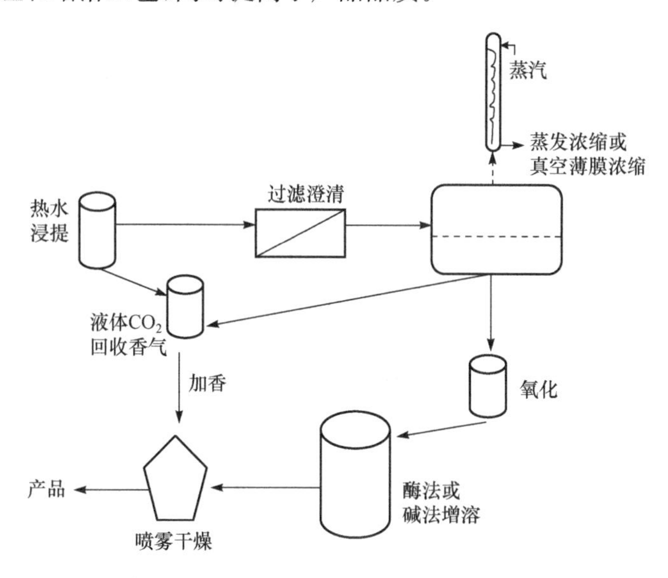

图 2-25　传统速溶茶加工工艺

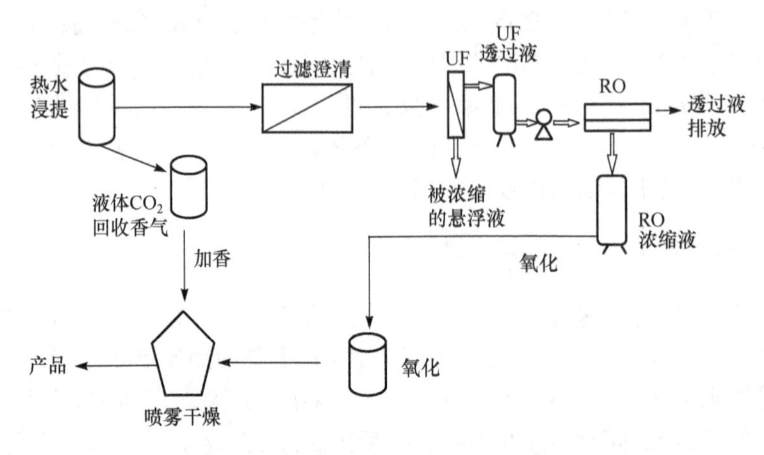

图 2-26　膜技术应用于速溶产品加工工艺

2.4.4　膜技术在酒类饮料生产中的应用

葡萄酒中酒石的去除：在葡萄品种不好，发酵原料不理想的情况下，葡萄酒产品存放一段时间后会产生“酒石”现象。这说明产品的不稳定性。葡萄酒中酒石的形成是由于酒中的酒石酸与 K^+、Na^+ 等盐离子结合形成酒石酸钾钠，在较高浓度下结晶析出。尤其是葡萄品种不好的情况下，容易出现此种现象。虽然对酒的营养及安全不构成问题，但是会影响到酒的感官品质和消费者的感受。常用的去除方法包括阳离子交换技术、冷却法沉淀、钙盐沉淀法和膜分离法。膜分离法利用反渗透膜对盐离子的截留浓缩作用，加速其酒石的结晶，然后用离心或过滤方法去除，这样可获得性质稳定的葡萄酒产品，工艺如图 2-27 所示。

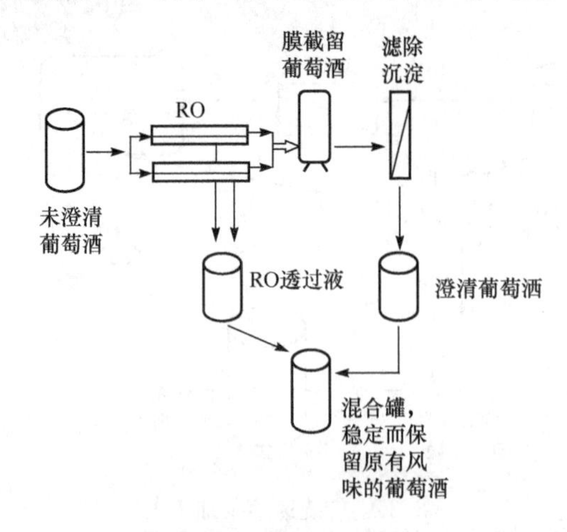

图 2-27　利用反渗透技术去除葡萄酒产品中的“酒石”

酒产品中乙醇含量的调整：啤酒和白酒等产品中乙醇含量，有时需要进行适当的调整。例如，白酒的蒸馏，目前流行的 NAB(non-alcohol beer)或 AFB(alcohol-free-beer)，即无醇啤酒，其乙醇含量小于 1%；LAB(low-alcohol-beer)，即低醇啤酒，其乙醇含量在 1%左右。

在发酵过程，通过抑制或限制乙醇的产生，可以在最大限度保持产品品质的前提下，获得所需要的酒精度。方法通常是减少可被酵母利用的发酵原料的含量，或控制发酵进程。例如，以稀释的麦芽汁进行发酵；高温处理打浆的麦芽汁，使其产生较多不可发酵的糊精；利用选择性的膜分离技术除去麦芽汁中部分的可发酵成分；控制发酵过程，达到了所需的乙醇含量就停止发酵，或者使用发酵能力不足的酵母等。

这些方法控制了发酵进程，但都会或多或少地影响到麦芽汁的风味。而对于高度酒产品，则必须通过蒸馏工艺。因此，比较理想的方法是在最终的发酵产品中进行调整，以获得不同酒精度的酒产品。膜技术中的反渗透和渗析可适用于这方面的需要。因为这两种技术都是低温操作，能够避免因热处理而导致风味成分的损失和对品质的破坏。膜技术应用的最大关键在于制备对乙醇的透过与截留有高度选择性的膜。因为在去除乙醇的过程中，容易损失的主要也是低相对分子质量的挥发性物质，而这是酒风味的主要成分。图 2-28 的工艺利用两种膜进行酒精度的调整：一种是对乙醇成分具有高度透过性的膜，一种是对乙醇成分具有高度截留性的膜。工艺中，RO 组件 A 对乙醇成分具有高度截留选择性，截留液最终形成高酒精度的产品。而 RO 组件 B 对乙醇成分具有高透过性，截留液中最终形成低酒精度的产品。组件 A 的透过液多少含有一定的乙醇成分，输送到 RO 组件 B 处理，由于组件 B 具有较好的乙醇透过性，组件 B 的透过液送回组件 A 处理。如此循环，即可得到不同酒精度的产品。

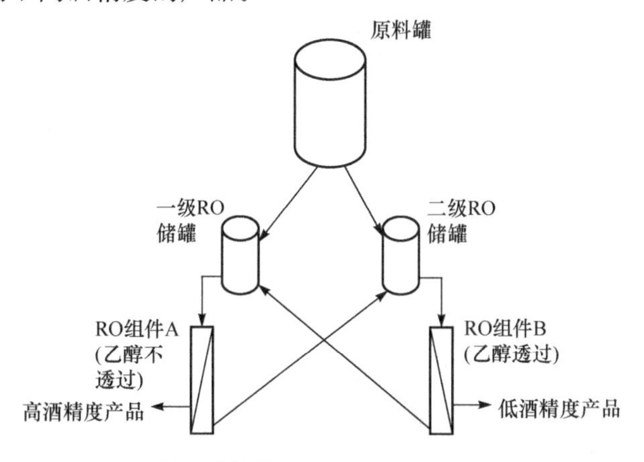

图 2-28　利用膜技术调整酒类终产品酒精度的工艺

啤酒等饮料澄清与除菌：多酚及富含脯氨酸残基的蛋白质是导致果蔬汁、茶饮料及啤酒浑浊的成分，对啤酒、茶饮料及其他的果蔬汁的货架期稳定性有重要的影响。蛋白质与多酚之间的络合在整个货架期都会产生，其中在某个阶段会因为多酚蛋白质的激活而出现爆发性的络合，于是产生大量的浑浊与沉淀。对于啤酒、茶饮料及其他的果蔬汁，澄清的最佳方法是去除或减少这些起浑浊性成分中的一方，就能够去除可能出现的浑浊，又尽可能地保持饮料的风味。对于啤酒，应该尽可能去除其中的起浑蛋白质，保留其中的酚类和发泡蛋白。对于茶饮料，则是去除其中的蛋白质，保留其中的茶多酚。这就与适当的膜选择有关。国内某品牌啤酒的生产就是采用“低温超滤—膜(微孔过滤)过滤”结合木瓜蛋白酶水解等方法，除掉发酵醪液中的啤酒酵母菌体及其他潜在的沉淀物质，酿造出清澈透明、清凉爽口的新型品种。

除了澄清，作为膜分离技术中的一种，微孔过滤的堵塞式与错流式两种操作方式可以替换常规的方法，应用于啤酒的除菌。利用孔径小于 0.5μm 的微孔膜可以有效地去除酵母、霉菌以及其他的腐败菌微生物，替换巴氏杀菌或化学处理，并使产品具有高透明性，同时最大程度地保存了饮料独特风味的酯类成分。

2.4.5 膜技术在奶制品加工中的应用

膜技术包括反渗透、超滤、微孔过滤等，目前在奶制品加工中的应用包括：牛奶、乳清、凝乳、奶酪、脱脂乳及酪蛋白的加工。例如，乳清加工、废水浓缩、牛奶蛋白的分级分离、浓缩蛋白、从脱脂乳与乳清中回收脂肪、乳清部分去除矿物质、去除牛奶中的微生物等。从 20 世纪 80 年代开始，膜技术被引入奶制品工业中。最初是利用超滤和反渗透技术处理乳清。其后膜技术的应用范围不断扩大，如图 2-29 所示。值得指出的是，超滤与全过滤可应用于生产奶酪及奶酪基。奶酪基是一种与奶酪相似的产品，其生产过程中省掉了时间长、成本高的风味后成熟过程。生产中，超滤的截留物经过巴氏杀菌处理后加入盐与酵母酸化。酸化完成后，将混合物进行蒸发以形成奶酪基。膜技术的应用节省了干酪槽，将乳清的产生量降低，有利于环保。

2.4.6 食品加工废水的处理

食品加工中产生的废水种类很多，废水来源包括：果蔬汁加工废水、牛奶制酪乳清、大豆乳清、豆腐废水、淀粉废水、肉类废水、制糖废水、酱油废水。这些废水中由于含有较多的有机物，包括蛋白质、脂肪、多糖等，同时也含有一些矿物质成分，所以其中的 BOD 和 COD 都较高。例如，一般凝乳酶处理后的乳清中的成分包括：总固形物 6.4%、乳糖 4.6%、蛋白质 0.9%、灰分 0.7%、脂肪 0.1%和乳酸 0.1%。由于乳清体积占生产奶酪的牛奶体积的 86%～88%，产生乳清的总体积是相当大的。生产一吨的奶酪要产生数吨的乳清，所以奶制品加工过程产生的乳清曾经是奶酪和酪蛋白加工中较为棘手的副产品。乳清排放前必须经过适当处理，将 BOD 和 COD 降到适当水平。采用超滤与反渗透浓缩乳清的方法十分有效。同时，适当的处理还可以回收废水中的有用成分，如乳清中的乳清球蛋白。经过反渗透浓缩 4 倍后的乳清浓缩液中，总固形物 25.0%、乳糖18.6%、蛋白质 2.8%、灰分2.7%、脂肪 0.1%、乳酸 0.1%。图 2-30 为利用膜技术从脱脂乳清中分离 β-乳球蛋白的一个工艺流程。

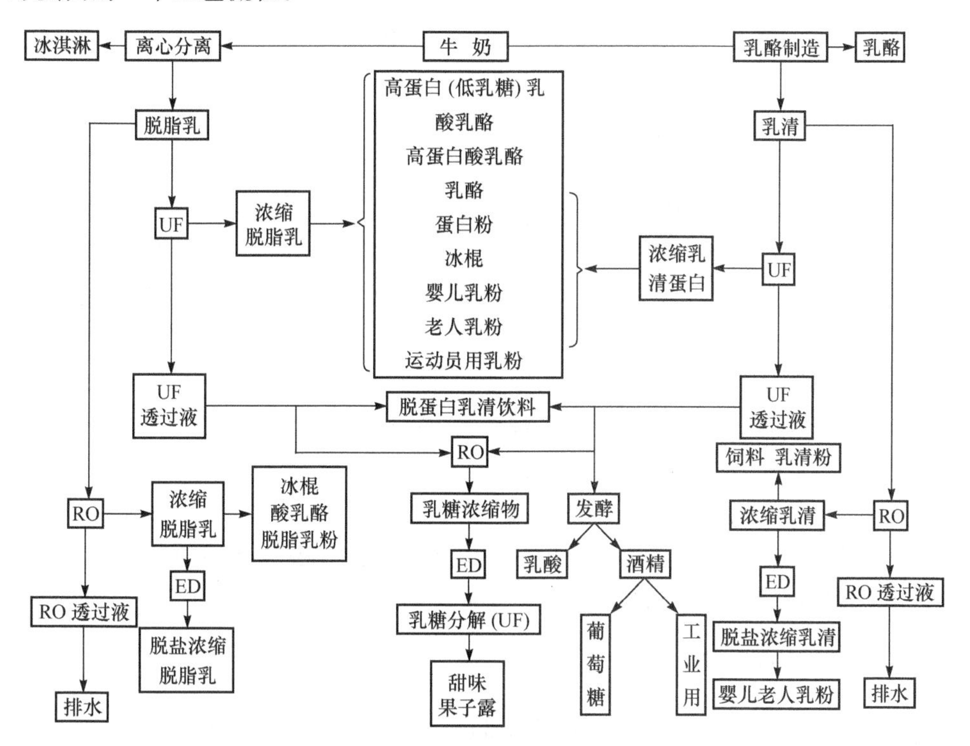

图 2-29　膜技术在奶制品生产中的应用(高孔荣等，1998)

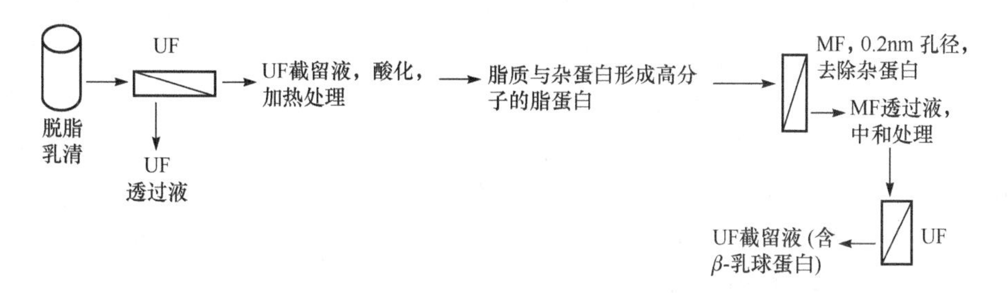

图 2-30　利用膜技术从脱脂乳清中分离 β-乳球蛋白

大豆加工方面,大豆制品生产的各种乳清(如豆腐黄水)都含有较多的有机成分。大豆乳清的BOD高达1373mg/L。制酱厂的大豆煮汁中,浸出物有4%～6%,其中糖1.6%～2.5%、粗蛋白0.5%、灰分0.5%～0.7%,BOD 30000～40000mg/L;而在蒸汁中,浸出物为3.9%,其中糖3.3%、蛋白质0.4%、灰分0.62%、BOD 20000mg/L。

对这些废水的处理,可先用超滤膜将乳清浓缩20～40倍,使蛋白质含量上升到8%,再将透过液用反渗透膜处理,浓缩液固形物含量达到10%,透过液中固形物含量降到0.04%,此时其BOD和COD都降到排放标准以下。

许多谷物类粮食湿加工后产生的废水也含有较高的BOD。典型的例子是由小麦生产乙醇。通过发酵生产的乙醇来自于麦芽汁的转化。溶液残留物是通过蒸发形成的糖浆。由于超滤/反渗透比常规的蒸发工艺节约67%的成本,因此超滤与反渗透相结合的方法适用于生产类糖浆的浓缩液。玉米湿磨生产玉米粉的过程中,也会产生大量的浸泡废水,需要消耗大量的能源进行蒸发。反渗透技术可以作为取代技术。研究发现,反渗透的能耗效率是,去除1kg的水需110kJ的能耗,而在蒸发工艺中,即使是能效较高的技术,能耗效率也在700kJ左右。膜技术的应用意义由此可见。

膜技术的应用将会由于国内外对环保方面的需求而成为热点。膜技术可用于降低废水处理的设计成本以及对水、对废水中有用成分的回收利用,最终将会产生较大的成本效益。尽管食品加工工业的废水可以利用超滤和反渗透技术进行处理,但最理想的方式还是结合回收废水中有价值的成分,这样膜分离技术的应用才更具有应用前景。例如,乳制品工业中对乳糖、β-乳清蛋白、乳酸的回收,蔬菜加工工业中对某些糖类成分的回收,淀粉工业中对右旋糖酐的回收等。

2.4.7 膜技术在酶制剂工业中的应用

食品工业及生物、医学等行业使用的酶制剂一部分来源于微生物发酵生产,另一部分来源于动植物尤其是植物。发酵完成后,将菌体和培养液压滤后,获得的酶液,以及植物组织压榨后的汁液,都需要经过浓缩然后才能有效地提纯和沉淀,以获得符合质量要求的酶制剂。提纯酶的方法有盐析沉淀、溶剂萃取、真空蒸发、低温冷冻、色谱分离、超离心分离及膜浓缩等技术。对于膜技术的应用主要是应用能够截留大分子的超滤技术,其优点为:收率高、能耗低、操作工艺简单、避免使用沉淀剂和有机溶剂而相对环保。当然,要获得产品质量高、纯度高的酶制剂,还必须与相应的分离技术配合,如适当的沉淀方法、色谱技术及离心技术,才能获得较理想的效果。

图2-31为利用HFA-200醋酸纤维素超滤膜对淀粉酶和蛋白酶混合液进行浓缩的工艺流程。工艺中,在压力为0.1MPa时,获得的膜通量为444L/(m^2·d),对酶

的截留率达到 96%左右。膜组件以管式和板框式比较合适。发酵后的酶液先经板框压滤机或离心机沉降分离处理,得到澄清液,进入料液槽,再用管式膜超滤。酶液用膜进行浓缩时,要尽量避免由于较高的剪切力引起酶的变性。因此,设备的设计,包括泵、阀门等部件的选择,尤其是流速的设计,都要防止高剪切力的作用。既要考虑保护酶活性,又要考虑到膜分离过程的通量及效率。通常,酶的失活会随着膜面流速的提高而加重。超滤过程中,由于浓差极化作用的影响,随着浓缩倍数的提高,通量也会下降。此外,溶液的 pH 也会影响到分离效果。酶在其等电点处的电荷为零,容易产生沉淀,尤其是在浓缩倍数较高的情况下。沉淀的产生可能会影响到膜通量。这些都是利用超滤进行酶浓缩时要考虑到的问题。

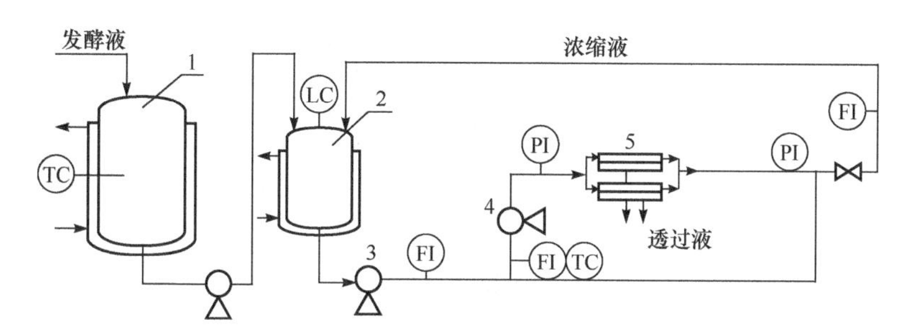

图 2-31　超滤法浓缩酶流程图

1. 料液储槽;2. 进料槽;3. 进料泵;4. 循环泵;5. 管式膜装置;

TC. 温度监控;LC. 液面监控;FI. 流量计;PI. 压力表

2.5　电渗析分离技术及应用

电渗析技术是一种利用离子交换膜,在直流电势差的推动下,溶液中的正负离子分别通过阳离子交换膜和阴离子交换膜,在向负极和正极迁移过程中被收集浓缩的膜分离技术。电渗析技术属于开发较早,比较成熟的一种膜技术。我国电渗析技术的发展始于 1957 年,经过多年对离子交换膜的研究,已有成功应用于苦咸水淡化的电渗析技术及相关设备。由于电渗析技术的去离子功能,使其在纯水及苦咸水脱盐、饮用水生产方面具有较大的应用价值。目前其主要的应用领域涉及工业锅炉用水、蒸汽机车用水、饮用水、电站用水、化工生产用水、制药用水、化验室分析用水、食品工业。在食品工业中,主要用于纯净水和饮用水的生产,啤酒、白酒、汽水、冰棍的水质除盐和降低硬度,牛乳脱盐,味精生产中的谷氨酸分离回收,蛋白质水解后氨基酸和短肽的分离等。

2.5.1 电渗析的基本原理及传质机理

电渗析技术的分离原理(刘茉娥等,1993;陆九芳等,1994)是:利用离子交换膜的选择性,以直流电势差为推动力,将电解液中各组分分离。如图 2-32 所示,电渗析器的两端为接通直流电的正极和负极。中间由相互交替排列的阳离子交换膜 a 和阴离子交换膜 b 形成许多的隔室。膜和垫层以及所形成的隔室有相应的孔连接成通道,分别作为进料液、浓水和淡水的通道。

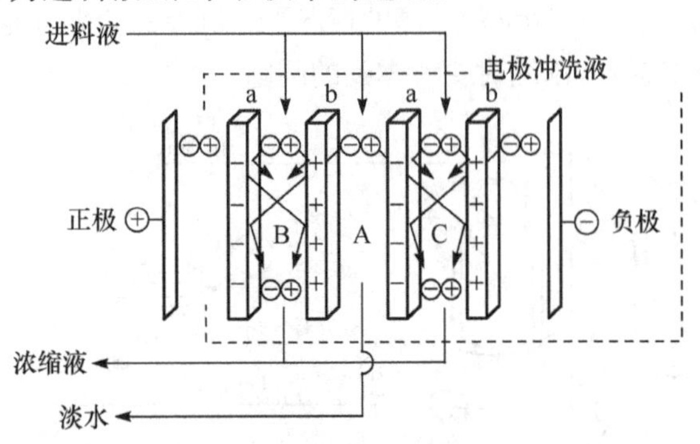

图 2-32 电渗析原理图(Strathmann et al. ,2002)

a. 阳离子交换膜;b. 阴离子交换膜

当含有离子型混合物的料液由泵送入这些隔室后,在电势差的作用下,每个隔室中的正负离子分别向负极和正极迁移。由于膜的选择作用,正离子只能通过阳离子交换膜。如图 2-32 中从隔室 A 进入隔室 C,在继续向负极的迁移过程中,由于阴离子交换膜 b 的排斥作用,只能停留在隔室 C。同样地,由于阳离子交换膜 a 的阻挡,隔室 C 中的负离子不能透过 a 向正极迁移,结果隔室 C 中聚集了正负离子,称为浓缩室,如果过程是苦咸水的脱盐,则称为浓水室。而隔室 A 中的负离子可以透过阴离子交换膜 b 进入隔室 B,结果室中的正负离子浓度都降低,其中的溶液被称为稀释液,如果是脱盐过程,则隔室 A 被称为淡水室。分离过程的最终结果是,设备中形成了交替排列的浓水室—淡水室—浓水室—淡水室。最后在设备的两个电极,分别产生氧化反应和还原反应。

阳极上的氧化反应,产生氯、氧和次氯酸,阳极水呈酸性。

$$Cl^- - e \longrightarrow [Cl] \longrightarrow \frac{1}{2}Cl_2\uparrow$$

$$H_2O \rightleftharpoons H^+ + OH^-$$

$$2OH^- - 2e \longrightarrow [O] + H_2O$$

$$[O] \longrightarrow \frac{1}{2}O_2\uparrow$$

阴极上的还原反应，产生氢和氢氧化钠，阴极水呈碱性。

$$H_2O \rightleftharpoons H^+ + OH^-$$

$$2H^+ + 2e \longrightarrow H_2\uparrow$$

$$Na^+ + OH^- = NaOH$$

上述过程中，透过膜的只能是与膜中的固定离子带相反电荷的离子，所以这种透过膜的离子迁移，被称为反离子迁移，包括阴离子透过阴离子交换膜，阳离子透过阳离子交换膜。反离子迁移是电渗析过程中主要传质现象。

由上述可知，电渗析的两个基本条件：直流电的电势差和具有选择性透过的离子交换膜。离子交换膜有两种：①阳离子交换膜，用于交换阳离子，膜中的功能性分子包含有带阴离子的固定基团和可以解离的阳离子交换基团；②阴离子交换膜，用于交换阴离子，膜中的功能性分子包含有带阳离子的固定基团和可以解离的阴离子交换基团。这些在前面已有讨论。

$R—SO_3^-—H^+(Na^+)$	$R—N^+(CH_3)_3—OH^-(Cl^-)$
固定基团　解离离子	固定基团　　解离离子
磺酸型阳离子交换膜(阳膜)活性基团	季胺型阴离子交换膜(阴膜)活性基因

固定基团离子的类型和浓度决定了膜的选择透过性和电阻，并且影响膜的机械性能。

膜的吸附能力受到固定电荷浓度的影响。阳离子交换膜常用的固定基团包括：

$$—SO_3^-, —COO^-, —PO_3^{2-}, —AsO_3^{2-}$$

阴离子交换膜常用的固定基团包括：

$$—NH_3^+, —\overset{|}{N}H_2^+, —\overset{|}{\underset{|}{N}}H^+, —\overset{|}{\underset{|}{N}}{}^+—$$

与离子交换膜交换性能关系最密切的重要特性包括：

(1) 选择性。离子交换膜必须对反离子有高度的透过性，但对同电性离子则应该尽可能地不透过。

(2) 较高的离子交换当量。

(3) 低电阻。离子交换膜对反离子的透过性越高越好，同时较低的电阻可以降低能耗和发热。

(4) 良好的机械性能及稳定性。膜的机械性能要强，在操作过程的发热及在从稀离子溶液到浓离子溶液的转换中，膜要能承受较低程度的溶胀或收缩。

(5) 高度的化学稳定性。在 pH 在 1～14 的范围内及有氧化剂存在的条件下，都要有良好的稳定性。

解释离子交换膜对离子的选择性透过机理，通常用双电层理论和道南

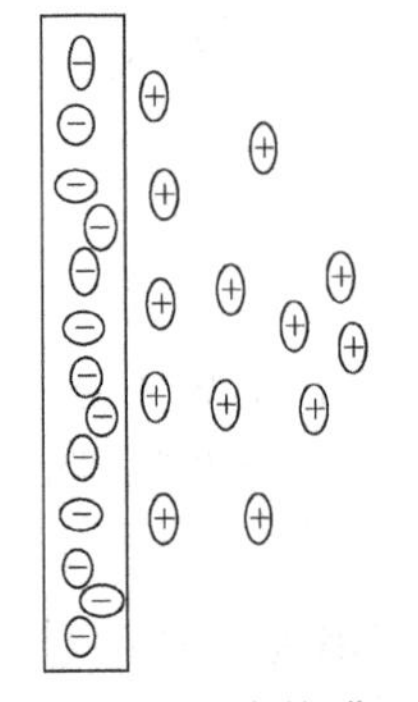
图 2-33 阳离子交换膜双电层

(Donnan)平衡理论。Sollner 双电层理论的基本点是，离子交换膜在溶液中，其功能性分子解离出电性相反的离子，于是在膜界面处形成一个双电层。越靠近膜界面处，电性越密集，离膜界面越远，双电层越弱。如图 2-33 所示，溶液中与双电层中游离离子电性相同的离子，在电势差推动下，在双电层中进行扩散并与游离离子交换，最终透过膜。而与双电层中电性相反的离子，也就是与膜中固定基团电性相同的离子，由于受到固定基团的同电相斥，不能靠近膜界面，因此不能够透过膜。

但是双电层理论最大的不足是无法解释即使是选择性很好的离子交换膜，都不能避免同电性离子的迁移过膜现象。也就是说，在任何一个电渗析过程，伴随着反离子迁移传质过程，都会或多或少地出现与膜中固定基团电性相同的离子过膜现象，包括阴离子能透过阳离子交换膜，阳离子也能透过阴离子交换膜的现象。

对于电渗析中的同电性离子的迁移过膜现象，用道南平衡理论可以获得解释。道南平衡理论是指可扩散离子(能透过半透膜的离子)在半透膜两侧或膜内外不相等的现象，此种现象是由于膜带有不可扩散离子所致。电渗析中阳离子交换膜的道南平衡如图 2-34 所示。其过程包括：

解离→扩散形成双电层→交换→吸附→过膜

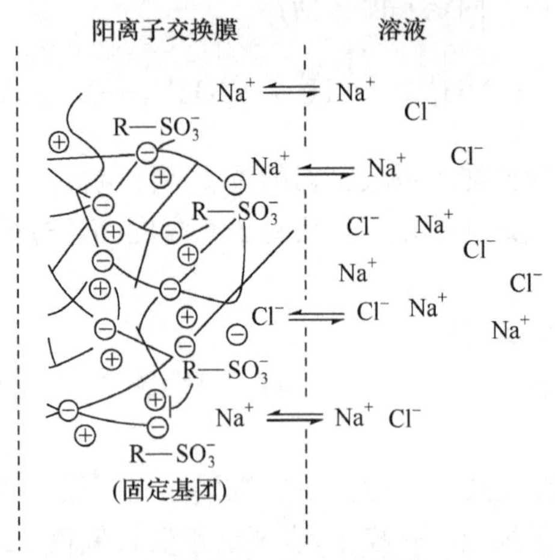

图 2-34 电渗析过程中的道南平衡

膜内外化学势及电势始终要保持平衡，但由于不可扩散离子的存在，为了保持此种平衡，就使得可扩散的游离离子分布不均，出现了同电性离子的迁移现象。以阳离子交换膜进行 NaCl 溶液的电渗析为例，平衡时，膜内外的电势达至平衡（陆九芳等，1994）：

$$\bar{\mu}_i = \mu_i \tag{2-12}$$

式中，μ_i 表示电势（其上带横杠的表示膜内特性，不带横杠的表示溶液中的特性，以下同）。对于 NaCl 溶液来说，平衡时，其膜内外的电势也是相等的，即

$$\bar{\mu}_{NaCl} = \mu_{NaCl}$$

各离子浓度积的关系为

$$\overline{[Na^+]}\,\overline{[Cl^-]} = [Na^+][Cl^-] \tag{2-13}$$

式中，$\overline{[Na^+]}$、$\overline{[Cl^-]}$分别是膜内钠离子和氯离子的浓度；而$[Na^+]$、$[Cl^-]$分别是膜外溶液中钠离子和氯离子的浓度。在膜外，则有关系式：

$$[Na^+] = [Cl^-] \tag{2-14}$$

在膜内，对于以磺酸基为固定基团的阳离子交换膜来说，有

$$\overline{[Na^+]} = \overline{[Cl^-]} + \overline{[RSO_3^-]} \tag{2-15}$$

式中，$[RSO_3^-]$为阳离子交换膜内固定离子的浓度。

将式(2-14)和式(2-15)代入式(2-13)有

$$[Cl^-]^2 = \{\overline{[Cl^-]} + [RSO_3^-]\}\overline{[Cl^-]} \tag{2-16}$$

或

$$[Cl^-]^2 = \overline{[Cl^-]}^2 + [RSO_3^-]\overline{[Cl^-]} \tag{2-17}$$

所以关系式：$\overline{[Cl^-]} < [Cl^-]$成立。

也就是说，在阳离子交换膜中，溶液中可迁移的阴离子浓度一定比膜中的要大。对于阳离子 Na^+ 来说，同样有

$$\overline{[Na^+]}\{\overline{[Na^+]} - [RSO_3^-]\} = [Na^+]^2 \tag{2-18}$$

即

$$\overline{[Na^+]}^2 = [Na^+]^2 + [RSO_3^-]\overline{[Na^+]} \tag{2-19}$$

所以有$\overline{[Na^+]} > [Na^+]$。

也就是说，在阳离子交换膜中，膜中可迁移的阳离子浓度一定比溶液中的阳离子浓度大，所以在阳离子交换膜中主要产生的是阳离子迁移，但也有小部分的阴离子迁移现象。

在阴离子交换膜中，也可以证明主要产生的是阴离子迁移过膜，但也有小部分的阳离子迁移现象，即

$$\overline{[Cl^-]} > [Cl^-],\quad \overline{[Na^+]} < [Na^+]$$

从式(2-17)和式(2-19)中可以看出，对于阳离子交换膜，当$[RSO_3^-] \gg [Cl^-]$时，$\overline{[Cl^-]}$趋向于 0，膜的选择性趋向于 100%，但是只要$[Cl^-] \neq 0$，则$\overline{[Cl^-]} \neq 0$，所以选择性透过是不可能达到 100%的。当$[RSO_3^-] = 0$ 时，则$\overline{[Cl^-]}^2 = [Cl^-]^2$，

$[Na^+]^2=\overline{[Na^+]}^2$，即$[Cl^-]=\overline{[Cl^-]}$,$[Na^+]=\overline{[Na^+]}$,说明此时膜无选择性。当$[Cl^-]\gg[RSO_3^-]$时,$\overline{[Cl^-]}^2$也将增大并趋向于接近$[Cl^-]$,所以处理液的盐浓度不宜太大。

电渗析过程中的传质现象:电渗析膜分离过程中,传质以反离子迁移为主。但是不可避免地伴随发生其他的多种传质现象,这些传质包括:

(1) 反离子的迁移,由电势差驱动,与离子交换膜中固定基团电性相反的离子迁移过膜的传质,即阳离子透过阳离子交换膜,阴离子透过阴离子交换膜;

(2) 同名离子的迁移,由浓度梯度驱动,与离子交换膜中固定基团电性相同的离子迁移过膜的传质,阳离子透过阴离子交换膜,阴离子透过阳离子交换膜;

(3) 电解质的渗析现象,由浓度差驱动,电解质离子从浓水室到淡水室的迁移;

(4) 水的渗透现象,由化学势梯度驱动,水分子从淡水室到浓水室的迁移;

(5) 水合迁移现象,由于离子表面上的水膜存在,水膜会随着离子迁移而迁移;

(6) 水的电解迁移,在电压发生异常情况下,水被电解形成H^+和OH^-,以离子的形式,H^+透过阳离子交换膜而OH^-透过阴离子交换膜的迁移;

(7) 由于梯度产生水的渗漏,水从高压侧向低压侧的迁移。

在所有传质现象中,反离子迁移是过程中所需要的,包括阳离子透过阳离子交换膜,阴离子透过阴离子交换膜。而其他的传质现象,则应该在设备和流程的设计及过程操作中尽量避免。

在电渗析过程中,主要的传质是由电势差引起的,电势差只对带电的成分起作用。在电势差驱动下,阴离子与阳离子朝不同的方向移动,离子的传质通量与相关因素之间的关系可用下式表示:

$$J_n=z_n C_n^M u_n^M \frac{\Delta\varphi}{\Delta z}$$

式中,J_n为离子n透过膜的流量;z_n为离子n的化合价;C_n^M为离子浓度;u_n^M为离子迁移率;$\Delta\varphi$为电位差;Δz为膜的厚度;n表示离子成分;M表示膜相。电渗析过程中电能的消耗主要用于:离子成分从一个隔室的溶液透过膜迁移到另一种隔室,把溶液输送到渗析池需要消耗的电能。电极的电化学反应也是一个耗能的过程,但是这样的能耗通常小于1%,与离子迁移所需的能耗相比,可以忽略。

2.5.2　电渗析过程中的极化和结垢问题

极化、沉淀和结垢:在电渗析过程中,由于电压异常,操作电流瞬间过大或隔室内水流状态异常时,会在离子交换膜与溶液的边界处出现瞬间缺失离子的“真空”

状态,水就会被解离产生 H^+ 和 OH^-,以这些离子的迁移来补充离子的真空,以传递电流,这种现象称为极化。

由 OH^- 透过阴离子交换膜来承载电流的任务,这就是阴离子交换膜发生极化的原因。极化后,OH^- 迁移至阴离子交换膜的浓水室一侧,使 OH^- 富集,水的 pH 上升,呈碱性。同时淡水室内的 HCO_3^- 也透过阴离子交换膜进入浓水室一侧。此时,浓水室的 Ca^{2+}、Mg^{2+} 在电场作用下向电源负极方向迁移,但是由于阴离子交换膜的阻挡,也被富集在阴离子交换膜与浓水的边界侧,于是在阴离子交换膜的浓水室侧会发生下列的沉淀反应:

$$Mg^{2+} + 2OH^- = Mg(OH)_2 \downarrow$$

$$Ca^{2+} + 2OH^- = Ca(OH)_2 \downarrow$$

如图 2-35 所示,这就是阴离子交换膜发生极化后,在阴离子交换膜浓水室侧产生沉淀结垢的主要原因。阴离子交换膜浓水室一侧由于 OH^- 的过膜迁移,pH 升高,而淡水室一侧则 pH 下降,呈酸性。可见发生极化后,膜一面受碱的侵蚀,另一面则受酸的侵蚀,并且还产生沉淀结垢,这些侵蚀的后果都会显著缩短膜的寿命,并使膜的交换容量和选择透过性下降,对电渗析过程产生损害。阴离子交换膜发生极化后一般会伴随出现三种不良后果:①设备电阻大大增加,电流降低,水道堵塞,出水水质下降;②浓水室一侧水的 pH 增大(呈碱性),淡水室一侧水的 pH 减小(呈酸性);③部分电能消耗在与脱盐无关的 OH^- 迁移上,电流效率显著下降。

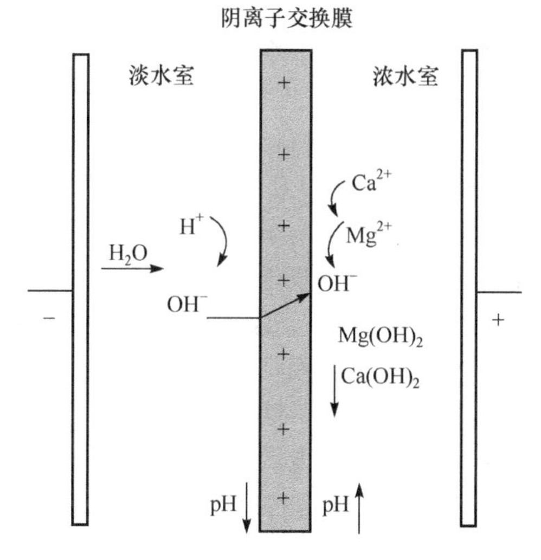

图 2-35　阴离子交换膜发生极化示意图(陆九芳等,1994)

同理，阳膜也会发生极化作用，阳膜极化时，代替电解质阳离子迁移传递电流的是 H^+，其浓水室一侧 pH 减小，淡水室一侧 pH 增大。

极化所造成的严重沉淀和结垢，都是膜的一种污染。原水中预处理不够，含有带负电荷的乳清、腐植酸、藻元酸、十二苯磺酸钠等成分，容易与阴离子交换膜中的带正电的固定基团结合，导致膜的选择性及透过通量下降，也是一种膜的污染。膜的污染物有多种，污染后膜的透过通量及选择性都会明显下降。

防止及消除沉淀、结垢以及污染的方法如下：

(1) 用物理或化学方法进行原水的预处理，除去原水中的悬浮物、胶体成分、有机杂质等，预处理去除部分离子成分，降低硬度；

(2) 要有稳定的电源，工作电流在极限电流以下运行；

(3) 定期倒换电极，因为极化沉淀大多在浓水室的阴膜表面，即在阴膜的阳极侧面方向，倒换电极后，浓、淡水室相应地倒置，原来阴膜的阳极侧变成阴极侧，膜上的沉淀逐渐溶解脱落；

(4) 定期酸洗和碱洗；

(5) 适当的脉冲电流处理可减少沉淀物的生成量；

(6) 通过膜改性，采用新型膜和新型隔板结构，如抗极化阴膜或抗极化阳膜等方法，能够有效地减少极化、污染等问题，但会牺牲部分的膜选择性。

2.5.3 电渗析设备

一个电渗析器主要部件包括：膜(阳离子交换膜和阴离子交换膜)、隔板、电源与电极(正极、负极)、辅助及调控设备(变压器、稳压器、电压表、压力表、流量计等)。电渗析设备中，阴离子交换膜＋浓水隔板＋阳离子交换膜＋淡水隔板组成的结构形成一个膜对；而膜堆是指在两个电极之间将多个膜对组合起来的结构。其中，阳离子交换膜和阴离子交换膜交替排列。一个膜堆通常是由数百个甚至更多的膜对组成，加上相应的辅助及调控设备，就形成一个可以进行电渗析操作的设备。膜对中，隔板将阳离子交换膜、阴离子交换膜分开，形成一个溶液室。膜、隔板上配置相应的孔及管线，通过对隔板、膜与电极室上的孔配对接合，分别形成了原液、浓缩液、稀释液等流道，将流体分布于不同的室中。膜片之间的距离(即室的厚度)应尽可能短，以减少溶液的电阻。膜距离一般为 0.5～2mm。膜片之间引入隔板以对膜起支撑作用并有助于调控进料液流体的分布。设计中最主要的问题是保证在所有室中流体的分布均匀。通常电渗析系统由 200～1000 个阳离子交换膜和阴离子交换膜交替安装，这样就形成了 100～500 个溶液室的电渗析膜堆设备，如图 2-36 所示。

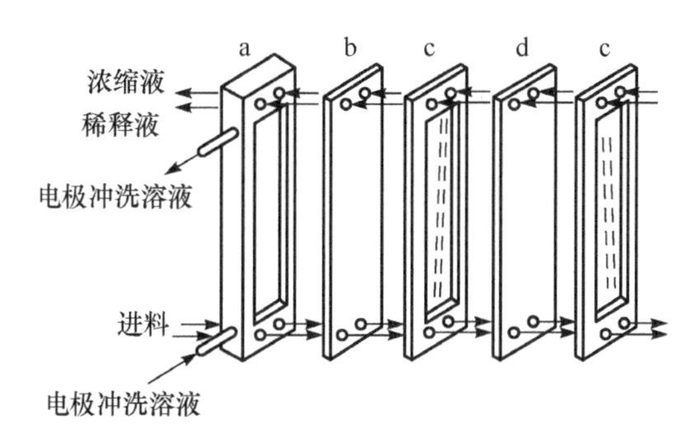

图 2-36　电渗析器结构示意图(Strathmann et al.,2002)

a. 电极室;b. 阳离子交换膜;c. 隔板;d. 阴离子交换膜

电渗析的工艺流程分单向式和逆向式两种。单向式电渗析流程如图 2-37 所示。必要时可对进料液进行适当的预处理,如通氯处理杀菌及预过滤等,这对于减轻膜污染有利。用泵把料液推进膜堆进行电渗析,在稳定的电源供给情况下,多个膜堆可以以串联或并联的形式组装在一个设备中,这样可以提高设备的效率。前一膜堆中出来的浓缩液或稀释液作为下一个膜堆的进料液继续进行电渗析,达到所需要的浓缩程度或稀释程度后再进行收集。这是单向式电渗析工艺的主要特点。

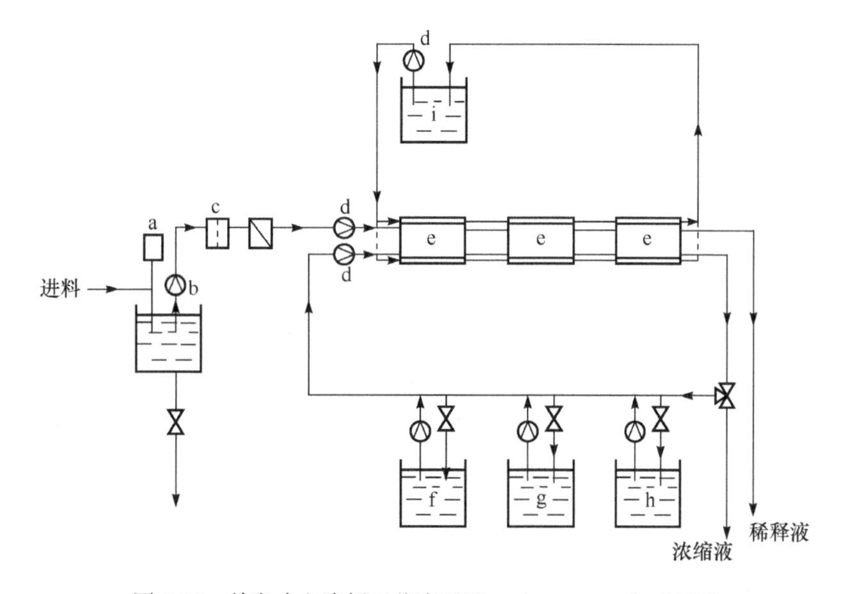

图 2-37　单向式电渗析工艺流程(Strathmann et al.,2003)

a. 通氯处理装置;b. 进料泵;c. 预过滤器;d. 电极;e. 膜堆;f. 酸;g. 冲洗溶液;h. 浓缩液;i. 电极冲洗溶液

还有一种逆向式电渗析工艺流程(图 2-38)。在此种工艺流程中,一个膜堆安装于设备中,通过电渗析达到所需要的浓缩程度或稀释程度后,收集产品液。过程中的浓缩液可以循环回来与进料液以一定比例混合,再送回膜堆进行电渗析处理,以达到最佳的处理效果。这是此种工艺流程的最大特点。此种工艺流程的操作,还可以在特定的时间间隔变换电源的极性,以防止浓水室中的沉淀现象,可有效地防止膜污染现象。

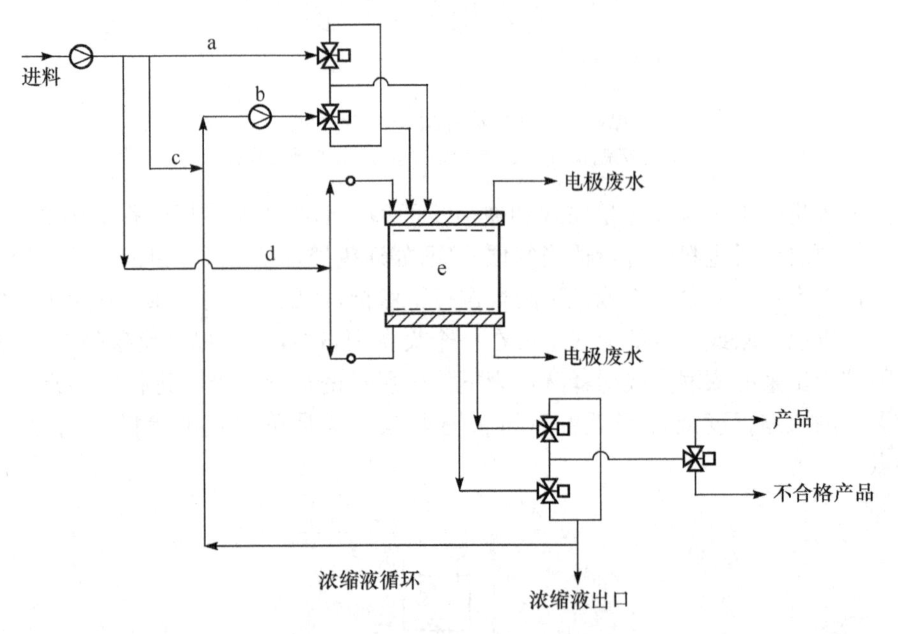

图 2-38 逆向式电渗析工艺流程(Strathmann et al. ,2002)

a. 进料口;b. 浓缩液进口;c. 浓缩液补给;d. 电极进料;e. 膜堆

一些新颖的电渗析膜堆设计还把电渗析的分离与化学合成巧妙地结合在一起,获得新的效果。如图 2-39 所示,在制膜过程中,制备一种两极膜,即膜的一面是阳离子交换膜,另一面是阴离子交换膜。两极膜本身构成一个室,与其他的阳离子交换膜和阴离子交换膜组装成膜堆后,两极膜通入纯水。电渗析过程中,在两极膜中产生电解,形成 H^+ 和 OH^- 。H^+ 透过两极膜中的阳离子交换膜,进入右边的邻室,而邻室的另一侧为阴离子交换膜,在电渗析中允许酸根等阴离子进入,结果在此室中 H^+ 与酸根就形成相应的酸类。而产生的 OH^- 透过另一侧的阴离子交换膜进入左边的邻室,此邻室另一侧的阳离子交换膜在电渗析中允许邻室的阳离子进入,结果与 OH^- 形成相应的碱,如此把分离与化学合成巧妙结合在一起。

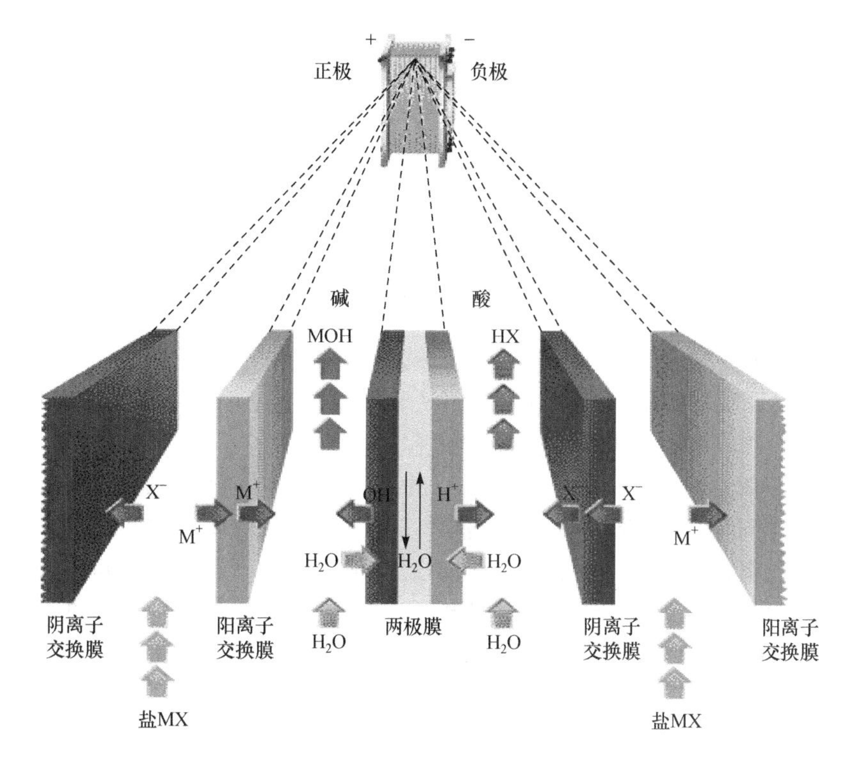

图2-39　利用两极膜进行分离与反应过程示意图(http://ameridia.com/html/elep.html)

2.5.4　电渗析分离技术在食品工业的应用

1. 苦咸水及海水淡化

目前,电渗析技术的大规模应用主要是在苦咸水和海水的脱盐和淡化以及制造淡水和饮用水方面。由于电渗析脱盐的能耗(耗电量)与脱盐量成正比,电渗析的海水脱盐的效益及应用竞争力主要在对含盐量较低的水源(<5000mg/L)的处理方面。一般认为,将水的含盐量从3000mg/L左右经脱盐处理降至100～500mg/L的饮用水标准,以电渗析法较为合适。其优点在于建设和运转费用低,水的回收率高,便于自动操作。

2. 用海水、盐泉卤水制盐

与常规盐田法制盐相比,用电渗析法浓缩海水制盐具有占地少、省投资、省劳动力,以及不受地理气候条件限制等优点。含盐量高于5000mg/L的水,电渗析技术的成本会大于反渗透技术和多级闪蒸技术,而导致效益下降。就成本效益而言,电渗析技术可以将苦咸水及海水的盐浓度浓缩至18%～20%。

3. 食品的脱盐和纯化

电渗析技术在食品工业中的应用具有明显的经济效益，应用于食品的脱盐和纯化方面有：牛奶及乳清脱盐、氨基酸脱盐、酱油脱盐、纯水无离子水制取、蛋白质精制、糖类脱盐、柠檬酸纯化、海藻提碘等。母乳中含无机盐 0.20%～0.25%，但是牛乳含无机盐为 0.60%，新生婴儿的肾脏由于发育尚不健全不适合未经脱盐的牛奶和奶粉，所以在婴儿配方奶粉方面有一定的含盐量要求。采用电渗析法可除去牛乳中的 Na^+、K^+、Ca^{2+}、Mg^{2+}、SO_4^{2-}、柠檬酸根和磷酸根等成分，尤其是对于单价的盐离子去除效果较好。电渗析处理后可使奶制品中的无机盐的含量明显降低。用于牛乳脱盐的电渗析器应易于清洗和消毒。由于牛乳容易变质，故采用分批循环方式，以便在短时间内完成脱盐过程。

通常奶酪乳清中含有 5.5%～6.5%的水溶性固体成分，其主要组分为乳糖、蛋白质、矿物质、脂肪及乳酸，因此乳清可以是极好的蛋白质、乳糖、维生素与矿物质来源。但是由于其较高的盐分含量，不适合于肾功能不健全或有问题的人群食用，如老年人、病人及婴儿等。用电渗析技术可以有效地去除乳清中的部分矿物质。当离子性的盐类被去除后，乳清就可以成为这些人群极好的食品资源。

各种膜分离过程，如反渗透、纳滤等也可以应用于食品的脱盐，但是脱盐的适用范围和效果是有差异的。通常反渗透和纳滤的脱盐率可以达到 20%～45%，但是最佳的电渗析处理则可以达到 50%～80%。在成本效益的比较方面，一般认为，如果只需要脱盐率在 32%左右，应用纳滤的成本效益比较合适；而如果需要脱盐率达到 32%以上，电渗析过程具有优势；当要达到 90%以上的脱盐率时，则需要将纳滤与电渗析结合起来。

4. 水的纯化及饮用水的生产

由于电渗析脱盐的能耗（耗电量）与脱盐量成正比，所以含盐量太高和含盐量过低（电阻大）的水不宜采用电渗析法处理。电渗析多用于海水、苦咸水和普通自然水的纯化，用以制造饮用水、初级纯水等。但是如果制取高纯水，则需要与其他方法联合使用。高纯水的制取常采用电渗析与离子交换联合使用的方法。原水先经电渗析器脱除大部分盐，再用离子交换柱除去残留的低浓度离子，可大大增加树脂柱的运行时间，减少再生次数，达到最佳技术效果。一般将水的含盐量从 3000mg/L 左右经脱盐处理降至 100～500mg/L 的饮用水标准，以电渗析法较为合适。其优点为建设和运转费用低，水的回收率高，便于自动操作。当盐浓度高于 5000mg/L 时，用反渗透则更加经济。

5. 氨基酸的分离与精制

目前氨基酸的生产方法有：

(1) 天然蛋白质的水解。水解产物中有多种氨基酸同时存在。

(2) 化学合成法。产物中即使是同一氨基酸也会有不同的构型，需拆分以得到L型的氨基酸。

(3) 发酵法生产。培养液中含有很多金属离子、无机物以及其他杂质。

利用电渗析法，可以解决上述问题。当某种氨基酸处于等电点pI时，在溶液中不带电性，溶解度最小。在电渗析过程中，电中性的氨基酸会留在中性室(淡水室)中，而其他非中性氨基酸、金属离子和无机离子等则会根据其本身的电性，被阳离子交换膜或阴离子交换膜分离而被浓缩，这样可将电中性的氨基酸分离、精制。因此，根据某种氨基酸的pI，通过适当调整溶液的pH，就能够达到将不同氨基酸分离的效果。

6. 酒类产品的处理

将电渗析技术应用于啤酒酿造用水和饮料用水的水质处理，可降低水的硬度，去除某些金属离子和有机物等，提高酒产品的品质。从酒中去除酒石酸是电渗析技术的另一个重要应用，葡萄酒中的酒石来源于酒中酒石酸与钾、钠离子结合而成的酒石酸钾钠结晶。电渗析对于去除这些离子成分具有很好的效果，因此电渗析处理对于防止这些盐类在静置时结晶析出，保持酒的稳定性具有很好的效果，尤其在生产瓶装香槟酒方面具有较好的效益。

7. 葡萄糖的分离与精制

采用电渗分析处理，可简化工艺流程并能除去其他杂质成分，其工艺流程为：淀粉→酸水解→中和→电渗析处理(pH为3.5～4.0)→脱色树脂处理→阴、阳离子交换树脂脱盐→活性炭脱色→蒸发浓缩→结晶→分离→干燥。

8. 柠檬酸的分离

在分离菌丝体后的发酵液中，含有柠檬酸、金属离子、无机离子、糖类等物质，采用电渗析处理，具有较好的分离效果。

9. 其他应用

电渗析技术应用于含盐蛋白质的脱盐，可使蛋白质得以分离、提纯。废水处理方面，用电渗析处理某些工业废水，既可使废水得到净化和重新利用，又可以回收其中有价值的物质，如电镀废液处理(对电解工业中的淋洗水进行处理，使水和金属离子得以循环使用)等。

与反渗透技术相比，电渗析技术的优点在于能够利用更具热与化学稳定性的膜，使过程得以在较高温度下以及非常低的 pH 溶液中运行。而且盐水中的浓度可以达到很高(有时可达到组分的沉淀点)。电渗析技术的不足在于只能去除离子性的组分，膜易结垢和污染，当盐浓度高于 5000mg/L 时，因为成本效益而不适用，在此种情况下反渗透技术相对经济。

2.6　液膜分离技术

2.6.1　液膜及液膜组成

液膜就是液体状的薄膜，溶液泡沫就是一种简单的液膜。但是一般的泡沫由于不稳定而不具有实用意义。因此，必须通过适当的技术，获得稳定的液膜。液膜分离技术目前在石油化工、原子能、湿法冶金、污水处理、生化工程、医药医学等领域有重要的应用。

液膜分离技术的特点是：①分离速度较快。由于液膜很薄，只有 1～10μm，传质快，乳化液液滴小，直径只有 0.001～0.1nm，所以液膜的表面积大，分离速度快。②有较高的选择性，尤其是有载体的液膜，即使处理浓度较低的溶液也有较好的效果。③分离设备简单，操作费用低。分离动力为本身的化学势差，乳化和破乳仅需少量能量。

要获得具有稳定性的液膜，最适用的手段是乳化。将水相、油相、表面活性剂混合，高速搅拌，乳化形成液滴，乳化液滴外层即为乳化型液膜，按照液膜亲水性和疏水性的不同，乳化型液膜可分为：油包水型，为疏水性液膜；水包油型，为亲水性液膜。一个液膜分离体系包括：膜相、内相、外相三个部分，如图 2-40 所示。

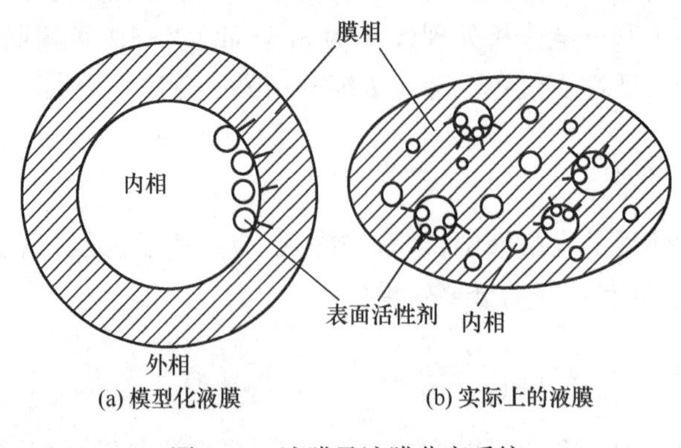

图 2-40　液膜及液膜分离系统

液膜的组成包括:成膜溶剂、表面活性剂、活动载体等。

(1) 成膜溶剂。它是液膜的主要成分,在液膜分离中起主要作用。在选择成膜溶剂时,应考虑以下几点:①成膜溶剂与内外相溶液不能混溶,否则就不能形成乳化液滴,也就无从形成液膜;②成膜溶剂对待分离的溶质要有优先溶解或优先选择渗透的作用,对其他溶质则要有较小的溶解度;③成膜溶剂应能溶解活性载体,以利于载体在膜相中来回迁移;④成膜溶剂不应对大分子生物活性具有破坏作用,应用于食品处理不能造成污染。

(2) 表面活性剂。它是液膜的主要成分,既能促进成膜作用的乳化过程,控制液膜的稳定性,又能控制选择性渗透作用。表面活性剂有:阴离子型、阳离子型、非离子型等,应根据待分离物质的性质来选择。阴离子型表面活性剂有脂肪酸(松香酸、支链烷酸等)、硫酸酯类(乙酸硫酸酯、烯烃硫酸酯等)、烷基苯磺酸类(烷基苯磺酸盐、烷基萘磺酸盐等)、磷酸酯类(烷基磷酸酯、二烷基磷酸酯等)。阳离子型表面活性剂主要是各种胺盐,如十八(烷基)胺、十二(烷基)胺等。非离子型表面活性剂有烷基酚的聚乙烯醚衍生物、烷基硫醇、醇类等,其中醇类包括山梨醇、季戊四醇等。

(3) 活性载体。它的作用在于能够与指定的溶质或离子进行松散的结合,进行选择性迁移,在膜的另一侧释放。活性载体实际上是一种特殊的萃取剂。选择的载体应能加速传质过程和减少载体的损失。与它所形成的络合物必须易溶于膜相,而不溶于内相和外相,这样载体及其络合物既可以在膜相中来回迁移,又可以减少载体的损失。

2.6.2 液膜类型及其制备

具有实用价值的液膜主要分为三类。

1. 乳化液膜

乳化液膜主要是由液膜溶剂与互相不溶的溶液混合后,高速搅拌,形成乳化液膜。乳化液膜分两种:w/o/w(水/油/水)型或 o/w/o(油/水/油)型,但是都包含三相。基本的制备包括两个步骤。例如,对于制备一个 w/o/w 型乳化液膜系统,第一步是制备一个在有机相内包含着水相的两相乳状液:在搅拌器中按比例加入一定量的有机相溶液,缓慢地加入水相溶液;用 8000~10000r/min 的转速搅拌,使得水相在有机相中均匀分散,这一步骤中,与转速相关的剪切力是关键影响因素。第二步是将获得的 w/o(油包水型)乳状液分散在连续的水相中。低速搅拌(300~500r/min)即可形成一个 w/o/w 型的乳化液膜系统。此过程中转速是一个关键因素:过低的转速形成的液膜不能分散,比表面积低,而过高的转速会破坏已经形成的液滴,导致成膜效率下降。

2. 隔膜型(固定化)液膜

隔膜型(固定化)液膜主要是以多孔聚合物薄膜(通常是中空纤维)作为固体支撑物,然后浸润于液膜相中,使之在固体表面形成液膜,但是效率较低。随着新材料及制膜技术的发展,使这种膜获得了一些新的实用价值。目前固定化液膜的制备是将液膜相组装于一个较薄的固体支撑物的小孔空间中,固体支撑物通常是平板或者中空纤维,如图 2-41 所示。在固定化液膜中,载体溶于膜相中,而处理液的一相和吸收液一相分别在膜的两侧。处理液和吸收液在系统中循环,循环过程中在液膜相产生传质迁移,处理液中待分离的组分透过液膜进入吸收液中,膜中的载体强化了过程中的传质。

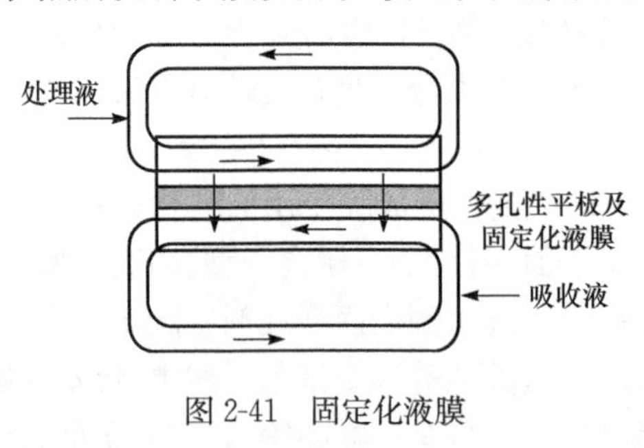

图 2-41　固定化液膜

3. 组件内装型液膜

组件内装型液膜是在隔膜型液膜的基础上发展而来的。将乳化后的液膜装入相应的组件中,如中空纤维膜组件,形成实际上的固定化液膜,便于应用和商业化生产。在这种构件中,膜相独立于两个溶液相,装载于中空纤维膜中,如图 2-42 所示。此种膜组件已成功地应用于将酚类从酚与乙酸的混合水溶液中分离以及柠檬酸的回收。在此种膜组件中液膜被组装于中空纤维膜中,处理溶液相和作为吸收的溶液相被分别装载于中空纤维管中做相向流动循环。中空纤维管周围是介质溶液。被处理溶液相中的组分透过膜,经过介质溶液,再进入装载有吸收溶液相的中空纤维中,实现了高度选择性的分离。过程中,对于被处理的溶液相(即进料液),介质溶液对待分离组分具有较高的分配系数,而待分离组分在吸收溶液相中的分配系数又高于介质溶液,因此分离具有较高的选择性。中空纤维型液膜的特点是:便于应用和商业化生产;每一个两相体系都可以组装数百根纤维管,具有较高的膜面积,可长时间操作。

2.6.3　液膜分离的操作过程

液膜分离操作包括四个基本部分:液膜制备(制乳)、液膜渗透、澄清分离和破乳。

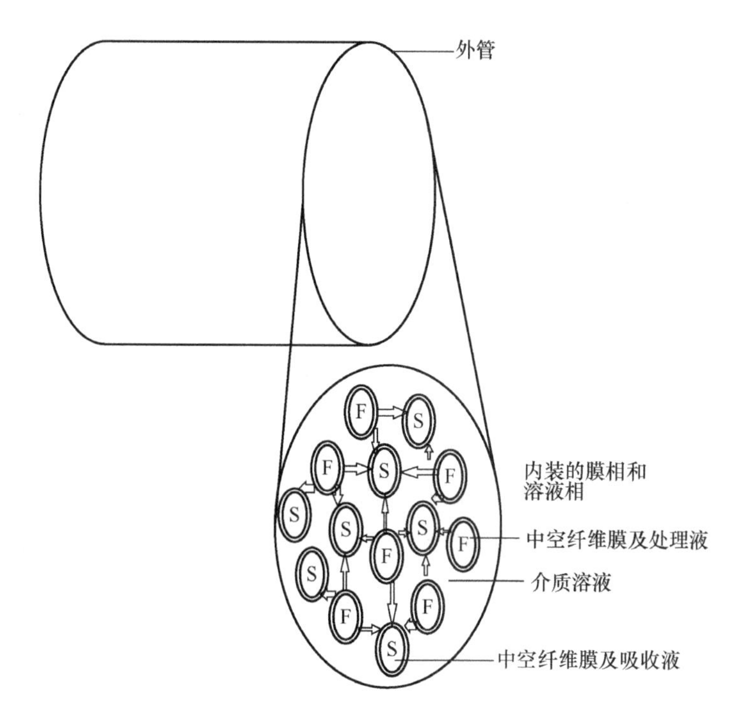

图 2-42　中空纤维型液膜结构图

F. 进料液；S. 吸收液

1. 液膜制备(制乳)

将相应的内相试剂与膜相组分在乳化器中快速搅拌，根据需要，形成油包水型或水包油型乳化液。油包水型或水包油型乳化液的形成与表面活性剂的选择、表面活性剂的加入方式、加料顺序和搅拌条件等操作有关。

表面活性剂的选择是很复杂的问题，虽有一些规律，但凭经验性的选择较多。一般认为，要形成油包水型或水包油型乳状液，作为乳化剂的表面活性剂必须具有一个特定的亲水亲油平衡值(HLB)，此值称为乳化该油相所需的 HLB。非离子型表面活性剂的 HLB 为 0～20。HLB 越大，表面活性剂的亲水性越强。例如，石蜡完全没有亲水基，所以其 HLB 为 0；而聚乙二醇属于完全是亲水基的非离子型表面活性剂，其 HLB 为 20。对于离子型表面活性剂，其 HLB 可大于 20。各种表面活性剂的 HLB 均可从专门的手册中查得。一般地，HLB 在 3～6 的表面活性剂通常用于制备油包水型的乳化剂；而 HLB 在 8～15 的表面活性剂通常适用于制备水包油型的乳化剂。如果单一的乳化剂不能满足所需的 HLB 时，可以用不同的乳化剂配制成复合乳化剂，采用加和方式获得所需要的 HLB。选择乳化剂的经验性依据有如下三点：

(1) 通常非离子性表面活性剂成胶(即乳化)的最低浓度比离子性表面活性剂的低,有利于低浓度的乳化;

(2) 选择分子中疏水基与被乳化物结构相似且有很好亲和力的乳化分散剂效果较好;

(3) 乳化分散剂在被乳化物中易于溶解时,乳化效果较好。

表面活性剂的加入方式也常常是经验性的。一种方法是将表面活性剂直接溶于水中,在激烈搅拌下将油加入,此种情况下可常常形成 o/w 型的乳状液。同样条件下继续加入油会形成 w/o 型的乳化液。另一种方法是将表面活性剂先溶于油相,然后将此有机混合物直接加入水中,可形成 o/w 型的乳状液;或者反过来将水加入该有机混合物中,容易形成 w/o 型的乳状液,继续加水,也能转为 o/w 型的乳状液。

不同的搅拌方式对乳化效果影响也很明显。常见的搅拌方式有简单搅拌、均质器搅拌、胶体磨搅拌及超声乳化等。

2. 液膜渗透

液膜分离操作的第二个部分是液膜渗透。内相与膜相形成乳化液后,转移到被处理的溶液相(外相)中,然后搅拌,过程中形成 w/o/w 型或 o/w/o 型的液膜体系。然后降低搅拌速度甚至静置,开始渗透过程。过程中在化学势差的推动下,外相中的待分离组分透过液膜向内相渗透迁移,并在内相中富集,从而外相中的溶质得以分离。当然,根据需要也可以反过来设计,将外相作为收集液,内相作为待处理的溶液。此种情况下,是内相中的待分离组分透过液膜向外相迁移而被分离。

3. 澄清分离

液膜渗透完成后,混合液被泵送入澄清器,外相液与乳化液分离。澄清部分即为净化后的外相溶液。

4. 破乳

从澄清器出来的乳化液,经破乳将膜相组分与内相液分离,膜相组分可循环使用于制膜,内相液中浓缩了的组分根据需要回收或做进一步处理。破乳的方法通常有化学法、静电法、离心法及加热法。图 2-43 为高压静电破乳装置。

上述整个的液膜法处理废水流程可用图 2-44 概括。

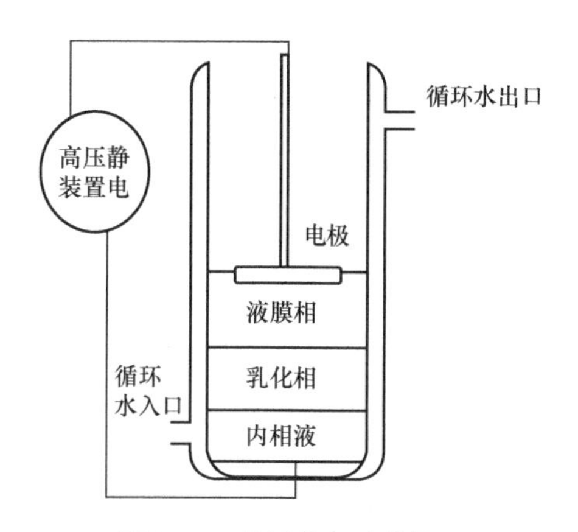

图 2-43　高压静电破乳装置

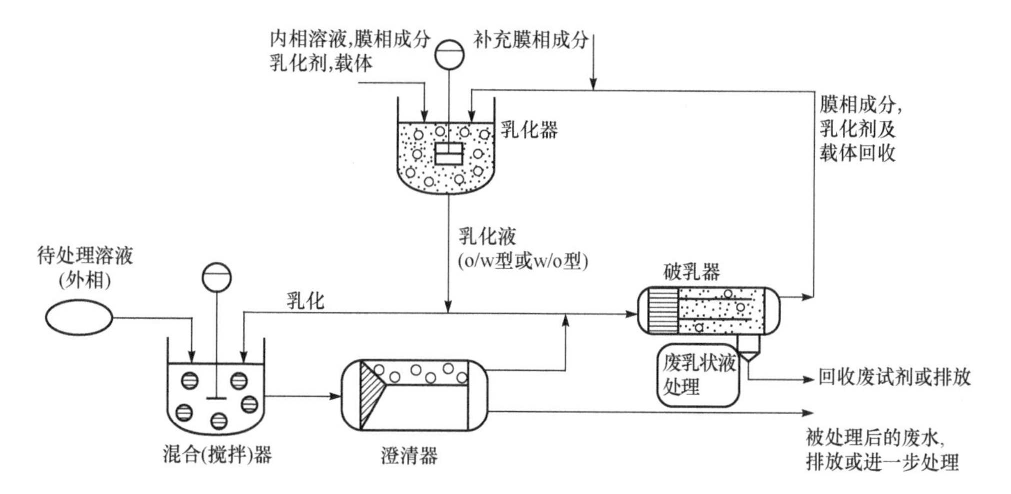

图 2-44　液膜法处理废水工艺流程(高孔荣等,1998)

2.6.4　液膜分离机理

按分离的机理分类,液膜分离的类型有简单的传递分离,如渗透、膜萃取;吸附、强化传递分离,如选择性渗透与化学反应相结合传递的分离、有载体液膜分离(包括逆向迁移分离和同向迁移分离)。但在液膜分离中,各种类型主要分为无载体液膜分离与有载体液膜分离两类(刘茉娥等,1993;陆九芳等,1994)。

1. 无载体液膜分离机理

无载体的液膜分离机理主要包括选择性渗透、与化学反应相结合的选择性渗透、膜相萃取、界面选择性吸附等几种。选择性渗透的机理如图 2-45(a)所示。内相溶液有溶质 A 和溶质 B,液膜对溶质 A 有选择渗透作用,对溶质 B 则没有。这样溶质 A 便从内相中分离,迁移到外相。主要原理是溶质 A 比溶质 B 在液膜中有更大的扩散系数,或者说溶质 A 在液膜中有更大的溶解度。与化学反应相结合的选择性渗透机理如图 2-45(b)所示。外相溶液中某组分 A,渗透入膜中或透过膜进入内相,与膜中(或内相)预先存在的某一组分反应,使膜中(或内相)该组分的浓度下降,浓度梯度增加,渗透速率得到提高。例如,废水中酚的去除就是利用选择性渗透与内相化学反应机理,以油及油溶性表面活性剂,失水山梨糖醇油酸单酯作为膜相,以 NaOH 水溶液为内相,乳化形成 w/o 的乳状液后,再通入被处理的污水中。外相废水的苯酚能部分溶于油性的液膜,从外相透过液膜进入内相并与内相中的 NaOH 起反应,生成非渗透性的苯酚钠,污水中的苯酚得以去除。

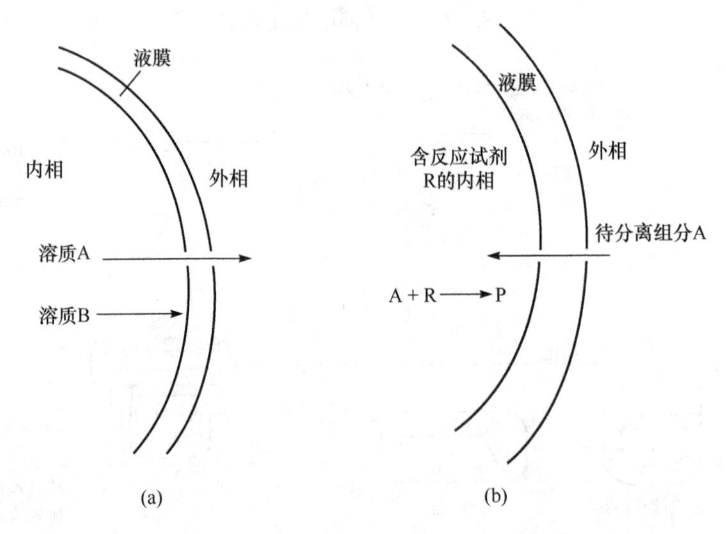

图 2-45　液膜分离的选择性渗透机理(a)和与化学反应相结合的选择性渗透机理(b)
(刘茉娥等,1993;陆九芳等,1994)

2. 有载体液膜分离的过程及机理

有载体的液膜分离是在液膜中加入某种载体,载体在液膜的两侧来回迁移运载待分离的组分,但载体不会溶出到内相和外相。载体的来回迁移需要额外的能量,即必须与膜内或内相中的某一反应相偶联,如中和反应,但是具体机理尚不清楚。不同的载体分离有不同的反应。其最初的解释是从生物膜的氧化磷酸化中能量偶联机理获得启发。根据供能成分的迁移方向,分为逆向迁移的载体液膜分离和同向迁移的载体液膜分离两种。

在逆向迁移机理中,供能成分的迁移方向与待分离成分的迁移方向相反,供能成分的反应及迁移,给待分离成分的迁移提供了能量。逆向迁移过程如图 2-46(a)

所示，其迁移过程如下：

(1) 在液膜相的外侧，载体 C 与待分离的组分 A 反应形成络合物 CA，同时释放出供能组分 B；

(2) 生成的络合物 CA 向膜相内侧扩散；

(3) 在膜相内侧界面上，供能组分 B 与络合物 CA 反应，释放出组分 A，同时生成络合物 CB；

(4) 载体 C 与供能组分 B 生成的络合物 CB 从膜相内侧向外侧扩散；

(5) 未经络合的组分 A 在膜中的溶解度很低，很难作反向扩散，于是释放到内相溶液中。结果是溶质从外相向内相逆着浓度差迁移，而组分 B 则从内相向外相迁移。

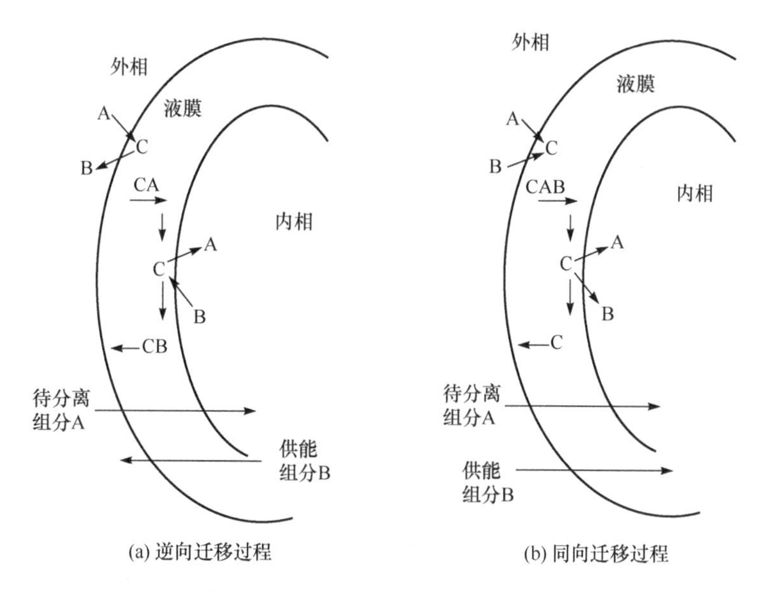

图 2-46　有载体液膜分离机理(刘茉娥等，1993；陆九芳等，1994)

同向迁移机理如图 2-46(b)所示，其迁移过程如下：

(1) 载体 C 与待分离的组分 A、供能组分 B 在膜相外侧反应，生成载体络合物 CAB；

(2) 载体络合物 CAB 在膜中由膜相外侧向膜相内侧扩散；

(3) 载体络合物中的组分 B 从膜相内侧释放到内相溶液中，同时引起组分 A 也向膜相溶液释放；

(4) 释放组分 B 和 A 后，载体 C 在液膜中由膜相内侧向膜相外侧扩散。结果是待分离组分逆着本身的浓度梯度由低浓度一侧向高浓度侧迁移。

在上述有载体的液膜分离过程中，载体的种类与选择对分离效果起关键作用。活动载体的种类包括：

(1) 离子型活动载体，带负电荷的活动载体用于阳离子之间的交换特别有效。应用莫能菌素和胆烷酸作为活动载体时，其羧酸基团带负电荷，能使碱金属阳离子与氢离子交换，形成络合物。莫能菌素具有迁移的选择性，而胆烷酸则没有这种选择性。对阴离子间的交换原则上采用阳离子型载体。

(2) 非离子型载体，这类载体有胺类和大环聚醚类。大环聚醚是含有许多醚键的大分子环状结构，用包裹阳离子的形式进行选择性络合。大环聚醚类化合物的种类已超过 500 种，几乎每种离子都可以找到相应的选择性聚醚。

为了最大效能地发挥液膜的分离功能，液膜分离过程中载体的选择原则应依照如下几点：①活动载体和它所形成的络合物必须易溶于膜相，而不溶于内相和外相，这样载体及其络合物既可以在膜相中来回迁移，又可以减少载体的损失；②活动载体与待分离组分之间形成的络合物的络合程度要适中，以便在膜相内侧易于将溶质释放；③载体对待分离溶质要具有优先选择性，传质速率要大。

2.6.5 液膜分离技术的应用

1. 液膜包封细胞或酶

采用液膜体系将微生物细胞或酶包封起来，同样能起到与固定化细胞和固定化酶相似的效果，对于细胞的包封则相当于一个全细胞生物反应器。其优点在于：容易制备，省去了大分子载体技术。对于需要辅酶或辅基的酶促反应来说，在系统中加入辅酶时，无需借助小分子载体吸附技术，避免小分子载体的吸附副作用。由于无载体，酶或细胞的反应动力学常数 k_m 基本上不受影响，细胞或酶能保持较长时间的生命活动或生物活性；液膜能保证细胞或酶不受有毒物质等不利因素的影响，如包封的细胞可不受氯化汞的影响。把提纯的酚氧化酶用液膜包裹，再将液滴分散在含酚水相中，酚有效地扩散穿过膜与酶接触后转变为氧化物而积累在内相中。其他的酶，包括尿素酶、胰蛋白酶等也都可以用液膜包封，而且液膜的包封作用不会降低酶的活性。

利用液膜固定化酶或细胞制备全细胞生物反应器已成功应用于氨基酸的生成和分离：在 α-酮异己酸的还原和氨基化生成 L-亮氨酸的过程中，将亮氨酸脱氢酶(LEUDH)、甲酸脱氢酶(FDH)及辅酶 NADH 包封于内水相中，液膜相的载体是甲基三烷基氯化铵。外相溶液中的甲酸根和酮异己酸作为阴离子，在膜相外侧同载体形成络合物被带进内水相，NH_3 则溶解于液膜相，迁移透过内水相。在内水相经酶反应生成的 L-氨基酸作为阴离子和以 HCO_3^- 形式存在的 CO_2，借助载体被输送到外水相，辅酶 NADH 可反复利用。

2. 污水处理

用液膜分离技术处理污水的优点在于可以配制具有较大溶解度的液膜体系，使分离渗透物有较高的迁移速率，分离渗透物与内相试剂形成新的化合物，不会逆向透过液膜传递。用液膜技术进行污水处理除去酚、醋酸、柠檬酸、铜、汞、铵、银、铬、硫化物、硝酸根、磷酸根、氰酸根等都很有效。例如，弱酸、弱碱的去除，弱酸(或弱碱)能够溶于液膜并能迁移过液膜扩散到内相中，与内相中的强碱试剂(或强酸试剂)中和，形成不溶于液膜的离子型盐，在内相富集得以分离。液膜的组成为失水山梨糖醇单油酸酯 0.7%、煤油 99.3%，加入 2%的膜稳定剂聚胺衍生物。内相的组成为 1%～1.5%的 NaOH 水溶液。

从污水中回收金属(如铜)。采用活动载体逆向迁移的机理，其膜相组成如下：

活动载体：2-羟基-5-仲辛基二苯甲酮肟；

溶剂：NaPleum470 氯化溶剂；

表面活性剂：山梨醇月季酸单酯或山梨醇单油酸酯；

稳定剂：Span 20 或 Span 800；

内相：H_2SO_4 溶液。

过程中，铜离子从外相溶液透过液膜进入膜相，即与活动载体发生反应：

$$Cu^{2+} + 2RH \longrightarrow CuR_2 + 2H^+$$

在膜相外侧，活动载体 RH 与 Cu^{2+} 反应释放出 H^+，络合物 CuR_2 迁移过液膜到达膜相内侧，与内相强酸接触，络合物 CuR_2 释放出 Cu^{2+}，而 R 与 H^+ 反应形成 RH 进行新的循环：

$$CuR_2 + 2H^+ \longrightarrow Cu^{2+} + 2RH$$

3. 液膜在医学上用途

医学工程上，根据液膜分离原理，通过精妙的设计，将液膜技术应用于医疗的技术正逐渐成熟(王学松，1994)。例如：

(1) 液膜人工肾。肾脏受损或病变时产生的尿素较难降解，容易导致患者得尿毒症。通常尿素酶存在于肠内，其活性受肠内的自然变化所限制，一般情况下达不到足够高的浓度去分解因肾脏病变而产生的过量尿素。医学工程中，研究人员设计了具有人工肾效果的双重液膜体系：一种液膜包封了尿素酶，这种液膜在一定生理条件下不稳定而将尿素酶在胃肠道中以适当的速率释放；另一种液膜包封了柠檬酸，用以捕集尿素降解产生的 NH_3，NH_3 透过液膜后即与内相的柠檬酸发生化学反应被富集在内相中，CO_2 则易于从肺中排出体外。以此方法减轻了患者对渗析的依赖或帮助患者度过危险期。

(2) 液膜人工肺。肺部病变的患者，呼吸和气体交换会产生严重的问题。将 O_2 充分溶解于一种称为氟代烃的化合物，作为液膜的内相制备成液膜。氟代烃和血液不相混溶，在患者体内，液膜内相中的 O_2 迁移过膜扩散到血液中，同时血液中的 CO_2 反向扩散进入液膜内相并溶解于氟代烃中，使血液变成新鲜血液，如此起到肺功能的作用，故称为液膜人工肺。

(3) 液膜人工肝。酚和硫醇被认为是引起肝病患者肝昏迷的最重要毒素。健康人产生的酚和硫醇是通过肝脏解毒的。但在肝昏迷时，肝的解毒作用削弱，因此酚和硫醇在血液中的浓度急剧增加，极易产生中毒。利用石蜡油和尿啶二磷酸葡萄糖醛酸转移酶溶液制成乳状液作为液膜的内相，石蜡油为膜相。在人体内，在液膜内相中由于酶的作用产生的尿啶二磷酸葡萄糖醛酸被连接到要解毒的酚上，由于所得的结合酚是亲水的，可以通过患者正常的肾排除，这一反应与健康人体内肝脏所发生的过程相同，相当于肝功能的作用，故称为液膜人工肝。

2.7　膜反应器与膜分离技术的发展

2.7.1　膜技术与反应器的结合——膜反应器

膜技术发展的一个主要趋势是将分离与反应相结合，反应与分离的集成，因而催生了一个新词——膜反应器。膜可以与无机催化剂相结合，也可以与生物催化剂——酶相结合。而后者在生物及食品工业的应用更具有潜力。将膜分离技术与酶促反应相结合的反应器称为酶膜反应器。将催化剂固定于膜上，可以实现底物的就地转化并实现分离。酶膜反应器最初由韦塔尔(Weetal)于 1966 年提出。酶膜首先成功地用于乙醇发酵并实现了连续生产。半透性的微胶囊也可用于固定化酶而形成一种独特的膜生物反应器。

最初的酶膜反应器是由一个连续搅拌罐反应器(catalytic stirred tank reactor,CSTR)与一个分离用的膜组件相偶联而成，如图 2-47 所示。在连续搅拌罐反应器中，酶通过膜分离组件进行循环利用，形成的产物则随透过液被移去而得以分离，而含有游离酶及未反应的底物或中间产物则随截留液被送回反应器中。系统中膜必须对酶、底物及中间产物具有最大的截留，而对产物则应该具有最大的透过，这样才能具有理想的分离效果并能够使酶的损失最小。例如，反应罐中淀粉在 α-淀粉酶和葡萄糖转化酶的作用下生成葡萄糖，含有反应产物的溶液被不断地送到膜分离装置中，由于产物相对分子质量较小，容易通过膜随透过液收集。而底物和酶的相对分子质量较大，通不过膜，被重新送回反应器循环反应。

膜反应器后来的发展是将催化剂或酶直接固定化于膜上，催化剂或酶与膜被整合于一个紧凑的结构中，催化反应与膜分离在同一个组件中进行。目前膜反应工程所采用的膜反应器，一般可分为固定式和游离式两大类。

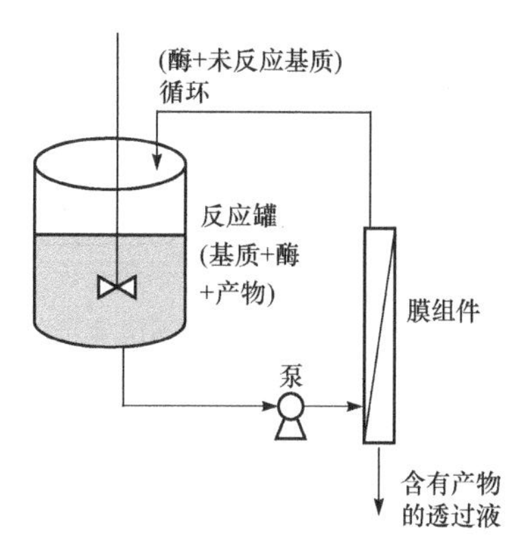

图 2-47　最初的酶膜反应器

与一般反应器相比，由于在反应的同时进行分离，膜反应器尤其是酶膜反应器能显著提高反应的转化率，强化分离的选择性，并在较低温度下反应，固定化提高了酶的稳定性，有可能使产物分离、反应物净化及化学反应等多个单元操作在一个反应器中进行，从而节省过程投资。

当前，国内外以催化膜反应器为研究开发的热点，其中比较集中的是有机膜催化反应器和无机膜催化反应器，前者的典型代表是酶膜反应器。

将酶固定化于膜中，除了可以在膜制备中通过添加酶制剂制备成酶膜外，更多的是将酶固定化于现成的膜上制备而成。其原理与酶的一般性固定化方法差不多。其技术可分为如下几种：

(1) 酶吸附于膜固体支撑物的表面；

(2) 酶与膜表面形成离子键连接于固体支撑物；

(3) 酶与膜表面形成共价键连接于膜表面；

(4) 酶分子间交联固定化于膜表面；

(5) 酶被包埋截留于微孔性的膜结构中；

(6) 透过微胶囊化将酶或细胞包埋。

各种酶的固定化方法如图 2-48 所示。

吸附固定化方法简单，但是由于膜分离过程中流体的冲刷和剪切作用，酶易于流失和失活。将酶包埋截留于各种形式的微孔膜中，膜对于酶和底物等大分子不可透过，但是对于产物等小分子物质则可透过。典型的例子是将酶包封于中空纤维膜中，如意大利的 Snamprogetti 公司将青霉素酰基转移酶、乳糖分解酶和胺基酰基转移酶等包封于中空纤维膜中，成功制备了中空纤维酶膜反应器。酶还可以固定化于螺旋卷式及管式等膜组件中。图 2-49 为酶膜反应器的一般结构图。酶膜反应器的组件形式与所使用的膜组件相关，主要分为搅拌式平膜反应器、管状膜反应器、中空纤维膜反应器、半透膜与酶凝胶层构成的复合膜反应器、微胶囊化酶膜反应器等。其中，搅拌式平膜反应器和管状膜反应器主要适用于底物(大分子)不能透过膜而产物(小分子)能透过膜的反应系统；中空纤维膜反应器、半透膜与酶凝胶层构成的复合膜反应器、微胶囊化酶膜反应器适用于底物和产物均能透过膜的反应系统。

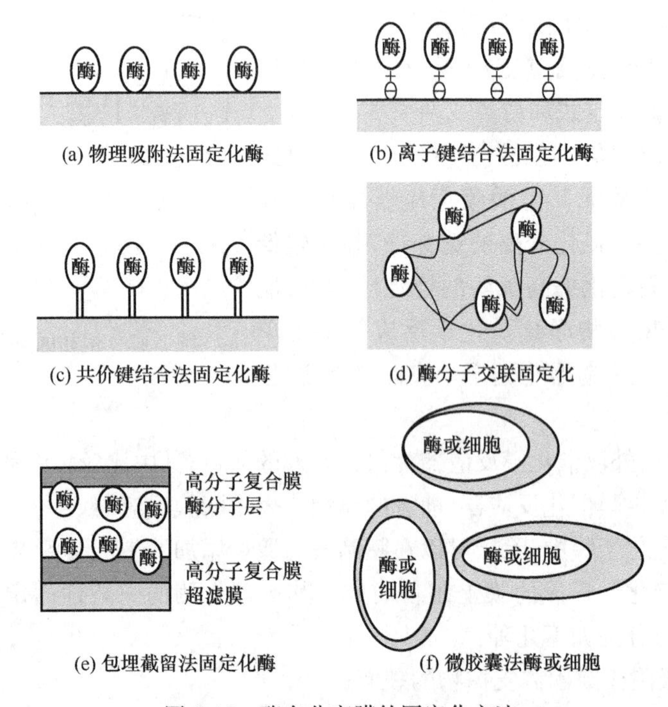

图 2-48　酶在分离膜的固定化方法

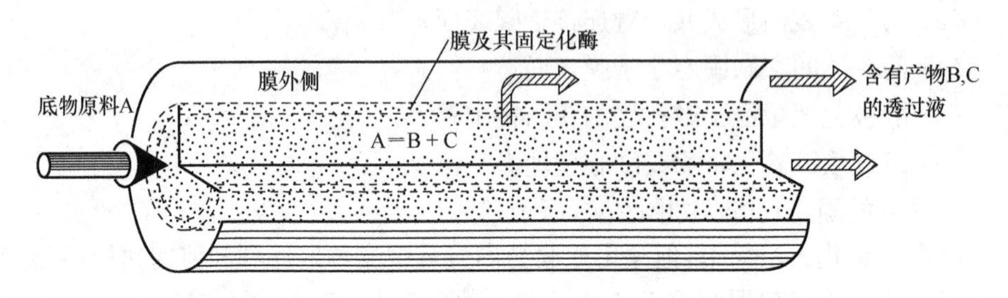

图 2-49　酶膜反应器的一般结构图(王学松,1994)

值得一提的是,通过包埋截留法固定化酶的酶膜制备方法,把制膜与酶的固定化相结合,具有较高的技术含量。它是由日本学者浦上忠发明,所以又称为浦上忠酶膜制备技术。其基本过程分为四步:

(1) 把四元壳聚糖(属于聚阳离子)和聚丙烯酸(属于聚阴离子)分别溶于 NaBr 溶液中,然后混合调制成一定浓度的高分子电解质溶液。其中的 NaBr 阻抑聚阳离子和聚阴离子的聚合,使溶液保持均质状态。

(2) 将此混合液导入预装有微孔超滤膜的装置中。在 N_2 的静压推动下,阻抑剂 NaBr 随水透过超滤膜而被去除。于是在微孔超滤膜表面上形成一层均质的高分子复合体膜层(图 2-48(e))。

(3) 将含有酶和阻抑剂 NaBr 的聚阳离子和聚阴离子混合液进行超滤,结果形成被包接固定化的酶分子层。

(4) 将含阻抑剂 NaBr 的聚阳离子和聚阴离子混合液超滤,于是在酶分子层上形成另一层高分子膜。此层膜起覆盖酶分子层的作用。

表 2-4 为一些国外已经在食品工业中得到成熟应用的酶膜反应器。

表 2-4　一些酶膜反应器的制备及应用(Donnelly et al. ,2008)

应用	属性与类型	膜/支撑材料	酶	固定化方法
乳清透过液的水解	连续搅拌罐膜反应器	几丁质	乳糖分解酶	共价连接
脱脂奶乳糖的水解	轴向环流反应器	PVC 硅胶膜	乳糖分解酶	共价连接
酪蛋白的水解	连续搅拌罐膜反应器	聚砜中空纤维膜	碱性蛋白酶	溶液酶
黄油水解	中空纤维	微孔聚丙烯膜	脂肪酶	吸附
植物油水解	中空纤维	PTFE 膜	脂肪酶	共价连接
橄榄油的水解	中空纤维	聚酰胺膜	脂肪酶	吸附/共价连接
果胶的浓缩	管式反应器	二氧化钛膜	果胶酶	吸附
葡萄糖生产	管式反应器	含水氧化锆聚丙烯酸酯膜	葡萄糖-淀粉酶	吸附
蔗糖转化	管式反应器	陶瓷膜	转化酶	共价连接

2.7.2　全细胞膜生物反应器

膜技术的另一个发展趋向是全细胞膜生物反应器(whole-cell bio-reactor),即像酶膜那样,通过适当的方法,将具有生命活动的细胞,包括植物细胞或哺乳动物细胞、细菌或酵母等,固定化于膜内部,组成一个生物反应器,它属于膜生物反应器的一种。这样的全细胞生物反应器,利用细胞的生命活动,将底物代谢转化成相应的产物。产物可以通过膜而分离。细胞代谢过程中所需要的营养及辅助因子也需要透过膜供给。由于细胞具有生命活动,需要相应的空间,因此用中空纤维膜组件及半透性微胶囊对细胞进行固定化可能更加合适。例如,中空纤维膜组件制备的全细胞生物反应器,细胞在毛细管外空间(也就是纤维之间)生长,在纤维内循环的营养物质则通过扩散的方式迁移过纤维膜,给细胞提供营养,细胞的代谢产物透过膜被萃取而分离。对于哺乳动物细胞来说,此类膜生物反应器能够承载高达每毫升 10^8 个细胞的浓度。这种高细胞浓度可产生高浓度的抗体和蛋白质,其抗体产量高达 17mg/mL。如此高产量、相对简单与低成本,使得中空纤维膜生物反应器系统显示出重要的应用意义和潜在的应用价值。全细胞膜生物反应器的一些最重要应用见表 2-5。

表 2-5　生物合成中全细胞膜生物反应器的应用(Marcano et al. ,2003)

反应与应用	类型和属性	主要结果
乙醇发酵	*S. cerevisae*;惰性膜	在间歇式反应器中的转化率提高到 3000%
生长激素(hGH)的合成	*E. coli*;惰性膜	批次产率的效价达到 40000,激素中没有病原体
丙酸尿和乳酸的生产	*P. bacterium*,*L. delbruecki*;惰性膜	用搅拌罐反应器的形式,转化率提高了 1.6 倍
β-淀粉酶的生产	*Clostridium thermosulfurogenes*;惰性膜	间歇式反应器形式生产,产量提高到 3000%
L-天冬氨酸的生产	*E. coli*;惰性膜	工业生产规模的最大生产率为 4.5mol/(L · h),能连续生产 30d
异戊醛的生产	*G. oxidans*;惰性膜	转化率达到 90%
萘氧化成顺式-1,2-二羟基-1,2-二氢萘	*P. fluoroscens*;惰性膜	间歇式反应器形式生产,生产率提高到 300%
苯乙酰谷氨酰胺的合成	*C. utilis*;惰性膜	间歇式反应器形式生产,生产率更高,细胞浓度更大
抗体的合成	哺乳动物细胞(杂交瘤)固定在膜上;惰性膜	细胞浓度高,抗体产率高、纯度高,能连续生产 30d
利福霉素(抗结核药)	*Nocardia mediterranei*;固定在膜上	间歇式反应器形式生产,产量提高到 1500%
乳酸	*L. rahmnosus*;固定在膜上	间歇式反应器形式生产,转化率提高了 1.6 倍

2.7.3　膜生物反应器在食品工业中的应用

目前,膜催化技术在食品加工废水的处理、乳制品加工、果汁加工、碳水化合物生产以及脂肪和油的水解等方面都有应用。随着技术的进步,一些新的应用领域也在不断地被开发。

1. 膜反应器在食品废水生物处理中的应用

经过膜反应器处理的食品废水,COD 和 BOD 去除率高,产生的剩余污泥少,易处置,系统运行稳定,便于维护和管理,并且运行成本较为低廉。Kurian 等研究了 MBR 处理高油性的宠物食品废水,对其中的 BOD 的去除率高达 99%。国内沈阳某公司将 MBR 成功应用于食品的废水处理,结合相应的工艺流程,其废水处理量可达1000t/d。处理后废水的COD、BOD指标分别由原来的1200mg/L、780mg/L,下降到低于50mg/L和20mg/L。虽然存在膜污染及水的低价格等问题,膜生物反应器依然被应用于饮用水的脱硝、脱氮作用以及食品工业废水的厌氧处理方面。国外两个成功的商业应用例子是Biosep过程和Kubota过程,在这些过程中,好氧生物反应器安装于两个系统中,系统的中空纤维膜束浸没于淤泥中,反应器的底部鼓入空气并产生搅拌以改善反应器的效率。处理后的洁净水通过对膜内层真空抽取回收。

2. 膜反应器在碳水化合物生产中的应用

目前的发酵生产大多采用间歇式,发酵过程中底物供给有限,使得生物活性物质的使用寿命受到很大限制。而膜反应器是将膜分离与反应器相耦合,使发酵连续化,产物一经产生即被分离,有效提高了发酵产率。Kwon等使用负压抽吸浸没式膜组件,实现了生物活性细胞的循环使用,应用于连续发酵生产木糖醇。其对木糖醇的生产能力达到12g/(L·h),是传统间歇发酵生产的3倍左右。张雪洪等采用膜生物反应器系统发酵生产灵芝多糖,有效避免了产物积累对合成过程的抑制,提高了灵芝菌丝体在反应器中的浓度,其多糖总产量是间歇发酵的5倍以上。Ismail等对使用膜反应器合成低聚半乳糖进行了实验研究,通过不断去除反应过程中生成的单糖,使低聚半乳糖的生产率有了明显提高。

3. 膜反应器在蛋白加工中的应用

Carlos等用循环批处理膜反应器水解乳清蛋白,与传统的单批处理相比,对酶的节约率达59%。王文杰和王璋利用酶膜反应器对大豆分离蛋白进行4h连续化水解研究,在最佳工艺条件下,其蛋白质回收率可达44.55%。

4. 膜反应器在酶催化合成和转化中的应用

目前,膜反应器在食品工业的乳品工业、油脂工业、淀粉糖生产、生物活性肽合成、饮料生产中都有一定程度的应用。例如,利用酶膜生物反应器进行脂肪酶和磷脂酶催化的脂肪水解与酯交换,就是将相应的酶固定化于疏水膜中,形成酶膜生物反应器,通过脂肪酶的作用对橄榄油进行水解,还可以进行向日葵籽油的脂肪酶水解。酶膜生物反应器系统还被应用于多聚糖的生产。

5. 膜反应器在果汁和酒中的应用

利用果胶酶对果胶的水解特性,将其固定化于合适的膜上制备成酶膜生物反应器,可以应用于果汁及葡萄酒等饮料的澄清。例如,Jose等利用游离酶膜反应器水解苹果汁中的果胶。

参考文献

高孔荣,黄惠华,梁照为.1998.食品分离技术.广州:华南理工大学出版社

高以恒,等.1989.膜分离技术基础.北京:科学出版社

葛毅强,孙爱东,蔡同一.1998.现代膜分离技术及其在食品工业中的应用.食品与发酵工业,24(2):57-61

蒋维钧.1992.新型传质分离技术.北京:化学工业出版社

刘茉娥,等.1993.新型分离技术基础.杭州:浙江大学出版社

陆九芳,等.1994.分离过程化学.北京:清华大学出版社

王文杰,王璋.2008.酶膜反应器中水解大豆分离蛋白的研究.食品与机械,24(1):16-19

王学松.1994.膜分离技术及其应用.北京:科学出版社

张雪洪,胡洪波,唐涌濂,等.2002.膜生物反应器连续发酵生产胞外灵芝多糖.高校化学工程学报,16(6):670-674

张英莉,胡耀辉,黄坤,等.2002.膜分离技术及其在乳品工业中的应用.吉林农业大学学报,22(2):108-111,116

Donnelly D, Bergin J, Duane T, et al. 2008. Application of membrane bioseparation processes in the beverage and food industries//Subramanian G. Bioseparation and Bioprocessing: Biochromatography, Membrane Separations, Modeling, Validation. Weinheim: Wiley-VCH Verlag GmbH & Co. KGaA

Fricke J, et al. 2002. Chromatographic Reactors. Weinheim: Wiley-VCH Verlag GmbH & Co. KGaA

Gradison A S, Lewis M J. 1996. Separation Processes in the Food and Biotechnology Industries: Principles and Applications. Cambridge: Woodhead Publishing

Guiochon G. 2002. Basic Principles of Chromatography. Weinheim: Wiley-VCH Verlag GmbH & Co. KGaA

Gyu K S, Won P S, Kun O D. 2006. Increase of xylitol productivity by cell-recycle fermentation of Candida tropicalis using submerged membrane bioreactor. Journal of Bioscience and Bioengineering, 101(1): 13-18

Henley S. 1998. Separation Process Principles. New York: John Wiley & Sons

Henley S. 2006. Separation Process Principles. 2nd Edition. New York: John Wiley & Sons

Ismail Y S, Rustom M I, Foda M H, et al. 1998. Formation of oligosaccharides from whey UF-permeate by enzymatic hydrolysis-analysis of factors. Food Chemistry, 62: 141-147

Kurian R, Nakahla G, Bassi A. 2006. Biodegradation kinetics of high strength oily pet food wastewater in a membrane-coupled bioreactor (MBR). Chemosphere, 65: 1204-1211

Marcano J G, Tsotsis T T. 2003. Membrane Reactors in Ullmann's Encyclopedia of Industrial Chemistry. Weinheim: Wiley-VCH Verlag GmbH & Co. KGaA

Prieto C A, Guadix A, González-Tello P, et al. 2007. A cyclic batch membrane reactor for the hydrolysis of whey protein. Journal of Food Engineering, 78: 257-265

Rodriguez-Nogales J M, Ortega N, Perez-Mateos M, et al. 2008. Pectin hydrolysis in a free enzyme membrane reactor: An approach to the wine and juice clarification. Food Chemistry, 107: 112-119

Rousseau R W. 1987. Handbook of Separation Processes Technology. New York: John Wiley & Sons

Shaeiwitz J A, et al. 2002. Biochemical Separations. Weinheim: Wiley-VCH Verlag GmbH & Co. KGaA

Strathmann H, Stuttgart U. 2002. Membranes and Membrane Separation Processes. Weinheim: Wiley-VCH Verlag GmbH & Co. KGaA

第3章 新型萃取技术

3.1 超临界流体萃取技术

3.1.1 超临界流体及萃取技术概述

1. 超临界流体和超临界流体萃取分离

一种纯流体，随着压力与温度的变化，会出现固态、液态与气态三相之间的互相转化，但是如果将温度和压力调控在一个临界点，例如，把 CO_2 的温度始终控制在 34℃或以上，即使此时把压力提高到 7.8MPa 或以上，CO_2 也不会变成液态及固态。又由于压力的提高，CO_2 已经不是原来的气态，具有近乎于液体的高密度性质和气体的高扩散性质。流体的这种因压力和温度的变化而形成的既非液体亦非气体的状态，即是其"第四态"——超临界状态。

超临界流体是一种纯流体在超过其临界点(临界温度或压力)之上的状态，既不是液体，也不是气体，但是密度接近于液体，黏度和扩散性接近于气体。纯流体处于相变状态的温度和压力称为临界温度 T_c 和临界压力 p_c，而临界点的流体密度则称为临界密度 ρ_c。流体的超临界状态是指由于临界点中的某一参数符合相变条件，但是另一些参数不符合相变条件，使其处于气态和液态共存的一种边缘状态。例如，CO_2 在压力 7.8MPa 或以上，如果结合温度的降低，就可以发生液化甚至固化的相变。但是如果保持其温度在 34℃或以上，则不会发生相变。在此状态中流体的密度与其饱和蒸汽的密度相同，气液之间的界面消失。这样的状态，只有在临界温度和临界压力以上才能实现。任何一种纯流体，在临界温度上，无论怎样提高压力，都不能被液化或固化。

在超临界状态中，流体既不是气态也不是液态，这种流体保留了接近液体的溶解能力以及类似气体的扩散性质。它的密度像液体，而渗透性像气体。超临界流体分离技术，指的就是用超临界流体作为提取介质进行分离的一种萃取技术，又称为压力流体萃取、超临界气体萃取、临界溶剂萃取等。但由于其基于流体的非液非气状态，将其称为超临界流体萃取最为恰当。在临界点，操作温度或压力的微小变化，都会引起流体密度等性质的急剧变化，继而引起其溶解能力的变化。因此，利用超临界流体在高密度溶解出所需要的组分，改变操作条件(提高温度或降低压力)，在低密度条件下将萃取出来的组分与萃取剂分离，便实现整个分离过程。

与萃取和浸提比较，其相同之处都是通过某种介质实现在相与相之间的传质分离。不同的是，超临界流体萃取是以临界点状态下的流体萃取，这种超临界状态下的流体，低黏度、高扩散性和高密度，对许多组分均具有很强的分离能力，具有常规萃取方法所不具备的分离效率和选择性。同时大部分萃取过程使用的是对环境危害很小的 CO_2 等介质作为萃取剂，过程中还可以循环利用，对于环境保护及产品的卫生与安全都有较大的意义。

2. 超临界流体萃取技术的发展及应用

虽然超临界流体萃取是一项较新开发的分离技术，但是对于超临界流体的溶解和萃取现象的发现，最早可追溯到 1879 年 Hannay 和 Hogarth 用高压乙醇等流体溶解金属卤化物的实验，其实验证实了金属卤化物可以溶解在超临界状态下的乙醇中，当压力降低时便有盐从流体中析出。

20 世纪 50 年代，美国 Todd 和 Elgin 解决了理论上将超临界流体用于萃取分离的问题，与此同时，苏联科学家提出将超临界作为分离技术应用于石油的脱沥青过程。60 年代初德国学者开始从事这方面的研究并于 1963 年在世界上首次申请了这方面的专利。真正把超临界流体作为一类具有强溶解能力的介质进行萃取分离，则是 70 年代以后。1978 年在德国召开了首届国际超临界流体萃取技术的专题会议，使之成为国际上关注的热门新技术课题之一。目前，作为一项较新开发的技术，人们对超临界流体萃取技术进行了较广范围的探索，包括过程原理、测试手段、基础数据以及与之有关的超临界流体的热力学、工艺学及高压设备等方面，而超临界流体的应用范围包括石油化工、食品工业和医学医药工程等多个方面，具体的应用表现在如下几个领域：

(1) 在食品加工领域的应用。例如，植物油脂(大豆油、蓖麻油、棕榈油、可可脂、玉米油、米糠油、小麦胚芽油等)的提取、动物油脂(鱼油、肝油、各种水产油脂)的提取、食品原料(米、面、禽蛋) 的脱脂、脂质混合物(甘油酯、脂肪酸、卵磷脂等)的分离与精制、油脂的脱色和脱臭、植物色素的提取、香料成分(动物香料、植物香料等)的提取、咖啡和茶叶的咖啡因脱除、啤酒花有效成分的提取、无醇啤酒生产等。

(2) 在保健食品及医药、化妆品工业的应用。例如，鱼油中具有保健功能的高级脂肪酸(如 EPA、DHA 等)的提取、植物或菌体中高级脂肪酸(γ-亚麻酸等)的提取、药效成分(生物碱、黄酮、脂溶性维生素、甙等)的提取、化妆品原料(美肤效果剂、表面活性剂、脂肪酸酯等)的提取、烟草尼古丁脱除等。

(3) 在化学与化工领域的应用。例如，石油的脱沥青、从煤中萃取出用作化学原料的碳氢化合物、从污垢物质中除去油脂、从化学产品中去除杂质、去除较难分离的共沸点混合物、分离和纯化聚合物(如从聚合物中去除未交联的单体物质)、高碳烯烃的分离、甘油油酸酯的分离。此外，在传统产业的纤维染色、半导体清洗等方面也有应用。

3.1.2 超临界流体萃取的基本原理及过程特点

1. 超临界流体萃取技术的基本原理

一个超临界流体萃取过程,其基本的步骤如下:

(1) 超临界流体的产生及待处理物料的预处理;

(2) 物料与超临界流体接触,目标成分被萃取进入超临界流体;

(3) 溶解了目标成分的超临界流体转移到另外一个罐中;

(4) 通过调整压力或温度,超临界流体密度下降,目标成分与流体完全分离析出;

(5) 流体重新被压缩变回超临界状态,再次进入萃取体系。

图 3-1 为一种纯流体相变与压力和温度之间的关系。临界点 C 在气液平衡曲线的末端,阴影部分就是超临界流体区域。在等压状态对温度进行调整,或者在等温状态对压力进行调整,都能使一种流体从液态变为气态或从气态变为液态。但是,在超临界区域,如果温度始终保持在一个临界点或以上,则无论施加多大的压力,也不能将流体液化。此时的流体处于一种非气非液状态,这就是流体的超临界状态。在超临界状态,流体的溶解性近似液体,同时具有气体的扩散性质,很容易渗透入固体物料进行萃取。因此,超临界萃取的效率及相分离过程能比传统萃取工艺快很多。此过程中还能通过控制萃取条件来提高对特定组分分离的选择性,改善对于待分离组分的相容性,如添加夹带剂改变流体的极性等。

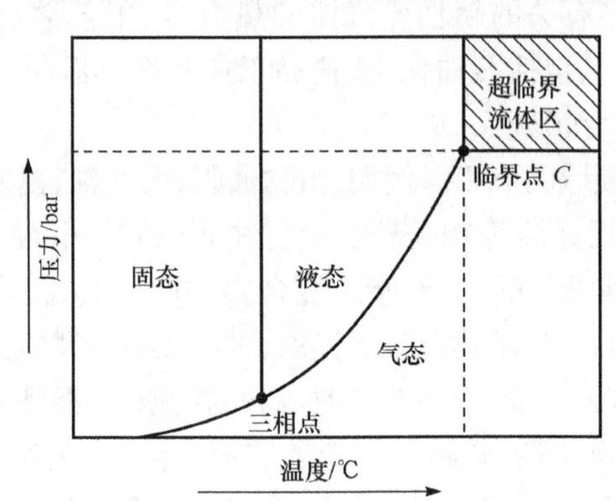

图 3-1 超临界流体相图(陆九芳等,1994;刘茉娥等,1993)

1bar=10^5Pa

因此,超临界萃取技术的工作原理主要是依赖于流体的密度变化,而密度的改变可以通过系统的压力和温度调控。例如,在等温状态下提高压力,或在压力恒定条件下提高温度,都能改变超临界流体的溶解能力(但是温度提高会部分抵消密度提高的效应)。在高密度、高溶解能力下进行目标成分的溶出,在压力或温度的敏感区,调整压力或温度,使流体密度下降,溶解能力随之下降而将溶解于流体中的目标成分析出。实际操作中，超临界流体作为一种溶剂从物料中萃取溶质，与传统的液体萃取过程差不多。但是，当系统条件恢复到常温常压时，残留在萃取物料里的流体溶剂少得几乎可以忽略，这是超临界流体萃取的一大优势所在。

超临界萃取过程中，被萃取的组分在溶剂里的溶解性随着温度和压力的变化而变化。溶质的溶解性要比我们通常根据理想气体定律中所预测的10倍级数还要大。因此，溶质在超临界流体中的溶解过程是蒸气压与溶质、溶剂之间相互作用的共同结果。这说明固体溶质在超临界流体中的溶解性并不仅仅是简单的压力作用的结果。

2. 流体的相变与压力和温度的关系

超临界流体是处于临界点(临界温度和临界压力)以上的流体，在这种条件下，流体即使处于很高的压力下，也不会凝缩为液体。图3-2为CO_2流体介质在固体-气体-液体-超临界流体之间的相变与压力、温度之间的关系。图中，ls表示液体-固体分界线，gs表示气体-固体分界线，lg表示液体-气体分界线。图中的蒸气压曲线lg从固液气三相点T_r开始。对于CO_2来说，此时温度$T=(216.58\pm0.01)$K，压力$P=5.185\times10^5$ Pa，在三相点，三相呈平衡状态而共存；在温度$T<216.58$K，无论有无压力变化，CO_2均为固体；在$T=216.58\sim304.2$K的温度范围，当$P>5.185\times10^5$ Pa时，CO_2为液相；在$P=5.185\times10^5\sim73.858\times10^5$ Pa，$T=216.58\sim304.20$K的范围内，CO_2为气相；蒸气压曲线lg终止于临界点C($T_c=304.20$K(约31.1℃)，$P_c=73.858\times10^5$ Pa)。在临界点以上，液、气形成连续的流体相区(即图中的灰色区域)。此时流体相既不同于一般的液相，也有别于一般的气相。它既具有气体的某些性质，也具有液体的某些性质，因此称其为流体比较合适。

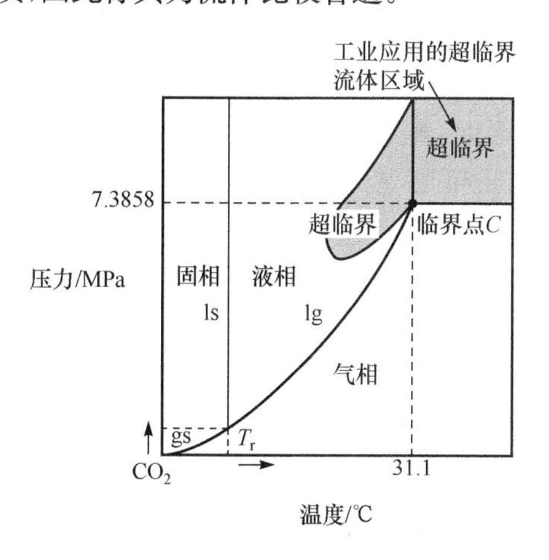

图3-2　CO_2的相变与压力温度间的关系(陆九芳等，1994)

水的相变也可以找到相应的压力和温度范围。各种流体都有相应的临界压强、临界温度，如表 3-1 所示。

表 3-1　常用流体介质的临界点(陆九芳等，1994)

流体种类	临界温度/℃	临界压力/(101.33kPa)	临界密度/(g/cm^3)
二氧化碳	31.1	73.8	0.460
水	374.3	221.1	0.326
甲醇	240.5	81.0	0.272
乙烷	−88.7	48.8	0.203
丙烷	−42.1	42.6	0.226
丁烷	10.0	38.0	0.228
戊烷	36.7	33.8	0.232
乙烯	9.9	51.2	0.227
氨	132.4	112.8	0.236
二氧化硫	157.6	78.8	0.525
一氧化二氮	36.5	71.7	0.451
氟利昂	28.8	39.0	0.578

3. 超临界流体的性质

流体在气态-液态-超临界态之间转变过程中，密度、黏度及扩散系数都产生较大的变化。当流体为气态时，其密度为 $1kg/m^3$，黏度约为 0.01cP①，扩散性为 $1\sim10mm^2/s$；当其为液态时，密度约为 $1000kg/m^3$，黏度为 0.5～0.1cP，扩散性约为 $0.001mm^2/s$；而处于超临界状态时，其密度为 $100\sim800kg/m^3$，黏度为 0.05～0.1cP，扩散性为 $0.01\sim0.1mm^2/s$。也就是说，超临界流体的密度与液体相近，黏度却与普通气体相近，扩散性也远大于液体。渗透性极佳，能够更快地完成传质过程而达到平衡，有较理想的传递能力和溶出效果，能够实现高效的分离过程。

值得一提的是，水在超临界状态及亚临界状态时的性质变化。超临界状态的水，密度急剧下降，介电常数趋向于零，同时对有机物(碳氢化合物)有较大溶解性，而对盐类的溶解性急剧下降。介质水的这些特点，在工程中有重要的潜在应用意

① $1cP=10^{-3}Pa\cdot s$。

义，如对非极性类的碳氢化合物成分的有效萃取。但是由于达到水的超临界状态需要较高的压力（20～25MPa）、较高的温度（400℃），而这些条件在实际的工程应用中还较难做得到。而水的亚临界状态（压力＜20MPa、温度＜400℃）则有可能达到。

因此，在超临界流体萃取的工艺过程中，选择适当的流体介质和工艺条件，对于提高分离的选择性和效率有极大意义。

4. 超临界流体的溶解能力与压力的关系

超临界流体对待分离组分的溶解能力随着超临界流体的密度改变而改变。压力提高，密度提高，溶解能力相应提高。在敏感的临界点附近，改变压力会明显地改变超临界流体的密度，也就改变了超临界流体的溶解度。根据超临界流体的溶解能力依赖于压力的特性，可以通过调节压力来实现超临界萃取过程。图 3-3 表示了萘在 CO_2 流体中的溶解度随着压力变化而变化。萘在 CO_2 中的溶解度随着压力的上升而急剧上升，如在 70×10^5 Pa 时，溶解度较小，但当压力为 250×10^5 Pa 时，溶解度已近 7×10^{-3} kg/L，即质量分数 10%左右。因此，操作过程中，可以在 250×10^5 Pa 压力处进行溶出，然后将溶有萘的 CO_2 流体降低压力，即可实现分离。

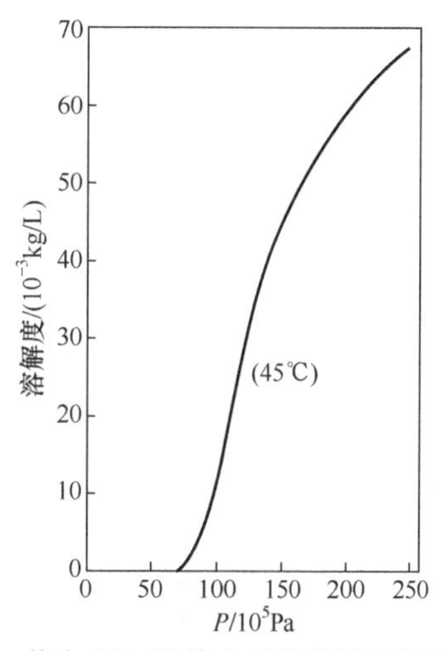

图 3-3　萘在 CO_2 流体中的溶解度与压力之间的关系（陆九芳等，1994；刘茉娥等，1993）

5. 超临界流体的溶解能力与温度的关系

在超临界萃取过程中，温度对流体的溶解度也起着关键性的影响。与液液萃取一样，较高的温度一方面有利于降低流体的黏度，提高扩散性从而加强传质过程；另一方面温度的提高却抵消了提高压力对密度的影响，这一点对依赖于压力的超临界萃取有重要影响。因此，温度对超临界流体萃取的影响是比较复杂的。图 3-4 为温度对萘在 CO_2 流体中溶解度的影响。由图可看出，当压力大于 150×10^5 Pa 时，随着温度的升高，萘的溶解度也逐渐加大。但在压力小于 100×10^5 Pa 时，情况较复杂，在温度升高到一定值后，溶解度却随着温度的提高而急剧地下降。这是由于介质 CO_2 密度急剧下降的缘故。如在 30℃，80×10^5 Pa 附近，只要温度上升几度，萘的溶解度就会降至 1/10。这种在临界点附近，当温度和压力稍有变化时，超临界流体的溶解能力发生很大变化的现象，在多种体系中都可以看到。

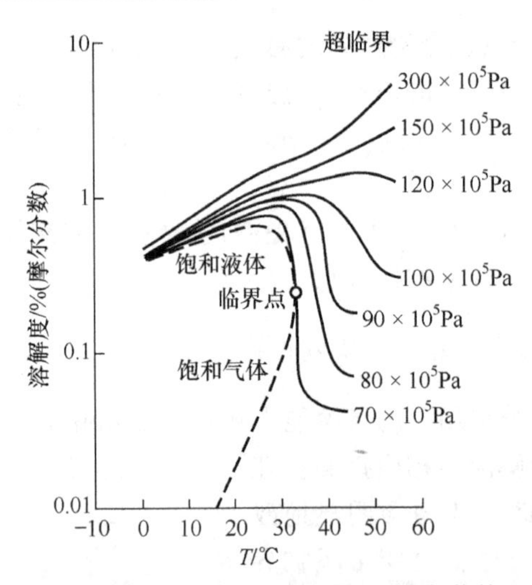

图 3-4　萘在 CO_2 流体中的溶解度与温度之间的关系(陆九芳等,1994;刘茉娥等,1993)

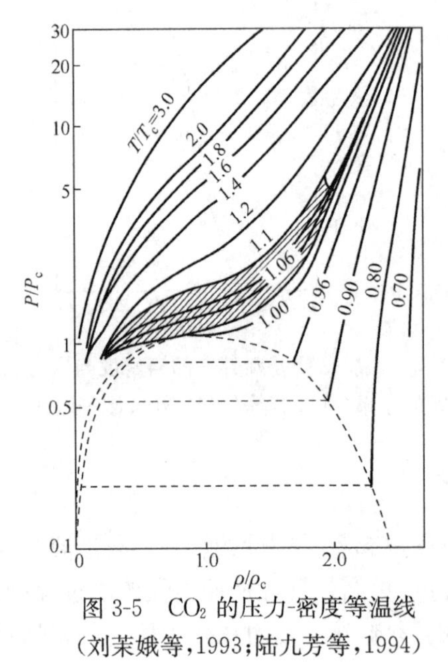

图 3-5　CO_2 的压力-密度等温线(刘茉娥等,1993;陆九芳等,1994)

根据流体密度、溶解度与压力、温度之间的相互关系,可以选择压力或温度区段(即在流体密度变化的压力或温度敏感区)进行有效调控。图 3-5 为 CO_2 的压力-密度等温线。此图主要说明在等温条件下,根据超临界状态下萃取剂的密度与压力之间的关系,如何通过工艺参数的调控进行有效的分离。图中阴影部分处于 CO_2 的临界温度点附近,对压力的变化较为敏感,是最适宜于选用的操作区域。在稍高于 CO_2 临界点温度的区域内,压力的微小变化,都会引起密度的较大变化。控制适当的操作条件,在高密度(低温、高压)条件下,将待分离组分萃取出来,然后变化操作条件(稍提高温度或降低压力),将待分离组分析出而得以分离。

6. 超临界流体萃取的过程特点

超临界流体的溶解能力随着其密度的增高而提高,提高超临界流体的密度,将待分离成分溶出,然后降低超临界流体的密度,将待分离成分从超临界流体中凝析出来。这是超临界萃取过程中最关键的操作。

改变超临界流体密度的方法：一是采用固定温度，改变压力的方法；二是采用固定压力，变化温度的方法。两种方法在工艺上都是比较容易达到，因为在接近临界点只要温度和压力微小的变化，超临界流体的密度和溶解度都会有较大变化。

萃取过程完成后，超临界流体由于状态的改变，很容易从分离成分中脱除，不给产品和食品原料造成污染，因此尤其适用于食品和医药等行业。

超临界流体萃取技术中一般所选用的介质，如 CO_2，其临界点（临界压力和临界温度）不过高也不过低，并且化学性质稳定，无腐蚀性，因此特别适用于对热敏性或易氧化的成分（如食品的香气成分、生理活性成分以及酶和蛋白质等）的提取和提纯。

工业上超临界流体萃取的优点主要在于：

(1) 过程易于控制。超临界流体的密度和溶质的溶解性，可通过调控压力或温度来改变，易于做到。

(2) 有利于环境保护。由于大部分的操作使用无毒的萃取剂，如二氧化碳、乙醇和水等介质，而不是有机溶剂，溶剂回收简单且不易燃烧。

(3) 对热敏性成分而言，处理过程较温和。

(4) 产品中没有或很少有溶剂残留，符合卫生法规的要求。

(5) 芳香性物质得以较好的选择性萃取及分馏分离。

表 3-2 是超临界流体萃取与液液萃取两种分离技术的归纳性比较。

表 3-2　超临界流体萃取与液液萃取的比较（刘茉娥等，1993；陆九芳等，1994）

比较项	超临界流体萃取	液液萃取
操作原理	利用压力或温度的变化，改变超临界流体密度，对目标成分进行溶出和析出分离	在分离混合物中加入溶剂后成为两个液相，利用组分在液相中的分配系数差异进行分离
影响萃取能力的因素	主要取决于流体密度，温度选定后，通过调节压力来调控溶解度	取决于温度与溶剂的性质，压力影响不大
操作条件	一般在高压下操作，适用于热敏性物质的分离	常压低温或常温下操作
分离介质的再生分离	萃取相中溶质与介质的分离，可采用简单的等温变压或等压变温的方法	溶质与介质的分离及回收通常采用精馏等方法，不适于热敏性物质，且能耗大
分离介质的传递性质	兼具气体和液体的性质，流体黏度比液体小，扩散系数比液体大，有利于传递分离	液相黏度高时，扩散系数小，对传递分离不利
萃取能力	萃取相是超临界流体，多数情况下，目标成分在其中的溶解性比在液相中的小	萃取相是液体，目标成分在单位体积介质中的含量比超临界流体的大

超临界流体萃取技术的缺点主要在于：

(1) 对压力要求较高；

(2) 介质的压缩对循环和回收方法的要求较高，主要是出于节约能源的考虑；

(3) 超临界流体萃取技术属高压技术，需相应的高压设备，在安全性方面要求较高并且一次性的设备投资成本较高。

3.1.3　超临界流体萃取的工艺流程

超临界流体的选择：在应用于工业上超临界流体萃取的超临界流体，应该达到如下要求：

(1) 对待分离的组分有良好的溶解性能。溶解性与介质及组分的极性有较大关系。介质的极性也可以通过夹带剂的添加进行调整。

(2) 要求介质具备良好的选择性。介质对目标成分的选择性与其溶解性有较大关系，因此提高超临界介质选择性的主要原则是介质的化学性质与待萃取成分的极性和化学性质应尽可能相似。

(3) 超临界流体应该化学性质稳定，无毒性无腐蚀性，不易燃不易爆。

(4) 超临界流体的操作温度应接近于常温，并使操作温度低于待分离成分的分解温度。以降低压缩机的动力消耗，节约能源，有利环保和保护目标成分。

(5) 来源方便，价格便宜。

常用的超临界流体有 CO_2、SO_2、C_2H_6、C_2H_4、C_3H_8、C_4H_{10}、C_5H_{12}、氟利昂 13 等。这些萃取剂中以 CO_2 最为常用，对食品工业上的分离尤为重要。这是因为：

(1) CO_2 的临界温度为 31.4℃，操作接近于常温。对热敏性的食品原料的破坏性作用较小，不会影响食品的风味，对食品中待分离的热敏成分（如香气成分、生理活性物质、酶及蛋白质等）的破坏作用较小。

(2) CO_2 的临界压力为 72.9atm①，工业操作上比较容易达到。

(3) CO_2 的化学性质稳定，不燃烧，不爆炸，无腐蚀性。

(4) CO_2 无色、无臭、无毒，对于食品和医药等行业无残留污染之虑。

(5) CO_2 具有防氧化和抑制好氧性微生物活动的作用，因此对食品物料在分离过程中也具有一定的保护作用。

(6) 较纯的 CO_2 容易得到，来源方便，回收简单，价格便宜。

其他的许多有机溶剂通常是易爆的，如果用这些有机溶剂作为萃取介质，需要有防爆装置，这使超临界萃取的投资成本更高。有机溶剂主要是在石油化工中使用。由于密度高，氯-氟烃类物质是较好的超临界流体，但是工业使用氯-氟烃类物质是受限的，因为它们会破坏臭氧层。

超临界萃取的分离流程：超临界流体萃取的物料可以是液体状态也可以是固

---

① 1atm＝1.01325×10^5Pa。

体状态。液体物料的超临界萃取,与高压下的液液萃取类似,如在水溶液中增加乙醇的浓度、去除啤酒中的乙醇等操作就属于此类。

工业上更多的是对固体物料的超临界流体萃取,如从咖啡豆中去除咖啡因、聚合物的分离、从玫瑰花瓣中萃取香气成分等。

超临界流体的产生通常是通过对流体介质的绝热压缩获得。绝热压缩机作用于流体介质时,由于与外界不产生热交换,产生的热量用于提高流体的温度。如果经过绝热压缩机作用后,流体介质的温度达不到要求(过低或过高),可与外接热交换器进行温度的调整,如图 3-6 所示。经过调整温度和压力,处于超临界状态的介质具备了较强溶解力,经过管道的引导进入设备的萃取罐中。在萃取罐中与事先放置好的物料充分接触,将所需组分从物料中萃取出来,这是萃取阶段。经过相应时间的萃取后,目标成分大部分都已经溶解于介质中。溶解了目标成分的介质,经过阀门和管道的引导,进入分离罐中,这是分离阶段。在分离阶段,通过压力或温度的调整,超临界流体的密度急剧变小,对其中已萃取出来的组分溶解度也急剧下降,使之析出而实现分离。流体恢复到气态返回储罐或再行压缩进入下一个萃取阶段。根据过程中对超临界流体密度调控的方法不同,可分为等温变压流程、等压变温流程以及吸附流程三个基本流程,如图 3-7 所示。

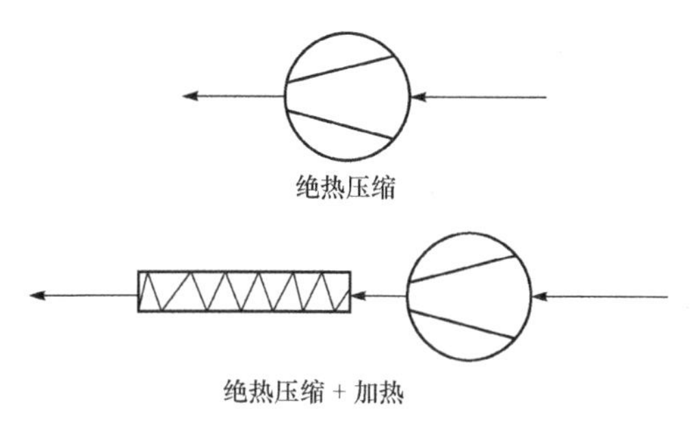

图 3-6　介质的绝热压缩两种方式

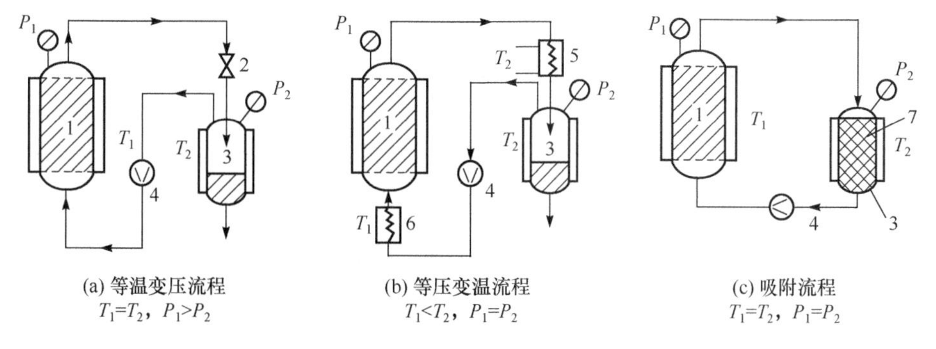

图 3-7　超临界流体萃取的三种典型流程(陆九芳等,1994;刘茉娥等,1993)

1. 萃取槽;2. 膨胀阀;3. 分离槽;4. 压缩机;5. 加热器;6. 冷却器;7. 吸收剂(吸附剂)

等温变压流程:此种流程在温度保持基本不变的条件下,调整压力的变化引起介质密度的变化,实现组分被介质溶解和析出的过程而被分离,过程见图 3-7(a)。介质(CO_2)经压缩升温达到最大溶解能力的状态(即超临界状态)后被加入萃取罐

(槽)中与物料接触进行萃取。萃取了溶质的超临界流体通过膨胀阀后压力下降,介质的密度也下降,导致其中溶质的溶解度跟着下降。溶质于是析出并在罐(槽)底部通过收集取出。释放了溶质后的流体经压缩机加压和温度调整后再送回萃取罐中进入下一个萃取循环过程。因为便于操作,此种方法是超临界流体萃取中应用得最多的一种,过程中只需补充适量的流体就可以不断循环。由于过程中的压力变化不大,所以需要的能耗补充也不大。

等压变温流程:在等压变温法流程中,超临界流体的压力基本上保持不变,通过调整温度,引起超临界流体密度变化,从而引起溶质溶解度的变化,实现组分被介质溶解和析出的过程而被分离,过程见图 3-7(b)。降温升压后的介质,处于超临界状态,被送入萃取罐中与物料接触进行提取。萃取了溶质的介质经热量交换器调整温度,使得介质由超临界状态密度下降,回到气态,由于溶解度下降,在分离罐中析出溶质。作为萃取剂的气体介质经冷却器等降温和升压处理后被送回萃取罐中进入下一个萃取循环过程。

吸附流程:如图 3-7(c)所示,此种流程是将萃取了溶质的超临界流体,在另一个罐(吸附分离器)中与一种吸附剂(如活性炭)充分接触,由于介质和组分在吸附剂上的吸附系数有很大的差别,吸附剂基本上只吸附溶质而不吸附介质,同时由于压力的下降,介质回复到气态不被吸附,经压缩后可循环使用。吸附了溶质的吸附剂,通过适当的解吸,即可得到所需要的产物。

强化超临界流体萃取效率的技术手段:

(1) 夹带剂的使用。在使用单一流体作为介质时,由于流体的极性与目标成分的极性之间存在差异,流体对目标成分的溶解度或选择性往往达不到理想。此时可选用与被分离组分亲和力强的组分,加入超临界流体形成一种混合介质,改善其极性及与目标成分的相容性,提高对目标成分的选择性和溶解度,这类物质被称为夹带剂,或称为辅助溶剂,通常以乙醇最常用。加入乙醇目的在于改善流体的极性。极性夹带剂可明显增加极性溶质的溶解度,但对非极性溶质不起作用。如果需要提高溶剂介质的非极性,当然也可以加入非极性的夹带剂以提高对非极性目标成分的分离效果。明显的例子是将丙烷作为夹带剂添加到 CO_2 超临界流体中,可以明显提高萘的溶解度,5%的添加量比 2%的添加量效果显著(陆九芳等,1994)。

(2) 超声波辅助超临界流体萃取。将超声波破碎技术与超临界萃取相结合,是一种新型的集成分离技术,可以明显地强化传质,提高分离效果。如图 3-8 所示,将超声波探头内装于设备的萃取罐中,连线外接超声波发生器,这样可以对物料进行同步处理或预处理。在这种技术中,将超临界流体分离与超声波技术匹配集成,形成一个密闭紧凑的组合型反应器,超声波场所具有的起泡效果、气穴现象、加压等场效应,可有效地提高分离效果。

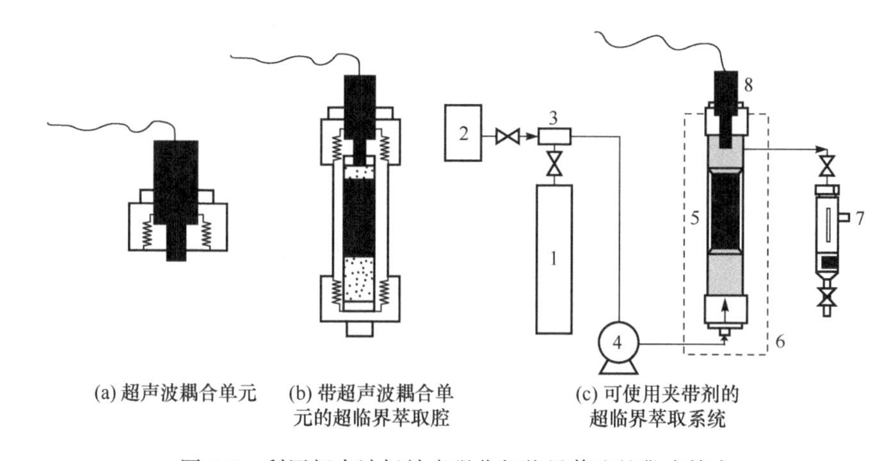

图 3-8　利用超声波场效应强化超临界萃取的集成技术

1. 溶剂罐;2. 夹带剂罐;3. 三向阀;4. 泵;5. 萃取罐;6. 温度控制室;7. 产品收集器;8. 超声波探头

3.1.4　超临界流体萃取技术在食品工业中的应用

1. 植物油的提取

植物油的提取常规的方法是压榨法。压榨法最大的不足是压榨后的蛋白质已经变性,不好利用。溶剂萃取法具有得率高和蛋白质变性少的优点,但是产品中的溶剂残留较难控制,并且萃取的纯度也不是很理想,如采用已烷萃取时,磷脂质残留量较高。

采用超临界 CO_2 流体萃取大豆油时,磷脂质的残留可降至 100mg/L,提取后的大豆蛋白质不变性,在食品、饲料工业上可以进行多种利用。以 CO_2 流体介质进行的萃取,萃取压力在 7.4MPa 左右,萃取温度 18℃,时间 300min,分离温度 80℃,出油率 19.29%。同样,也可以利用乙烷或丙烷作为超临界流体介质进行萃取,温度、压力和时间等参数都有所不同。将含有目的物的原料投入抽出釜,CO_2 经热交换器调温、压缩机加压后输入萃取釜中进行萃取;溶出了油的超临界态 CO_2 混合物转入分离釜,压缩机减压使 CO_2 和油分离,CO_2 回收使用。从大豆油的 CO_2 超临界流体萃取实验中还发现原料大豆破碎的粒度以 0.38～0.5mm 的效果较好。

2. 咖啡豆和茶叶中咖啡因的提取

咖啡因在医药上具有利尿和强心的作用,同时一些国家和地区的消费者喜欢饮用无咖啡因的咖啡和茶饮料。因此,从咖啡豆和茶叶中去除咖啡因是一举两得的事。利用 CO_2 作为萃取剂对咖啡豆进行超临界萃取。CO_2 是一种理想的萃取剂，其选择性极好，不会造成芳香性成分的损失，因此不影响咖啡豆的风味。CO_2 也不残留于咖啡豆中。超临界 CO_2 萃取咖啡因的流程如下：

(1) 水洗流程。如图 3-9(a)所示，将粉碎后的咖啡豆置于萃取罐中，或与适当比例的石英砂混合，通入处于超临界状态的 CO_2，操作压力为 160～200atm，温度为 70～90℃，密度为 0.4～0.6g/cm^3。CO_2 将咖啡因萃取出来后，从底部进入水洗塔，水蒸气则从塔的上部进入，与 CO_2 接触。水洗脱过程使咖啡因转入水相，水相中的咖啡因先经过脱气然后用蒸馏法分离，获得咖啡因产品。过程中产生的 CO_2 和水蒸气都可以循环使用。

(2) 吸附流程。如图 3-9(b)所示，在此流程中，萃取了咖啡因的 CO_2 经过活性炭柱，其中的咖啡因被活性炭吸附而与 CO_2 分离，经解吸后即得到咖啡因，而 CO_2 则回到萃取器中循环利用。更为简单的吸附流程则是直接将咖啡豆与活性炭放在同一容器中。活性炭颗粒大小使它能够填在咖啡豆颗粒之间的空隙中，1kg 活性炭处理 3kg 的咖啡豆。CO_2 的压力为 22MPa，温度为 90℃。咖啡因首先溶入超临界状态的 CO_2 中，然后被活性炭吸附而实现分离。

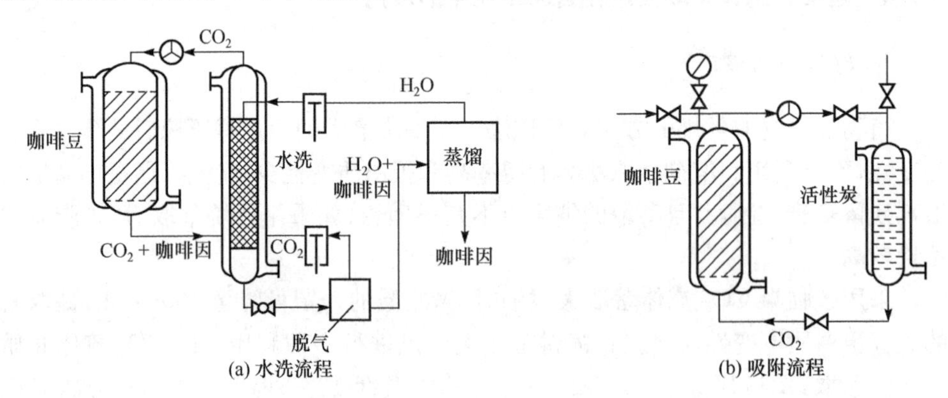

图 3-9　超临界 CO_2 萃取咖啡豆或茶叶中的咖啡因工艺(刘茉娥等，1993；陆九芳等，1994)

3. 啤酒花有效成分的提取

作为啤酒酿造的重要原料之一，啤酒花在啤酒酿造中起着重要作用。啤酒花的有效成分是葎草酮，它是啤酒特殊苦味的来源，同时具有防腐和维持泡沫的作用。酿造啤酒时添加的是啤酒花干，由于啤酒花干体积大，运输不便，且不耐储藏，因此用啤酒花有效成分代替啤酒花干是一种有效方法。用正己烷等有机溶剂进行液液萃取啤酒花的有效成分时，残留的有机溶剂除具有毒性外，还会影响啤酒的风味和品质。采用超临界 CO_2 萃取技术，可以解决上述问题并具有如下优点：

(1) 不会破坏有效成分，可保持原有的风味；

(2) 啤酒花的有效成分葎草酮的提取率达99%，软树脂的提取率达96.5%；
(3) 萃取物中不含三氯甲烷之类的有机溶剂；
(4) 农药中的有机氯等残留成分不进入萃取产品。

4. 处理食品原料

研究表明，用于做酒的米面原料，如果将各种米面用超临界 CO_2 流体进行脱脂，能除去30%左右的粗脂质，酿出的米酒色度降低，乙酸异戊酯和异戊醇的含量提高，因此酒的色泽和香味等品质都有明显的提高，而与质量成反比关系的紫外吸收值则下降。

5. 植物中精油成分的提取

植物精油是混合物，由多种化合物构成，主要成分是萜类化合物、脂肪族化合物和芳香族化合物。不同植物所含精油成分不同，同一植物不同部位所含精油的组分也不相同。例如，樟科桂属植物的叶中主要含丁香酚，树皮精油中含桂皮醛较多，而根与茎内中含樟脑较多。对红茶精油的分离分析鉴定出650多种成分，主要是脂肪族、芳香族及萜类化合物，其中萜类物质不但香型好，且沸点较高，是茶香的重要组成部分。在对玫瑰精油组成的研究中发现，其组分达300多种，主要由萜类、烯烃物质和烷烃类及其他氧合化合物组成。另外，玫瑰呋喃、玫瑰醚、橙花醚、β-突厥烯酮、β-突厥酮、β-紫罗兰酮等均对玫瑰精油的香味都有突出贡献。得到的精油在化妆品工业、食品工业都有重要的应用意义。有报道称，可以利用超临界技术从茶花、芹菜籽、生姜、芫荽籽、茴香、砂仁、八角、孜然等植物原料中提取精油。利用超临界 CO_2 萃取茶树花浸膏的最优工艺为压力35MPa，温度48℃，乙醇夹带剂添加量43%(质量分数)，在此工艺下得率为2.785%。

3.1.5　亚临界流体萃取技术

亚临界流体萃取技术原理与超临界萃取技术相似，通过亚临界流体溶解能力与密度的关系，利用压力与温度的变化引起介质溶解能力的改变，从而使溶剂与目的产物分离。但是亚临界技术所采用的参数比超临界萃取技术低，在工业应用上易于实现，部分可达到超临界萃取的效果。其优点主要是工作压力相对低，流程简单，对高压设备的要求没有那么苛刻，从而降低了设备投资，提高了安全性，条件相对更加温和，实际操作上可避免料层短路和黏结现象。但是亚临界萃取技术也存在一些缺点，如亚临界水萃取需要在高温下进行，对热敏性物质存在一定破坏作用，被提取物在此温度下需进行稳定性的预实验。

亚临界萃取技术通常以水作为介质。研究表明，临界流体物理、化学特性的改变，主要与流体微观结构的氢键、离子水合、簇状结构的变化有关。随着温度的增加，接近于临界点的水的氢键被打开或减弱。水的一些性质也会产生显著变化。水在250℃附近介电常数较低(为27)，介于常温常压下乙醇的24和甲醇的33之间，这表明亚临界水对中极性和非极性有机物的溶解能力提高。通过对亚临界水温度和压力的控制可以改变水的极性、表面张力和黏度，以及大大提高有机物的溶解能力，从而能够对非极性成分进行萃取分离。

亚临界水萃取装置的系统如图3-10所示。类似于超临界流体萃取装置，包括两个注射泵、一个加热器以及若干个截流阀。相比于超临界CO_2萃取装置，亚临界水萃取装置更方便，因为更易于处理湿物料，同时水较CO_2易于操作，CO_2需要制冷液化。

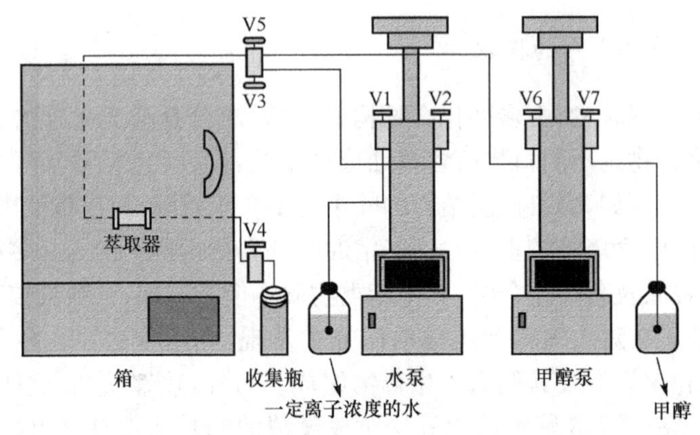

图3-10　亚临界水萃取体系简图

V:阀

亚临界萃取技术的应用如下：

(1) 挥发油提取中的应用。亚临界水萃取技术用于中药挥发油的研究在近几年得到了快速的发展，是一种非常有前景的分离提取纯化技术。用于茴香精油的提取，相比于水蒸气蒸馏法、液液分离法、溶剂法，速率快、得率高、清洁、易于操作。张文焕等(2009)利用亚临界CO_2萃取小球藻中活性成分，并采用分子蒸馏联用技术对萃取物进一步纯化，以获得浓度更高的叶黄素。对超临界CO_2萃取与亚临界CO_2萃取之间作了进一步的比较，通过单因素的比较分析，在小球藻精油得率上，超临界CO_2萃取具有明显的优势，而在叶黄素的纯度上，亚临界CO_2萃取相比具有明显的优势。

(2) 在肉品分析分离检测中的应用。影响肉品安全的原因主要有兽药残留、微生物污染物、有毒有害微量元素以及亚硝酸盐超标等，而我国现行的样品预处理方法由于操作复杂，无法满足现场快速检测的需要，亚临界水萃取作为一种新的样品预处理技术具有设备简单、萃取时间短、试剂用量小、无二次污染等特点，近年来已有采用亚临界水检测肉制品中农药残留和亚硝酸盐的报道。

3.2 双水相萃取技术

液液萃取是传统的分离操作，由多相溶剂及水组成，利用各溶剂的分相和目标成分的分配系数差异而进行的分离。无论是以有多种机溶剂还是以有机溶剂与水的混合作为媒介，这样的萃取只适用于小分子的分离，对于有活性的组分，如酶及一些蛋白质等会造成失活。因此，适用于蛋白质组分分离的萃取技术并不多。一些萃取技术，依据蛋白质在溶解度、带电性和相对分子质量方面的差别，通过改变环境来改变蛋白质亲水基团与溶剂(水)之间的相互作用，虽然可以进行分离，但是大多数情况下，由于 pH 的较大变化，温度或剪切力的作用，以及暴露于空气与水界面，暴露于有机溶剂下都会引起蛋白质不可逆的肽链解构而失活，所以不可取。然而，在以水为溶剂的多相之间的萃取，由于具有亲水环境，不同相中的聚合物就可以为不同的蛋白质等具有活性的生物大分子提供一种有效的萃取方法。这就是多(双)水相萃取技术。

3.2.1 双水相萃取的概念及原理

在双水相萃取中，萃取生物产品时所使用的设备与其他的萃取方法没有本质的不同。但是在双水相或多水相系统的分离中，有一些影响到分离效果的特别之处。

把两种或两种以上具有一定浓度的亲水性聚合物溶液混合后静置，这些亲水性的高分子聚合物会从开始的混合状态转而分成多个液相。这种分相，明显时可以用肉眼观察到，也可以通过仪器对密度或散光度等参数的测定来确定。由于是以水作为溶剂，形成两个相体系就称为双水相，如果由两个以上的相形成，就称为多水相。利用双(多)水相的成相现象及待分离组分在相间分配系数的差异进行组分分离的技术就称为双(多)水相萃取技术。

双水相萃取与一般的水-有机物萃取的原理相似，都是以组分在两相间的选择性分配为依据，主要的区别在于双(多)水相的成相过程原理不同。在形成的多水相体系中，混合物各组分进入双(多)水相体系后，由于分子间的范德华力、疏水作用、分子间的氢键、分子与分子之间电荷的作用，导致不同组分在上、下相中的浓度不同，从而达到分离的目的。目标成分在双水(多)相体系中的分配服从 Nernst 定律：

$$K=C_t/C_b$$

其中，C_t、C_b 分别代表待分离组分在上、下相中的浓度。系统固定时，分配系数 K 为一常数，与溶质的浓度无关。混合物中的不同组分在每一相中都因为分配系数的差异使得每一相都含有一种主要的溶质，通过多次的反复操作，不同成分便得以分离。

亲水性大分子溶液的分相现象主要是由于大分子之间的不相容性。聚合物的不相容性最初是由 Beijerinek 通过把“明胶溶液＋琼脂溶液”与“明胶溶液＋可溶性淀粉溶液”相混合时发现的。把多种不相容的聚合物溶液混合在一起，可以得到多相的水溶液系体，甚至可达到 18 个相。在多相体系中，溶剂大部分为水。一般情况下是一种聚合物在某一相，而另一种聚合物则在另一相。对于蛋白质的分离来说，最有实用意义的是聚乙二醇与葡聚糖或盐所组成的双水相系统。这些系统中水的含量在 90 %以上，分成两相用于分离时，每一相都含有其中最主要的组分。聚乙二醇通常是低密度的一相（上相），蛋白质在这样的萃取体系中一般不会出现明显的失活。处理发酵液时，各种组分（蛋白质、细胞、细胞碎片等）会显著差异地分配于不同的相中而得到分离。

聚合物间的不相容性主要是由于聚合物分子间的空间阻碍作用，使互相之间无法渗透而分离成多相。当两种聚合物溶液的浓度太低时无分相现象，这是对空间阻碍作用的最好解释。但是当某些聚合物溶液与某些无机盐溶液混合时，只要其浓度达到一定值，也会形成双水相体系，即聚合物/盐双水相体系。特殊的例子是当聚合物都是两性电解质时，由于在水溶液中的解离作用，聚合物都带有电性，如果带相同的电性，聚合物离子之间相斥，不会互相聚合；如果带异电，则容易产生互相间的聚合。所以将溶液的酸碱度调至一定的 pH，使一种聚合物带正电，而另一种聚合物带负电，由于这两种聚合物的正负电相吸而会聚合到同一相中。例如，把水溶性的电解质明胶和阿拉伯胶溶于水中，在 pH＞4.8 的情况下，溶液中两性电解质明胶带负电，阿拉伯胶不是两性电解质，但是带负电，所以两者不会聚合；当在 pH＜4.8 的体系内，明胶会带正电，阿拉伯胶仍然带负电，此时就会由于正负电性的互相吸引而聚集在一个相中。

根据需要和分离效果，双水相体系可由不同的溶质组成。常见的双（多）水相体系有几类，包括：

（1）聚合物-聚合物-水类型，如聚丙烯乙二醇-甲氧基聚乙二醇、聚乙二醇-聚乙烯醇、聚乙二醇-葡聚糖聚乙烯吡咯烷酮-甲基纤维素；

（2）聚合物-低分子组分-水类型，如聚丙烯乙二醇-磷酸钾、甲氧基聚乙二醇-磷酸钾、聚乙二醇-磷酸钾、聚丙烯乙二醇-葡萄糖；

（3）高分子电解质-高分子电解质-水类型，如硫酸葡聚糖钠盐-羧基甲基纤维素钠盐、硫酸葡聚糖钠盐-羧基甲基葡聚糖钠盐；

（4）高分子电解质-聚合物-水类型，如硫酸盐葡聚糖钠盐-聚丙烯乙二醇、羧基甲基葡聚糖钠盐-甲基纤维素。

不同的双水相体系,其成相条件是不同的。影响成相的主要因素是聚合物的浓度,还有溶液中聚合物之间的浓度差。因为聚合物的分子聚合度直接与其浓度相关,决定着各个相之间的体积比,相的体积比也就影响到分离效果。通过成相实验,以相图的形式把成相与成相组分之间的浓度及浓度差的相互关系定量性地描述。在相图中,把聚合物间能够成相与不成相的浓度区分成区域,这样就可以方便地找出容易成相的聚合物浓度及需要的最低浓度差,如图3-11所示。图中,当体系的组成及浓度处于TB曲线的上方时,体系容易分相。上相(轻相)的组成用T表示,下相(重相)的组成用B点表示。曲线TB曲线称为结线(系线)。曲线上部分的浓度组合能够成相,曲线下部分由于浓度或浓度差太小的原因,不能满足成相条件,较难成相。

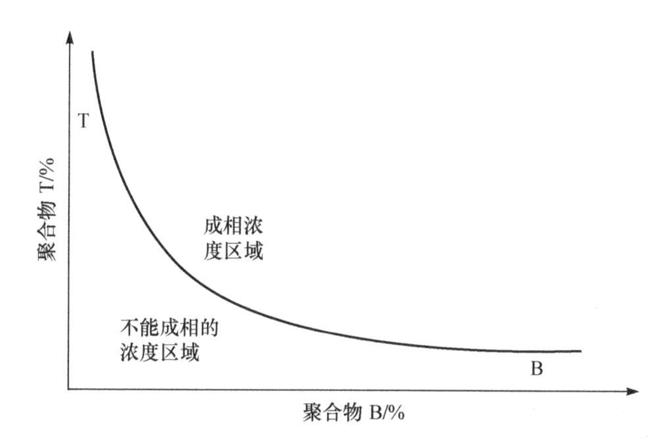

图3-11　聚合物T和聚合物B的相图

成相浓度有时还直接影响到分离的机理和效果。例如,当成相溶液的浓度接近于临界点时,可溶性组分(如蛋白质等)会均匀地分配于两相之中;当该浓度远离临界点时,蛋白质则趋向于一侧分配。当聚合物浓度增加时,细胞器、细胞碎片等颗粒组分通常更趋向相界面分配。

3.2.2　生物质在双水相体系中的分配

双水相体系主要用于生物质的分离。在这种分离过程中,分离的对象包括可溶性组分(如蛋白质或核酸)和一些悬浮的微粒(如细胞器、整个细胞、细胞碎片等等)。因此,发酵液经过对细胞处理,释放其中的内含物后,以双水相进行萃取是比较适用的分离技术。通常组成双水相的主要成分是聚乙二醇、葡聚糖以及盐等基本成分。有些情况下,聚乙二醇同时还是一些蛋白质的沉淀剂,尤其是使用量较大、浓度较高的情况下,因此需对其浓度加以小心以防引起蛋白质沉淀。相对分子质量较小的聚乙二醇，使用的浓度可以相应地提高，有利于提高蛋白质在聚乙二醇相中的分配系数。在这样的多水相中，聚乙二醇是低密度的一相（上相）。另外，由于葡聚糖成本较高，大规模的工业化应用于双水相分离还必须考虑成本，一般情况下会使用比较便宜的葡聚糖粗制品代替葡聚糖精制品，也会得到理想效果，但是可能会改变待分离组分的分离系数，这些都需要通过实验探索。

分离蛋白质时，蛋白质在双水相中分配系数的大小取决于双水相中聚合物的类型、相对分子质量和离子强度。通常使用的是葡聚糖和聚乙二醇组成的双水相。在此双水相中，由于分配系数的关系，蛋白质通常是优先进入葡聚糖相。但是在较高盐浓度的情况下，则有利于蛋白质溶入聚乙二醇相。采用相对分子质量较高的葡聚糖，也能促进蛋白质分配到聚乙二醇相。所以蛋白质的具体分配系数，一般要通过经验获得。对于细胞及细胞碎片等不溶物的分离，大多数情况下细胞、细胞碎片和细胞器会优先溶入双水相中密度大的一相（下相），而蛋白质则留在低密度的聚乙二醇相（上相）。在萃取中，离子强度、聚合物类型、相对分子质量以及细胞和细胞器的特性都会影响到分离效果。

关于影响生物质在双水相体系中分配的机理，还有如下的主要解释：界面张力，在液体中一个微小的粒子由于热运动而随机分布，但是界面张力的影响却使它呈不均匀分布，并聚集在双水相体系中具有较低能量的一相；电位差作用，由于道南平衡，使得大分子之间的离子成分分布不均一；不同组分间的溶解度差异及相容性。表3-3是几种微生物发酵时一些产物酶在不同双水相中的分配系数。

表 3-3 不同酶类在不同双水相中的分配系数（Shaeiwitz et al.，2002）

发酵的微生物	产物酶	双水相系统	分配系数 K_{enzyme}①
大肠杆菌（*Escherichia coli*）	异亮氨酰 tRNA 合成酶	PEG6000-磷酸钾	3.6
	苯基丙氨酰 tRNA 合成酶	PEG6000-磷酸钾	1.7
	延胡索酸酶	PEG1550-磷酸钾	3.2
	天(门)冬氨酸酶	PEG1550-磷酸钾	5.7
卡氏酵母（*Saccharomyces carlsbergensis*）	α-葡萄糖苷酶	PEG4000-右旋糖酐-Triton-500	1.5
麦酒酵母（*Sacharomyces cerevisiae*）	α-葡萄糖苷酶	PEG4000-右旋糖酐-Triton-500	2.5
	葡萄糖 6-磷酸盐脱氢酶	PEG1000-磷酸钾	4.1
假丝酵母（*Candida boidinii*）	过氧化氢酶	PEG4000-右旋糖酐粗制品	2.95
	甲酸盐脱氢酶	PEG4000-右旋糖酐粗制品	7.0
		PEG1000-磷酸钾	4.9

① 分配系数 K_{enzyme} 定义为酶在低密度相（上相）的浓度除以高密度相（下相）的浓度。

3.2.3　双水相萃取的特点及影响分离效果的主要因素

1. 双水相萃取的特点

双水相萃取技术的应用，主要有如下特点：

(1) 在双水相体系中以水作为溶剂，水的含量为70%～90%，避免了生物大分子与有机溶剂的接触，有利于其活性的保持。双水相体系中的聚合物多为聚乙二醇、葡聚糖等大分子，这些成分对大多数酶、蛋白质和细胞等生物大分子都不具有毒害性。

(2) 结合离子强度和pH的调节手段，可以更有效地改变生物大分子在双水相体系中的分配系数，从而获得对蛋白质、病毒、生长激素、干扰素等更有效的分离。

(3) 双水相萃取分相时间短，在聚合物/无机盐体系中的自然分相时间一般为5～15min，对于聚合物/聚合物体系中的自然分相时间一般为5～60min。

(4) 双水相萃取易于连续操作和工程放大，可直接线性放大数千倍甚至上万倍，有利于工业应用。

(5) 双水相萃取处理容量大，能耗低，主要的成本在聚合物的消耗使用上，但是可以通过聚合物的循环使用降低生产成本。

2. 影响双水相分离效果的主要因素

影响组分在双水相系统中分配的因素，也就是影响着分离效果的因素。影响组分在双水相体系中分配的因素主要包括体系的聚合物浓度及相对分子质量、无机盐(包括离子类型、浓度、电荷数、电解质强度、酸碱性等)、上下相的体积比、待分离组分的性质(如相对分子质量、等电点)，以及体系的温度、pH等。其中主要的聚合物浓度及相对分子质量、成相溶液浓度的影响在3.2.1节和3.2.2节中已有讨论。下面讨论其他一些因素的影响。

(1) pH的影响。pH影响组分在双水相中的分配行为比较复杂，主要是因为pH的变化能够影响蛋白质中可解离基团的离解度，从而使得蛋白质表面所带电荷量发生改变，再影响其分配行为。例如，支链淀粉酶在PEG(聚乙二醇/DEX(葡聚糖))体系中，如果缓冲液为磷酸盐，则随着pH的增大，支链淀粉酶的分配系数也会提高；而在Tris(三羟基甲基氨基甲烷)缓冲液系统中，其分配系数则不受pH的影响。在酶及蛋白质的等电点处，还会导致其沉淀。

(2) 无机盐的影响。在不同的双水相体系中，无机盐的影响也有不同效应。在PEG/DEX体系中，加入无机盐，对蛋白质、酶和核酸等两性电解质组分的分配行为会产生较大影响。由于盐溶和盐析的效应，适当的盐类可促进带相反电荷蛋白质组分的分离，随着盐浓度的提高，这种作用逐渐减小，蛋白质偏向于分配在上相，分配系数随着盐浓度的提高而提高。在PEG/无机盐系统中，盐浓度的增加会使下相体积增大，也会导致细胞碎片偏向于分配到PEG相。不同荷电性的盐类对蛋白质的分配系数的影响也显著不同。一些实验表明，对于带负电性的蛋白质，其分配系数因阳离子的存在按下列顺序降低：$Li^+ < NH_4^+ < Na^+ < Cs^+ < K^+$；而在一价阴离子则按下列顺序降低：$F^- < Cl^- < Br^- < I^-$，对于二价阴离子，如 HPO_4^{2-}、SO_4^{2-} 和柠檬酸，则会增大分配系数。对于带正电性的蛋白质，受盐离子的影响与之正相反。

3.2.4　双水相萃取分离的基本流程及发展

图 3-12 为利用多水相萃取对发酵后的培养液进行生物大分子除杂和提纯的基本流程。当然根据需要，多水相中的组分、浓度、比例以及步骤可以有所不同。多水相萃取过程中，如果能够对成相材料进行回收和循环使用，不仅可以减少污水处理的费用，而且可以节省试剂，降低萃取成本，是一个有利于环境保护的绿色化工方向。对聚乙二醇(PEG)循环使用的最好办法是直接重复利用上一级萃取终了时的 PEG 相。其工艺流程如图 3-13 所示。此流程的特点是利用两个步骤的双水相萃取，进行除杂并获得所需要的组分。第二步完成后的 PEG 可以作为第一步的成相组分重复使用，同时结合超滤(UF)和反渗透(RO)流程，将 PEG 与盐、水分离，PEG 得以浓缩，回到第一步成为成相组分。而 UF 透过的盐溶液则通过反渗透流程将盐与水分离，使盐得以浓缩回收和重复利用，水的排放也容易达到标准。盐的回收还可以通过冷却的方法先使盐结晶析出，再用离心或过滤等方法收集，或者用电渗析的方法回收。

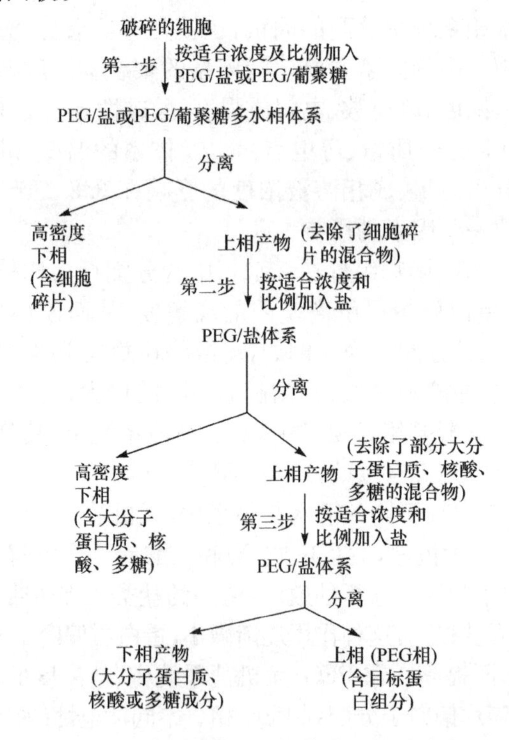

图 3-12　多水相萃取生物大分子的基本流程

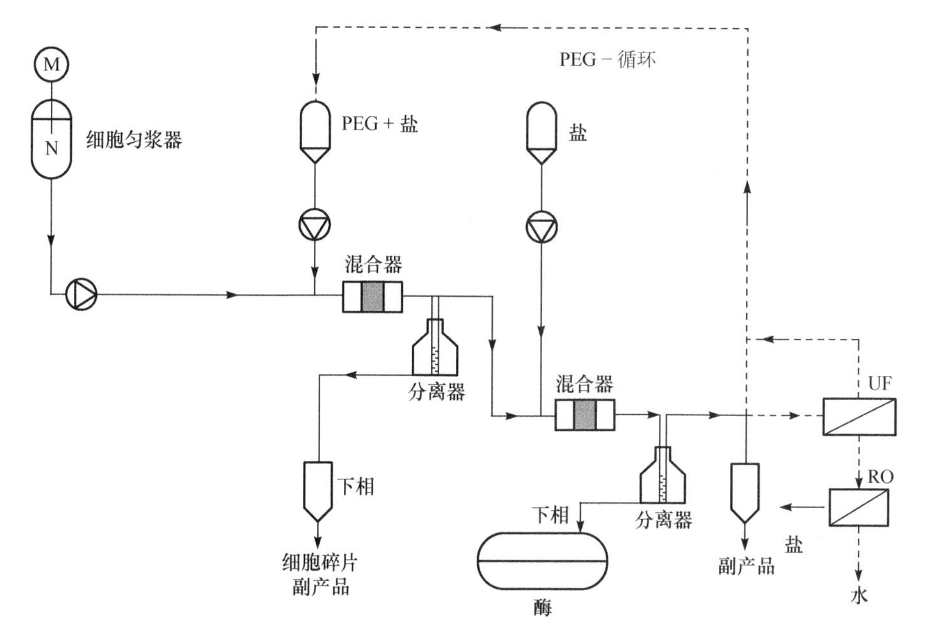

图 3-13　双水相萃取过程中 PEG 和盐的循环利用(高孔荣等,1998)

利用高速珠磨机为设备,将培养液中的细胞破碎并同时进行双水相萃取,这是双水相萃取与细胞破碎过程的结合。整个操作如图 3-14 所示。由于珠磨机内有良好的混合条件,可以将 PEG、无机盐和水进行充分混合,形成较好的双水相分散体系。珠磨机将细胞破碎后,细胞中释放出的产物、细胞碎片及未经破碎的细胞,由于分配系数的差异会被萃取到不同的相中而被富集,经过离心机分相,细胞碎片被富集在下相,释放的胞内产物分配在上相。该过程节省了萃取的设备和时间。

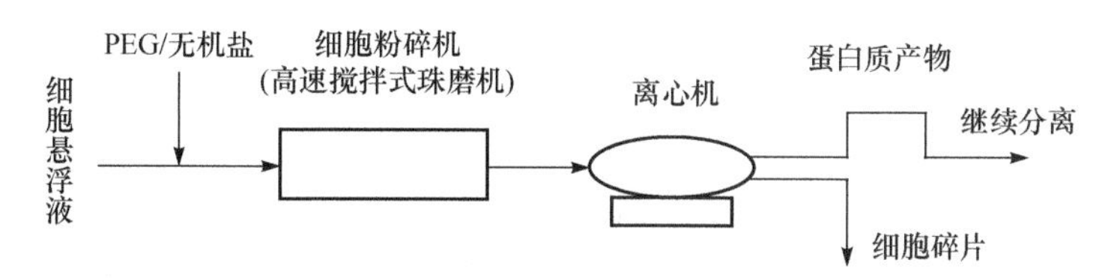

图 3-14　细胞破碎和双水相萃取相结合的流程(高孔荣等,1998)

亲和双水相萃取也是双水相萃取技术的一个发展方向。利用亲和吸附具有专一性强、分离效率高等特点,将亲和络合与双水相萃取相结合,可以显著提高萃取的选择性。首先,需要对成相聚合物进行化学改性和修饰,在成相组分 PEG 或 DEX(葡聚糖)上共价接上亲和配基,这种配基能够专一性地结合待分离的目标组分。例如,离子交换基团、疏水基团、染料配基(以三嗪染料为主)、金属螯合物配基及生物亲和配基等。如此获得的亲和双水相萃取体系,不仅萃取专一性强、分离效率高，而且易于放大。目前利用亲和双水相萃取技术已成功地实现了 α-干扰素、甲酸脱氢酶和乳酸脱氢酶等多种生物制品的大规模提取。在这些技术中，成相组分都必须是聚合物相。盐及其他对酶、蛋白质活性有影响或不利于蛋白质亲和结合的成相组分都不适用。离子交换基团作为配基，既可以与改性的聚乙二醇，也可以与改性的葡聚糖结合成一体，聚合物加入这些基团后，有时会影响到待分离组分的分配系数，尤其是浓度较大的情况下。抗体作为配基进行亲和双水相萃取时，还存在成本较高的问题，目前都使用如三嗪染料和核苷这类亲和配基来代替。

对聚合物改性运用于亲和络合的例子是琼脂糖的改性用于络合 β-半乳糖苷酶。

β-半乳糖苷酶的竞争性抑制剂为对氨基苯-β-D-巯基吡喃半乳糖，图 3-15(a)为将该抑制剂作为配基直接连于琼脂糖上，获得改性后的亲和成相组分。但由于缺少足够的结合空间，亲和力不足而不能用来纯化 β-半乳糖苷酶。在配基抑制剂和载体琼脂糖分子之间引入“手臂”，分别形成溴乙酰氨乙基琼脂糖(图 3-15(b))和琥珀酰化的 3,3-二氨基二丙胺琼脂糖(图 3-15(c))，再连接配基抑制剂，对 β-半乳糖苷酶的亲和力则大大改善。

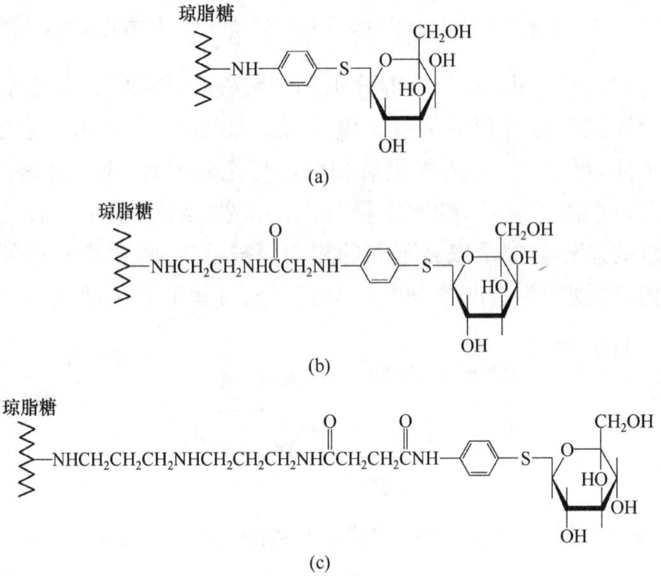

(a)

(b)

(c)

图 3-15　用于亲和结合 β-半乳糖苷酶的改性琼脂糖

双水相萃取与生物转化过程的结合：在一些生物转化过程中，随着产物量的增加，由于产物的抑制效应，会抑制转化过程的继续进行。因此，及时移走产物是生化反应过程中的主要问题之一。设想在生物反应过程中，如果酶催化的生物反应和微生物发酵的过程是在双水相萃取系统中的某一个相中进行，而形成的产物能够分配于另一个相中，则可以避免产物对生物转化过程的抑制效应，又可减轻目标产物与反应物、生物体或酶混于一体难以分离的困难，实现反应与分离的同步进行。实验证明，在双水相萃取系统中进行的生物转化过程，包括酶催化和微生物细胞发酵，其生产能力、收率及分离效率均优于在单一水相中的转化情况。

此外，国内外还开展了微重力双水相萃取、双水相电萃取、温度诱导相分离双水相萃取、高速逆流双水相分配等新技术的研究。随着生物技术与化学技术的发展，双水相萃取技术会有更好的应用，包括开发新的萃取体系以提高分配效率、增加聚合物回收率、降低运作成本等。

3.3 反相微胶团萃取

3.3.1 反相微胶团萃取的概念及原理

蛋白质和酶等生物大分子在大多数的非极性有机溶剂环境下容易变性及失活，因此常规的液液萃取分离技术不适宜使用。与双水相萃取技术一样，反相微胶团萃取也是一种适用于在非极性环境下进行生物活性成分萃取的技术。

通常情况下，在以水或亲水性溶剂为主体的溶液中，加入表面活性剂，经过适当搅拌后形成的胶体或微胶团，表面活性剂把溶液中极性与非极性部分隔开，其中表面活性剂的极性基团(即亲水性部分)朝外，靠向主体溶液水或极性溶液，而非极性基团(即疏水性部分)则靠向微胶团内较小的非极性区域(图3-16(b))。如果在以非极性溶剂为主体的溶液中加入一定浓度的表面活性剂，由于表面活性剂的极性和非极性基团的定向排列，也会形成微胶团结构。但是这种微胶团结构与上述的微胶团结构相反，表面活性剂的非极性基团部分朝外靠向主体的非极性溶剂，而极性基团部分则朝内靠向胶团内的亲水小区域，形成一种与水相微胶团结构相反的微团结构，我们称之为反相微胶团或反向微胶团(图3-17(a))。

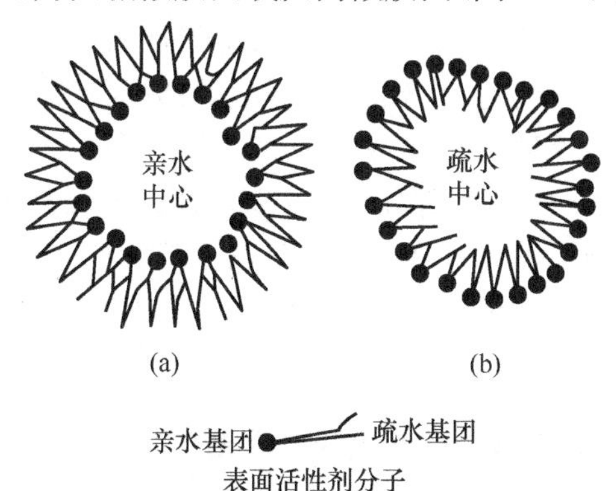

图3-16 表面活性剂分子在亲水溶剂中形成的反相微胶团(a)和在疏水溶剂中形成的正向微胶团(b)

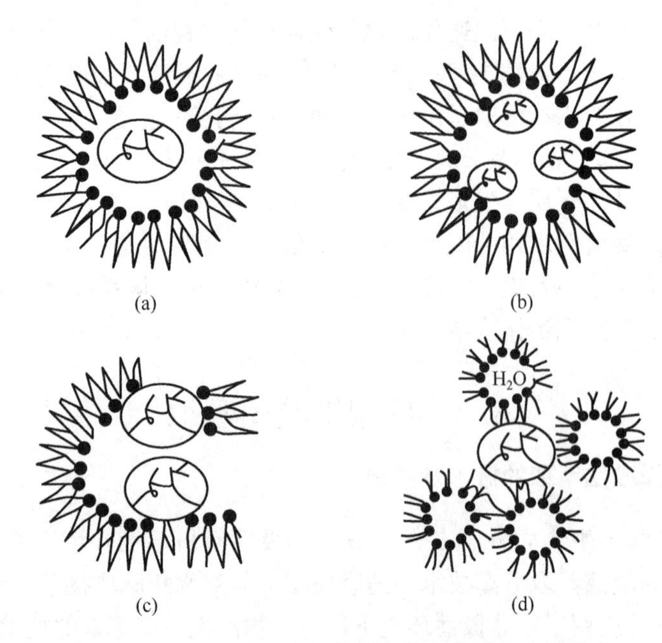

图 3-17　反相微胶团溶解萃取生物大分子的几种形式

在反相微胶团中(图 3-16(a)),表面活性剂的极性基团部分围成一个极性核心或亲水中心。这个亲水中心包括表面活性剂的极性基团的内表面和其中的水分,以及溶解于水中的各种组分等。具有亲水性的生物大分子就可以溶解于其中的水分而被萃取。这种将待分离组分以反相微胶团的形式被萃取的方法,就称为反相微胶团萃取。蛋白质可以被选择性地萃取进入这个反相微胶团的亲水环境中。在亲水中心,蛋白质可以很稳定。反相微胶团亲水中心中的蛋白质及酶等生物大分子可以有不同的方式:第一种方式是在反相微胶团中,由表面活性剂的极性部分围成一个中心,中心为水等极性溶剂占有,生物大分子就溶解于其中,并且在生物大分子周围包膜着一层水膜(壳)(图 3-17(a));第二种方式是生物大分子溶解于亲水中心,并以被吸附的状态附着于胶团的极性内壁上(图 3-17(b));第三种方式是生物大分子的相对分子质量很大,反相微胶团以不完整的形式将多个生物大分子部分地连接(图 3-17(c));第四种方式是生物大分子的非极性部分与多个微胶团的非极性部分连接,由此形成生物大分子溶解于多个微胶团之间的一种状态(图 3-17(d))。上述几种可能的方式,依不同的操作条件而变,其中以图 3-17(a)中所谓的"水膜(壳)模型"最常见(陆九芳等,1994;刘茉娥等,1993)。

3.3.2　影响反相微胶团形成及分离效果的因素

反相微胶团萃取过程中,微胶团的制备与萃取几乎是同步进行的。能够影响到反相微胶团的形成,也同时影响到反相微胶团萃取的效果。反相微胶团的形成、大小及形状,与表面活性剂的种类、浓度以及操作时的温度、压力等有关。

1. 表面活性剂和溶剂的影响

表面活性剂在溶液体系中的浓度必须达到一定值,才能够形成反相微胶团,否则就不容易形成微胶团,这个形成微胶团所必需的最低浓度值,叫做表面活性剂形成微胶团的临界浓度。不同表面活性剂的临界浓度各不相同,随温度、压力和溶剂种类的变化而变化,一般在 0.1～1.0mmol/L 范围内。最常用的表面活性剂为丁二酸二异辛酯磺酸钠,其分子式见图 3-18。丁二酸二异辛酯磺酸钠能溶于有机溶液中,也能溶于水中,并形成微胶团。在所形成的反相微胶团中,水与表面活性剂的物质的量的比较大,可达 60,亲水中心可以溶解较多的生物大分子,从而提高了萃取效率。

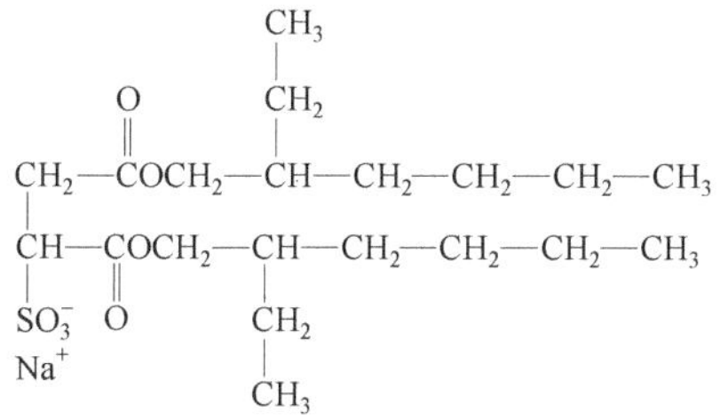

```
                        CH3
                        |
         O              CH2
         ‖              |
CH2—COCH2—CH—CH2—CH2—CH2—CH3
|
CH—COCH2—CH—CH2—CH2—CH2—CH3
|      ‖        |
SO3-   O        CH2
Na+             |
                CH3
```

图 3-18　丁二酸二异辛酯磺酸钠的分子式

2. 水相酸碱度的影响

溶液系统中水相的 pH 主要影响反相微胶团亲水中心的 pH,进而影响到生物大分子与微胶团的结合。主要原因在于影响到生物大分子的荷电性。例如,表面活性剂丁二酸二异辛酯磺酸钠属于阴离子型表面活性剂,其亲水部分带负电荷,形成的反相微胶团内表面(即朝向亲水中心部位)带负电。如果待分离的组分是两性电解质,如蛋白质、酶等,当反相微胶团内水相的 pH 小于生物大分子的等电点(pI)时,有利于生物大分子带正电,这样生物大分子可与微胶团中带负电性的内表面相吸而形成比较稳定的含生物大分子的反相微胶团,萃取过程就比较容易。如果反相微胶团内水相中的 pH 大于生物大分子的等电点,生物大分子带负电,由于同电相斥作用,生物大分子较难与反相微胶团中带负电的基团结合,不利于其转入反相微胶团的亲水中心,导致分离效率下降。

3. 水相中离子强度的影响

反相微胶团中水相离子强度对萃取的影响,可以用盐溶和盐析现象来理解。低离子强度下,酶和蛋白质等生物大分子表面上的荷电性和亲水性得到了改善,溶解度上升,与反相微胶团内表面的结合力增强。当水相中的离子强度增加到一定的程度时,由于抵消了生物大分子表面上的电荷,并且由于离子的水化作用而使得蛋白质分子表面上的水膜消失,减少了与微胶团内表面的结合作用,因此降低了溶解度,分离效率下降。

4. w_0 值大小的影响

w_0 值是指反相微胶团溶液体系中水与表面活性剂物质的量的比，其意义表示反相微胶团中的水分含量：

$$w_0=\frac{[H_2O]}{[表面活性剂]}$$

一定条件下，w_0 值越大，反相微胶团内的水分含量就越多，形成的反相微胶团的半径就越大，能溶解水溶性组分的量就越多，因此 w_0 值的大小能反映出反相微胶团的溶解能力。微胶团内的水分含量不高，对生物大分子的溶解度下降，甚至当 w_0 值过小时，形成的微胶团太小，生物大分子无法进入反相微胶团内，这就必然影响到萃取效率。

5. 待分离组分相对分子质量对萃取的影响

待分离组分的相对分子质量对萃取率的影响，主要与生物大分子是否容易转入反相微胶团中的亲水中心有关。因此，如何使反相胶团变得足够大，使其能包住待分离组分，对提高分离效率具有意义。

6. 阳离子种类对萃取效果的影响

不同的离子类型，对不同组分的分离效果不相同。阳离子种类对萃取效果的影响主要体现在改变反相微胶团内表面的电荷密度上。通常反相微胶团中表面活性剂的极性部分不会是完全电离的，有很大一部分阳离子仍在胶团的内表面上。极性部位的电离程度越大，反相胶团内表面的电荷密度越大，分离就越容易。表面活性剂电离的程度与离子种类有关。

3.3.3 反相微胶团分离方法

反相微胶团的萃取过程相对简单，基本上分为以下三步：

(1) 选择有利于形成油包水型的表面活性剂(HLB 为 3～6) 和适当的溶液系统 w_0 值；

(2) 含生物大分子的反相微胶团的形成；

(3) 反相微胶团的破乳及生物大分子的释放。

在此过程中，根据需要可以设计将目标成分转入反相微胶团的亲水中心，也可以将不需要的杂质转入反相微胶团的亲水中心而实现分离。

第(2)步中含生物大分子的反相微胶团的形成，最常用的具体方法有两种：①对于溶液状态的待处理物料，可以采取相转移法，即将含待分离组分的水相与溶解有表面活性剂的有机相，根据比例混合接触，结合适当的搅拌。一边制备反相微胶团，一边将待分离组分转入反相微胶团中，直到处于萃取平衡状态为止。②对于固体粉末中含有的生物大分子，或水不溶性的生物大分子，可直接采用溶解法分离，即先制备好适当 w_0 值(3～30)的反相微胶团有机相，把含待分离组分的固体粉末加入此种反相微胶团的有机相中，同时搅拌混合，使待分离组分进入反相微胶团内的亲水中心而实现萃取过程。当待分离的生物大分子在萃取过程中进入反相微胶团中并达到平衡后，将混合液送入澄清器中分相，使反相微胶团与外相分离；然后对溶解有待分离组分的反相微胶团破乳以释放其中的组分，破乳的方法有化学破乳和物理破乳等。

应用实例：核糖核酸酶、溶菌酶与细胞色素 c 的分离(陆九芳等，1994)。

核糖核酸酶、溶菌酶、细胞色素 c 三种蛋白质的性质差异在于其等电点和相对分子质量方面的不同，这些性质差异，影响到它们进入反相微胶团的难易，从而实现分离。其中核糖核酸酶的等电点 pI 为 7.8～9.0，相对分子质量为 1.37×10^4；溶菌酶的等电点 pI 为 9.8～10.1，相对分子质量为 1.22×10^4；细胞色素 c 的等电点 pI 为 12，相对分子质量为 1.37×10^4。在 pH=9 的条件下，核糖核酸酶不溶，而其他两种酶可溶，且带正电荷。因此，在 pH=9、[KCl]=0.1mol/L 的条件下，溶菌酶和细胞色素 c 溶液转入反相微胶团的亲水中心中。核糖核酸酶则留在外相(溶液 A 的下相)中而被分离；再将含有溶菌酶和细胞色素 c 的反相微胶团相(溶液 A 的上相)按一定比例与[KCl]=0.5mol/L 的水相混合接触，此条件下细胞色素 c 转入外相(溶液 B 的下相)；最后将含有溶菌酶的反相微胶团相(溶液 B 的上相)在 pH 为 11.5 时，按一定比例与含[KCl]=2.0mol/L 的水溶液混合，可将溶菌酶转入外相(溶液 C 的下相)中，这样就达到了三种蛋白质分离的目的。

参考文献

高孔荣，黄惠华，梁照为. 1998. 食品分离技术. 广州：华南理工大学出版社

高以恒，等. 1989. 膜分离技术基础. 北京：科学出版社

高荫榆，赵强，张彬. 2008. 亚临界水萃取技术应用于中药挥发油提取的研究. 食品科学，29(1)：279-281

蒋维钧. 1992. 新型传质分离技术. 北京：化学工业出版社

刘茉娥，等. 1993. 新型分离技术基础. 杭州：浙江大学出版社

陆九芳，等. 1994. 分离过程化学. 北京：清华大学出版社

王耀，陆晓华. 2006. 亚临界水萃取肉制品中的亚硝酸盐的研究. 食品工业科技，27(16)：178-183

张文焕. 2009. 利用超(亚)临界 CO_2 萃取小球藻中活性成分的研究. 广州：华南理工大学硕士学位论文

Ayalal R S，Castro D L. 2001. Continuous subcritical water extraction as a useful tool for isolation of edible essential oils. Food Chemistry，75：109-113

Grandison A S，Lewis M J. 1996. Separation Processes in the Food and Biotechnology Industries：

Principles and Applications. Cambridge: Woodhead Publishing
Henley S. 1998. Separation Process Principles. New York: John Wiley & Sons
Henley S. 2006. Separation Process Principles. 2nd Edition. New York: John Wiley & Sons
Khajenoori M, Haghighi A A. 2009. Proposed models for subcritical water extraction of essential oils. Chinese Journal of Chemical Engineering, 17(3): 359-365
Rousseau R W. 1987. Handbook of Separation Processes Technology. New York: John Wiley & Sons
Shaeiwitz J A, et al. 2002. Biochemical Separations. Weinheim: Wiley-VCH Verlag GmbH & Co. KGaA
Singh P, Saldana M D A. 2011. Subcritical water extraction of phenolic compounds from potato peel. Food Research International, 44(8): 2452-2458

第4章　微波技术与食品工业

4.1　微波技术的概述

4.1.1　微波的定义及概念

微波是指频率为300MHz～300GHz，波长范围为1m～1mm的电磁波。波长与频率的关系为

$$波长(m)=光速(m/s)/频率(Hz)$$

工业应用中，无线电波的范围为300～3000kHz，短波调频范围为88～108MHz，工业电力的频率为50Hz。作为参考和对比，表4-1列出一些电磁波的波长范围及其应用。

表4-1　各种电磁波的波长及用途

频率	波长/m	名称		特殊应用	一般工业应用
30～300kHz	1000～10000	LF	长波	导航、固定业务	
300～3000kHz	100～1000	MF	中波	导航、广播、固定业务、移动业务	高频感应加热
3～30MHz	10～100	HF	短波	导航、广播、固定业务、移动业务、其他	高频介质加热
30～300MHz	1～10	VHF	米波	导航、电视、调频广播、雷达、电离层散射通信、固定业务、移动业务	
300～3000MHz	10^{-1}～1	UHF	微波(分米波)	导航、电视、雷达、对流层散射通信、固定业务、移动业务、空间通信	微波加热、杀菌、干燥等其他用途
3～30GHz	10^{-2}～10^{-1}	SHF	微波(厘米波)	导航、雷达、固定业务、移动业务、空间通信、无线电天文	
30～300GHz	10^{-3}～10^{-2}	EHF	微波(毫米波)	导航、固定业务、移动业务、空间通信、无线电天文	

目前微波技术在食品工程方面的应用包括粮食的脱水干燥、食品的杀菌与焙烤食品的制造、酒类陈化、加热萃取等。

为了避免在使用微波时产生不必要的地区和行业干扰，由国际电信联盟(The International Telecommunication Unions，ITU)负责分配各个微波波段的电磁波谱。对于国际上工业用途、科研用途及医学用途的电磁波，ITU 预留的频率范围为 13～22125MHz，具体如下：13. 56MHz、27. 12MHz、40. 68MHz、433. 92MHz、896MHz、915MHz、2375MHz、2450MHz、5800MHz、22125MHz(美英专用)等。

在所有工业应用的微波波段中，美国的是 915MHz，英国的是 896MHz，全世界的是 2450MHz。所有的商业及家庭用微波炉的操作频率是 2450MHz (或原苏联地区的 2375MHz)。

微波频率之所以能够应用于食品工业，主要是基于以下原因：

(1) 基于微波发生的原理，工业上能够方便地利用微波发生器以有效的功率和适中的成本产生不同频率范围的微波；

(2) 这些频率的波长与处理的大部分食品物料体积具有比较好的协调性，用这样频率的微波加热具有更理想的效果。

4. 1. 2 微波萃取技术的发展

目前国内外微波技术在化学及化工上的前沿研究主要集中在三个方面：

(1) 利用微波加快化学反应速率。

(2) 利用微波改变反应机制或反应方向以获得具有独特性质的化学产物；

(3) 微波辅助萃取，利用微波的热效应处理样品，使目标成分加速从样品基质溶出达到分离目的。

最初的应用是进行分析样品的微波消化，将目标成分溶出进行分析。后来的微波辅助萃取也是近十几年才出现的。

Gedye 等报道将样品放置于普通家用微波炉中通过选择功率、作用时间和溶剂类型，发现只需几分钟就可以完成目标成分的萃取，传统加热则需要几个小时甚至十几个小时。1992 年在荷兰召开首届世界微波化学大会，标志着微波化学这一门交叉新学科的诞生。

20 世纪 90 年代起，一些应用于分析分离的微波辅助萃取系统被开发出来应用于中草药、香料、调味品、天然色素、化妆品和土壤的定量分析(样品消解处理)。例如，Zuloaga 等利用微波辅助萃取技术从土壤样品中萃取分离聚氯联二苯，结合质谱-高效液相色谱分析技术，进行土壤环境的污染监控。Wilkes 等应用微波辅助萃取，从因污染、氧化、微生物生长和酶解而变质的食品中提取相应的香气成分，进行食品质量的监控。

近年来，微波辅助萃取技术向制备和分离的工业应用化。例如，中国科学院分离科学与技术青年科学家与我国台湾的科学家合作，利用微波辅助萃取从甘草根中提取甘草酸，显著地节省了过程的时间和萃取剂用量（王巧娥等，2003）；陈雷等（2004）研究了密闭微波辅助萃取系统中丹参有效成分的萃取，并对比了索氏萃取系统、超声萃取系统的分离效果；黄惠华等（2005；2006）用微波辅助萃取系统从五味子、肉桂等中药中萃取五味子甲素、五味子乙素、五味子醇甲、肉桂酸、肉桂醛等有效成分。从豆粕中提取异黄酮，结合高效液相色谱仪分析，与其他萃取技术比较，结果显示达到相近的萃取率，而微波辅助萃取技术只需 3～6min，室温萃取需 20h，热回流萃取需 120min，超声波萃取需 90min。微波辅助萃取技术在活性成分萃取方面的研究及应用非常广泛。

4.1.3　微波产生的原理及热效应

1. 微波的产生

通常一个微波反应器主要是由磁控管、波导、微波处理腔、温度控制、压力控制、时间控制及微波泄漏报警系统等组成。其中，磁控管是产生微波的最重要部件，其结构如图 4-1 所示。微波产生的基本过程为：通过对微波发生器的磁控管施加一个直流电压，在磁控管的阴极产生电子，电子发射向阳极方向迁移运动。由于阳极周围有一个磁场存在，阻止电子到达阳极并将电子往阴极回推。但是阴极又将电子往阳极外推，于是电子在阴极与阳极之间做来回的圆周运动，产生了属于微波波段的高频电磁波。这种电磁波的频率，取决于阴极和阳极间的电势差及阳极周围磁场的强度。如此产生的微波再通过微波发生器的天线发射出去，经波导管传递，然后到达处理腔，对其中的物料进行处理。

微波的产生及传递过程如图 4-2 和图 4-3 所示。

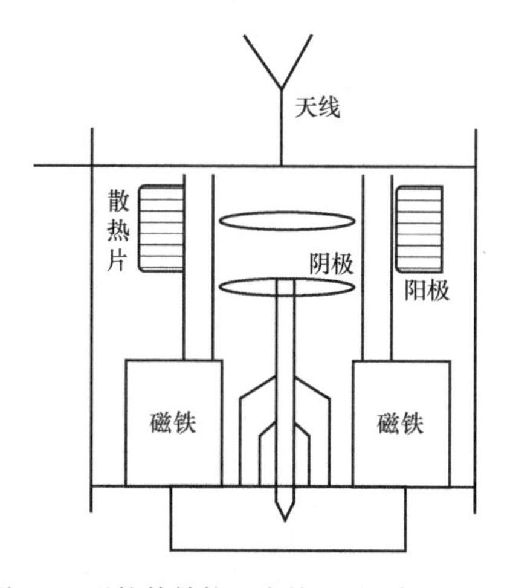

图 4-1　磁控管结构示意简图（刘钟栋，1998）

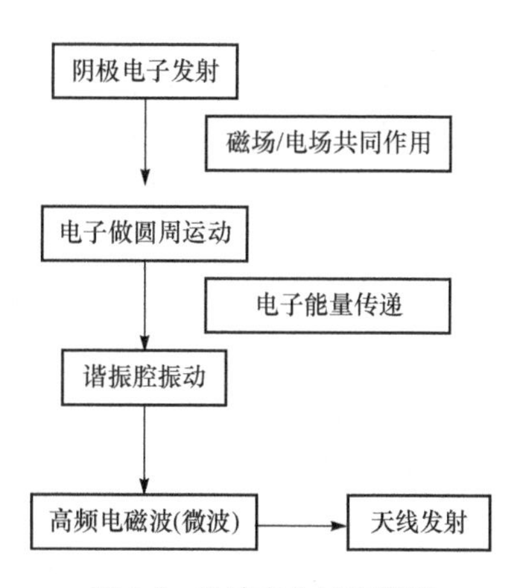

图 4-2　微波产生过程简图

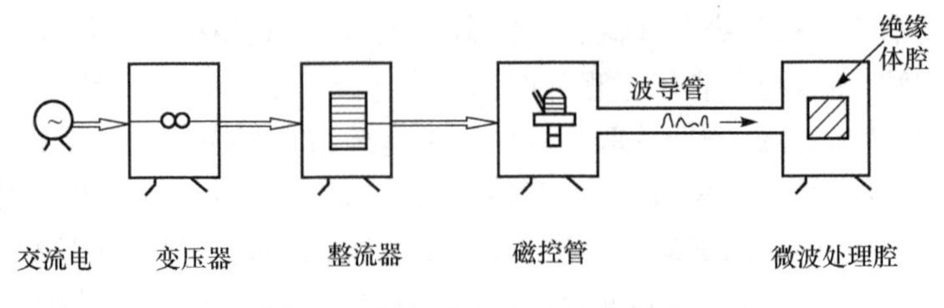

图 4-3　微波发生及传递示意图

2. 微波的热效应

微波能是一种能够引起离子迁移或偶极分子在磁场中转动的非离子化辐射能。所谓的偶极分子就是由于内部电子云分布不均匀而导致两极出现极性的分子类型。典型的如水分子是由一个氧原子与两个氢原子组成，不解离，整个分子外表上不带电性，但是由于其分子内部电子云分布不均匀，导致分子两极出现极性。在无电磁场施加的情况下，一个偶极分子带电子云偏弱的一端，与另一个偶极分子中电子云偏强的一端相互靠近(图 4-4(a))。而在微波场中，偶极分子在微波的电磁场作用下产生瞬时极化，其极性会随着电磁场极性的变化而协调性地变化排列，即正极性一端指向微波场的负极性，而偶极分子的负极性端指向微波场的正极性(图 4-4(b))。并且这种变化随着微波的频率变换而变化。常用的微波频率是915MHz 或 2450MHz。也就是说，微波场的极性在每秒钟变化 915 百万次或 2450 百万次，偶极分子的排列也会随着电磁场的极性变化而变化，从而产生分子中键的振动、撕裂和粒子之间的相互摩擦、碰撞。这种与电磁波极性变化有一定滞后的振动摩擦，导致电磁波的能量损失，损失的能量就转变成热量，迅速生成大量的热能。

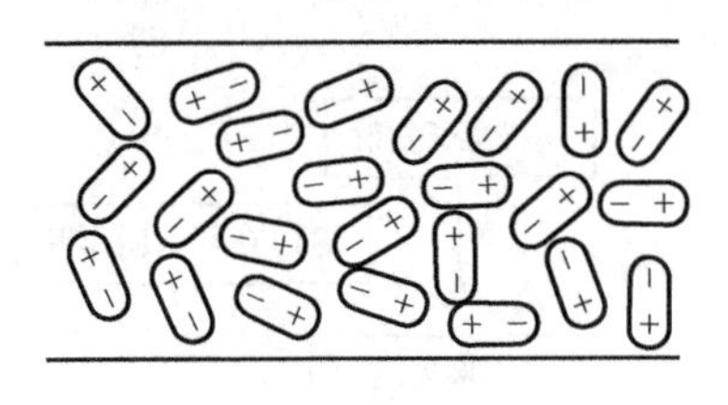

(a) 无电磁场时的偶极子排列

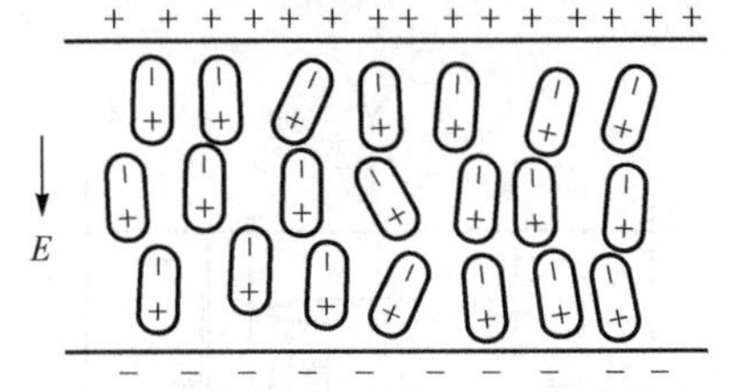

(b) 施加电磁场时偶极子的极化排列

图 4-4　电磁场中偶极分子极化示意图(刘钟栋，1998)

如果微波场中的成分是溶液中的离子，正负离子的定向排列变化与偶极分子的变化原理基本相似，离子间在电场中的碰撞与摩擦，于是热能由碰撞中释放的能量产生。

微波加热的具有如下特点：属于非接触性加热，微波不需要加热容器而是直接加热样品；属于能量传递而不是热传递；能够使样品迅速升温(30s～10min)；有一定的选择性加热，极性较大的分子可获得较多的微波能，因而运动速度较快，利用这一性质可选择性地提取一些极性成分；操作能够快速启动和快速停止；从物料的内外部同时开始加热；安全和自动化水平高。

微波与传统红外加热的区别：微波加热时，电磁波是以 2450MHz 或 915MHz 的频率作用于食品。这种能量传递使得所有的食品分子几乎同时产生振动摩擦，能量在食品的各个层面几乎同时产生热量；而在红外线加热中，其频率为 6×10^6MHz，由于较弱的穿透力，它只能透过食品等物料表面的表层，其后是以热传导形式对物料加热。微波萃取与传统热萃取的区别在于传统热萃取是以热传导、热辐射等方式由外向内进行，而微波萃取是通过偶极分子和(或)离子的振动摩擦两种方式内外同时加热。

4.2　微波萃取机理

4.2.1　微波的热效应和非热效应

如上所述，微波通过偶极分子的极化和离子的定向变化两个效应产生热效应。微波的这种热效应基本上得到大部分研究人员的确认。利用微波场的这种热效应，可以进行相关的工业过程操作，包括萃取、样品消化、食品焙烤、物料脱水干燥等。除了微波的热效应外，还有一种观点认为，微波场在对物料的作用过程中还存在着非热效应。但是由于研究中很难与热效应完全区分开来，所以关于微波场的非热效应机理目前还不是很清楚。一般认为，微波场的有可能的非热效应包括几个方面：微波场对极性分子和非极性分子的极化作用导致其分子的化学性质发生改变；微波激发分子成为一种高能级的亚稳定状态而变得活跃，受激发的分子易于将从获得的能量释放而促进相关反应的产生；微波场中分子间的有效碰撞频率都会大大增加，从而强化了反应的进行，这是微波对分子的一种活化作用。

微波萃取的机理可利用上述微波热效应和非热效应从两方面理解：一方面，微波辐射过程是高频电磁波穿透萃取介质，到达植物性物料的内部维管束和细胞系统。由于热效应及非热效应，物料吸收的微波能变成热能，细胞内部温度迅速上升，内部压力超过细胞壁膨胀所能承受能力，细胞于是破裂释放其中的有效成分到萃取介质中。通过进一步过滤和分离，得到所需要的目标成分。另一方面，微波所产生的电磁场，加速被萃取成分向萃取溶剂界面扩散，如果是以水或其他偶极分子作溶剂，在微波场下，这些成分吸收微波能成为激发态，可以将能量释放回到基态，所释放的能量传递给其他被萃取的物质分子，加速其热运动和发生相应反应的可能性，或缩短萃取组分由物料内部扩散到萃取溶剂界面的时间，从而提高萃取速率。

4.2.2　微波能的转化与物料加热的定量表达

使用微波能量加热的原理是：微波对偶极分子与离子性质的介质、组分的直接热效应。在许多实际应用中，这两种作用是同时存在的。当微波场存在时，离子进行电泳迁移，离子间的摩擦及溶液对离子流动的阻力摩擦都会产生热量，微波能便转变为热能。而偶极分子的极化旋转，意味着在微波场中，偶极分子的重新排列。在常用的微波频率2450MHz下，偶极分子的极化排列每秒要变化2.45×10^9次，意味着偶极分子的强制运动，最终导致了热量的产生。介质溶液吸收微波并将其以热量形式传给其他分子的能力取决于其耗散因数（$\tan\delta$），耗散因数的计算可用以下公式表达：

$$\tan\delta=\varepsilon''/\varepsilon' \tag{4-1}$$

式中，ε''表示介质的介电损失因数，表示介质或物料将微波能转化为热能效率的衡量指标；ε'表示介电常数，表示分子在微波场中极化难易的度量值。

极性分子和离子溶液（如酸、盐溶液）会强烈地吸收微波能，因为它们有永久性双极性，能被微波场作用加热。而非极性的溶剂（如正己烷）在微波场中就不会被加热，因为不能被极化。与水相比，甲醇的介电常数（ε'）较低，介电损失因数较高（ε''）。所以相对于水而言，当微波作用于甲醇时的阻碍性较小，甲醇把微波能转化为热能的能力较强。在密闭容器中，微波萃取可以使介质或溶剂加热到高于其沸点以上的温度，这样就可以提高萃取的效率和速率。表4-2为常用溶剂或介质与微波辅助萃取相关的物理常数及耗散因数。

表4-2　常用溶剂或介质与微波辅助萃取相关的物理常数及耗散因数

参数 溶剂	介电常数 ε'①	耗散因数 $\tan\delta$②/10^4	沸点③/℃	密闭容器中可到达的温度④/℃
甲醇	32.6	6400	65	151
水	78.3	1570	100	>100
异丙醇	19.9	6700	82	145
丙酮	20.7		56	164
乙腈	37.5		82	194
乙醇	24.3	2500	78	164
正己烷	1.89		69	—
正己烷-丙酮(1∶1)			52	156

① 在20℃下测定。

② 在25℃下测定。

③ 在101.4kPa下测定。

④ 在1207kPa下测定，其中“—”表示没有微波加热现象。

微波能量的转化与物料温度变化的关系：将溶液在微波场中处理，微波能量被其中物质的吸收，可以由以下关系式进行衡量：

$$P=5.56\times10^{-13}fVE^{2}\varepsilon'' \tag{4-2}$$

式中，P 表示物料吸收和转化微波的能量，W；f 表示微波场的频率，Hz；V 表示物料的体积，cm^3；E 表示微波场强度，V/cm；ε''为被处理物料的介电损失因数。

从这个关系式中可以明显看出，对物料加热影响最大的变量是微波场的强度 E。微波场中，物料（如食品）的温升 R 与其所吸收转化的微波能 P 之间的关系可用如下公式表示：

$$R=14.34[P/(\rho C)] \tag{4-3}$$

式中，P 表示物料吸收转化微波的能量，W；ρ 表示物料的密度，g/cm^3；C 表示物料的比热容，即单位质量的物料升高或降低 1℃所需要吸收或释放的热量，J/(kg · K)或 J/(kg · ℃)；14.34 为一常数，单位是 cal/(W · min)。将式(4-2)中的 P 代入式(4-3)，有

$$R=14.34\times[5.56\times10^{-13}fVE^{2}\varepsilon''/(\rho C)] \tag{4-4}$$

相对而言，那些密度和比热容都较低，并且具有较高介电损失因数的物料（食品），进行微波处理时，其在微波场中的温度升高就比那些密度和比热容都较高，具有较低介电损失因数的物料（食品）要快。

食品工业上使用微波工艺处理的目的，一般是为了萃取、焙烤、灭菌储藏等。与传统加热方式相比，微波加热能以更快的速度均匀地传递热量。因此，微波工艺处理设计时，需要了解工艺中一些影响到物料加热均匀性的潜在因子。这些因子主要是物理方面的限制，包括：

(1) 微波频率。如果微波频率过高，就会导致物料对微波能量的吸收不均，从而出现产品表面与中心加热程度严重不同的现象。较低的微波频率往往能产生更均匀的加热效果，所以利用微波解冻肉块时采用的是 896MHz 或 915MHz 的频率，就是因为比高频率的微波场具有更好的加热均匀性。而采用 2450MHz 微波频率加热的均匀性效果就没有那么理想。

(2) 物料形状及包装形式。有时物料的形状及产品的包装形式的变化也会导致加热不均。包装的几何形状会导致在角落和边缘地区某一点的微波场强度增加，而能量的吸收是与微波强度的平方成正比的，因此是主要的影响因子。但是对于大部分的食品原料，处理原料的体积在数立方厘米范围，目前最广泛使用的 2450MHz 频率微波，一般都可以克服对微波能吸收不均的问题，其对物料的加热均匀性还可以获得理想的效果。

4.2.3　微波辅助萃取工艺中溶剂介质的搭配

对于不同的试剂或物料，由于其介电损失因数及比热容的差异，在微波场中的温升存在着较大差异。图 4-5 是等体积的几种试剂在相同功率微波场中处理一定时间后的温升曲线。从图中可以明显地看出，乙醇、水、石油醚、正己烷等几种介质的温升曲线是有着很大差别的，也就是说，在同一微波场中，处理同样的时间，不同介质的温升存在着较大差异。因此，根据不同溶剂介质对微波的吸收转化效果以及萃取的目的，在萃取时，可以设计不同的介质搭配，以获得较好的萃取效果。微波加热萃取最常见的形式有三种。

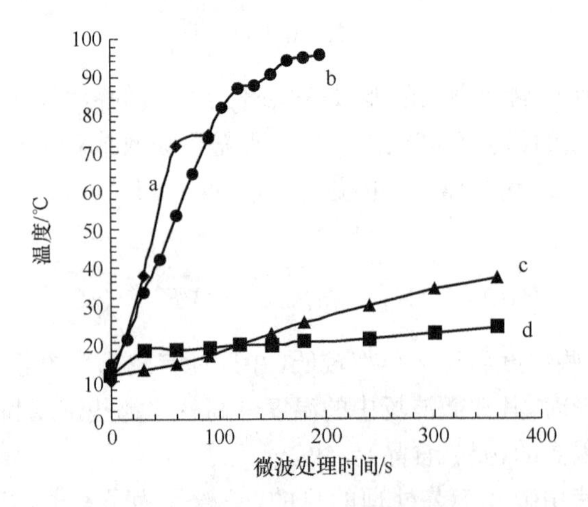

图 4-5　不同溶剂在微波场中的反应

a. 乙醇；b. 水；c. 石油醚；d. 正己烷

(1) 将样品浸入一种溶剂或者混合溶剂，这些溶剂都具有较强的微波吸收和微波能转化能力。通过介质对微波能的吸收和转化，将物料中的目标成分溶出到介质中。

(2) 将样品浸于几种组合溶剂中，这些溶剂包括不同比例的高介电损失因数和低介电损失因数的溶剂。萃取过程中，高介电损失因数的介质主要起吸收和转化微波能的作用，使体系温度升高，对物料中目标成分的溶出具有意义；而低介电损失因数的介质对于目标成分具有较好的溶解性或保护作用。

(3) 物料本身具有高介电损失效果，易于将微波吸收转化。但是当其中的目标成分需要一种具有高溶解度及良好保护性的溶剂介质时，物料可以与一种对微波不吸收而只是透过性的溶剂介质混合进行萃取。

以上三种微波萃取形式，根据需要，通常可以选择其中的一种或者几种。

4.2.4　微波场中材料的不同反应及在微波反应器中的应用

不同材料在微波场中的反应表现不同，材料的此种特性在微波反应器及工艺处理中就有不同的应用。根据材料在微波场中的不同反应，可大致分为三种类型，如图4-6所示。

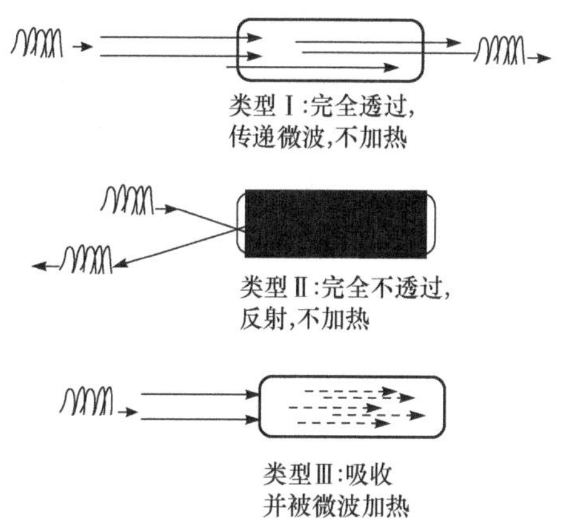

图4-6　在微波场中有不同反应的材料类型

类型Ⅰ：对微波几乎不吸收只传递透过的材料，大部分的电绝缘体属于此类。此类材料可以透射微波，不吸收、不转化微波能，因此基本上不被加热。在微波反应器及工艺处理中可制成良好的绝缘体，如微波腔内的传感器、作为反应容器的罐体以及微波处理食品的包装等。此类型中包括：塑料及各种高分子改性聚合物、纸、纸板、玻璃和陶瓷，这些材料能够用来包装食物或作为容器装载待处理的物料。但是由于玻璃及陶瓷不耐压，不能密闭，不能用于温度高于介质沸点的萃取，因此其应用受到限制。

类型Ⅱ：能够屏蔽微波的材料。这类物质既不传导微波，也不吸收转化微波，对微波具有反射作用，大部分的金属导体属于此类材料。在微波反应器及工艺处理中，此类材料可用于制造微波反应器腔体和外壳的材料，用于防止微波泄漏。

类型Ⅲ：能够吸收微波并转化为热能的材料和介质，包括每一种偶极分子和离子性物质，如水、乙醇、甲醇、盐溶液等。大部分的食品物料包括糖类、蛋白质及油脂类等，由于其中都含有极性成分，并且重要的是都含有或多或少的水分，因此在微波场中都能够被加热。这些材料能够吸收微波能被加热而升温，其机理主要是靠偶极分子的定向极化及离子性成分的定向泳动，发生分子之间和离子之间，以及分子、离子与溶液介质之间的摩擦而产生热量。很多情况下，溶液可同时以上述两种方式加热。如果离子浓度过低，那么样品的加热将主要以偶极分子的定向极化的方式吸收和转化微波能，如，水、乙醇、盐溶液、酸等。大部分的食品原料都是容易被微波加热的物质，尤其是它们含有大量的水分时。

表4-3列出一些常用试剂和材料的微波热力学特性。在微波反应器及工艺处理中，适合作为反应罐容器的材料，主要是类型Ⅰ。因为微波容器要使用易于让微波透过、低耗损微波能的材料制作，这样微波才不会被容器吸收转化，而直接穿透进入容器内的溶液或物料中。对其基本要求是：介电损失因数小、耐热、耐压。在微波反应器及工艺处理中比较适合的主要有以下几种材料：

表 4-3　常用试剂和材料的微波热力学特性(刘钟栋,1998)

材料	熔点/℃	最高使用温度/℃	介电损失因数/10^4
水			1570
氯化钠(0.1mol/L)			2400
汽油(辛烷值 100)			14
酚/甲醛	分解	120～190	519
酚醛树脂(石棉填充)	分解	200～218	438
尼龙 6/6	253	102	128
尼龙 6/10	>215	80～102	117
玻璃(粒度 0080)	>1000	—	126
玻璃(粒度 7070)(硅化硼)	>1080	—	12～75
陶瓷(取决于类型)	—	—	6～50
聚丙烯	168～171	100～105	57
聚甲基丙烯酸甲酯	115	76～88	57
乙缩醛共聚物	165～175	121	36
瓷(4463)	—	—	11
聚苯乙烯	242	82～91	3.3
聚乙烯	120～135	71～93	3.1
聚甲基戊烯	240	175	—
特氟隆 FEP	252～262	204	—
特氟隆 PFA	302	260	1.5
聚碳酸酯	241	121	0.7
石英(熔化)	>1665	—	0.6

(1) 复合纤维材料,由石英、玻璃等纤维复合而成,此类材料高强度、高耐热,但造价昂贵。

(2) PFA 材料,是特氟隆型全氟代烷氧乙烯聚合物的技术缩写,熔点 260℃,适用于制造高压容器框架和低压容器的内衬罐。

(3) PTFE 材料,是另一种特氟隆型氟代聚合物的技术缩写,通常是白色固体,熔点为 320～340℃,适用于制造压力容器的盖帽组件。

(4) TFM 材料,是含氟聚合物产品的商业名称,其机械强度大于标准的

PTFE,熔点和 PTFE 相同,即 320～340℃,适用于制造高压容器的内衬。

(5) 石英材料,具有很好的热稳定性,其熔点可以达到 1665℃以上,但是在高压下易碎。

近年来,微波高压容器在安全性的设计上取得了两个显著的进步:

(1) 双重泄压方式,通过防爆膜和自动压力片排气,提高了泄压的速率,使得即使防爆膜通道受堵塞也有自动压力片启动排气以释放高压。

(2) 采用了基于模拟爆破实验和三维定向防爆理论的设计,当出现意外时,可保证高压容器垂直方向爆破,免除横向冲击对人的伤害。

在微波反应器及工艺处理中,适合作为微波食品包装的材料,也是属于类型Ⅰ的材料,即能够使微波全透过而不吸收、不转化、不反射。食品经包装后,再用微波处理,以达到所需要的加工效果。这一类中,通常是很薄的铝箔材料、纸以及塑料等。微波处理中,食品产品的包装,其对材料的要求包括:不吸收微波,但能被微波穿透;良好的封装性,耐受温度范围广,为－40～240℃;良好的储藏特性,能够适应温度的变化;同时在包装设计中尽量是圆角或椭圆角而不能有尖角,以消除微波对尖角点的聚焦;厚度较薄,尤其是应用铝箔材料时,一般在 0.04～0.1mm 范围内。

4.2.5　微波处理工艺中的基本加热系统

对于一个微波处理工艺的加热系统,无论是进行微波辅助萃取还是干燥、杀菌、化学反应等,都必须符合如下几个基本要求:保证有稳定的电源供给;可以根据使用目的比较方便地拆装;系统操作方便;具有较高的安全性,同时配置灵敏的微波泄漏报警设备,遇到安全极限的微波泄漏时能够及时报警。图 4-7为微波处理工艺中一般的系统示意图。

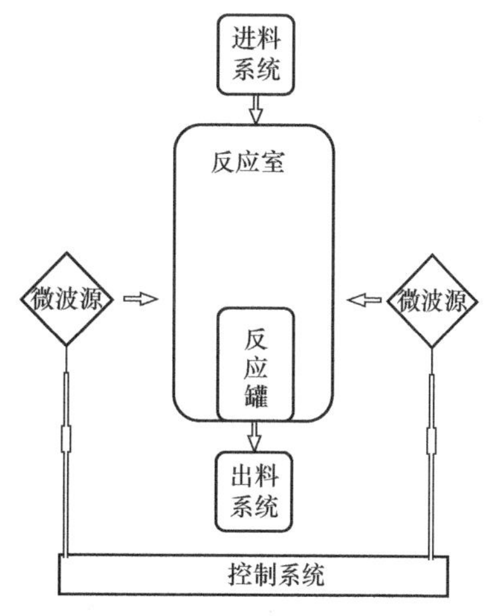

图 4-7　微波处理工艺系统

图 4-8 为实验室规模用的微波加热反应器。在微波处理工艺中,一个微波反应器或微波萃取系统通常由以下几个主要部分组成:①电源供应,包括降压、整流和稳压设备;②磁控管,产生微波的主要部件;③反应室或加热器(如炉),由屏蔽金属(类型Ⅱ材料)做成的密闭部件(壁上通常开一金属网罩窗口,用以观察),用于提供一个加热和处理物料的密闭空间;④反应罐(容器),一个装载待处理物料(食品)或溶液的容器,通常由类型Ⅰ材料,如 PFA/PTFE 等材料制成,耐高温,如果是密闭容器,还需要具有耐压特性,允许微波自由透过,并且不与溶剂反应;⑤物料进口及产品出口;⑥温度、压

力监控器；⑦波导(不会磁化的中空金属管)，将微波从发生器传导到加热器；⑧水或空气循环的冷却系统；⑨搅拌设备。

图 4-8　实验室用微波加热反应器

工业应用的间歇式微波加热系统与家用微波炉类似，也是将待处理的物料装载于反应罐中，在反应室中完成对物料的微波处理。微波能由独立的微波发生器产生，通过波导传递。如前所述，微波发生器单元包括磁控管、变压器、整流及稳压器、抑止门、调控器(功率、压力和时间控制)。大部分的部件，其功能在前面已有述及。设备上的抑止门是安装在反应室进出口处往内延伸的金属片，具有防止微波外泄的功能。图 4-9 为工业应用的间歇式微波加热设备。图 4-10 为工业应用的

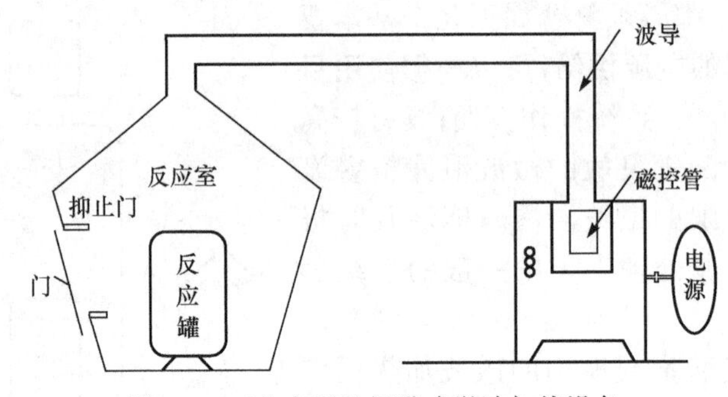

图 4-9　工业应用的间歇式微波加热设备

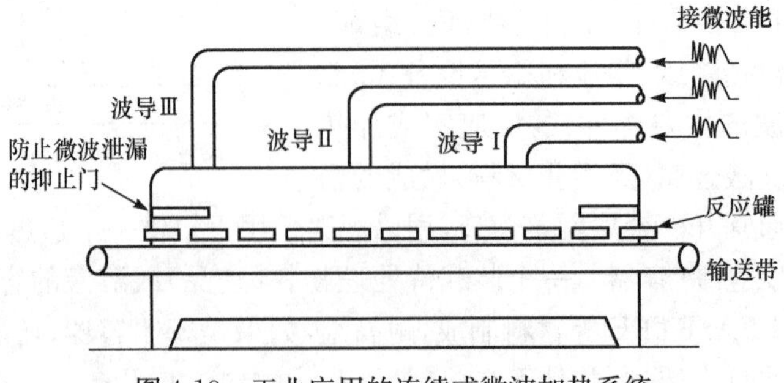

图 4-10　工业应用的连续式微波加热系统

连续式微波加热系统,可用于溶液或固体物料的微波处理。图 4-11 也是工业应用的连续式微波加热系统,多用于固体物料(如稻米、小麦、玉米)的脱水干燥。

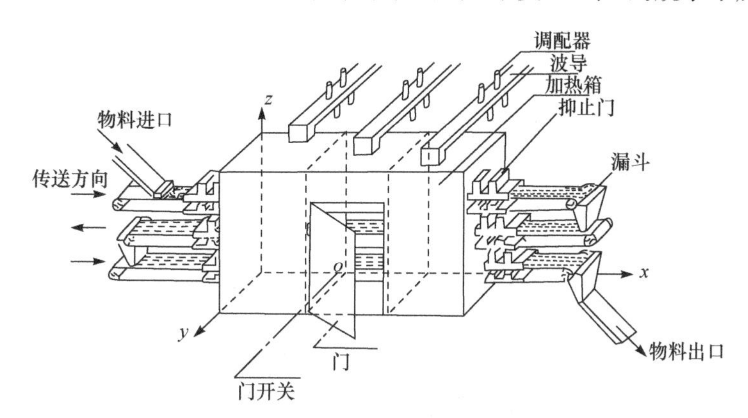

图 4-11　连续式物料微波干燥设备(刘钟栋,1998)

连续式微波加热和萃取系统,必须配备有一条移送物料进出微波炉的输送带。输送带通常都是用绝缘材料制成。在这种微波处理系统中,由于进出口是始终活动开口的,因此安装在此处的抑止门就起着防止微波外泄的重要作用。一般工业规模的微波加热体系应用的是 915MHz 的频率,使用功率为 75kW 的磁控管,平均工作寿命可以达到 6000h 以上。

在微波处理工艺中,为工业应用所设计的反应室与工艺过程非常相关,其形状依所进行的工艺过程而定,因此通常不是现货供应,而是定制的。但是不能将其仅仅看成是一个单独的金属外壳部件。在微波处理工艺中,反应室实际上是一个相当深度工程化设计的部件,其形状对于反应室中微波能的能效、能量传播的均匀性及与物料的协调性密切相关,同时也影响到在工艺条件内所预期的可靠性,因此它的设计很具工程专业性。工程上为了尽可能达到在能效、能量传播的均匀性及与物料的协调性,反应室的设计形式通常是做成五角形腔、矩形空腔、圆柱形腔。

微波处理系统中反应室温度的测量及温度计也是比较关键的部件。因为在微波处理过程中对物料进行连续的温度监测是一个很重要的问题,通过这种监测可以灵敏有效地将信号传回设备的调控器,进行微波的开启或关闭,从而达到适当的微波处理效果,所以选择合适的温度探头或探针非常关键。通常,Luxtron Fluoroptic 和 Accufibre 等光纤温度传感器能用来测定高达 400℃的温度,但是对于大多数的工业应用,因器件太易碎而并不适用,尤其是对于连续流动的物料处理;光学高温温度计和热电偶也可以用来测定较高的温度,但是像热视红外线摄像机的光学高温温度计,只能记录物料的表面温度,而表面温度与样品的内部温度通常有相当大的差别;热电偶金属探针也可以进行温度的探测,但由于是金属材料,在反应室内有时会在样品与热电偶之间产生电弧而导致测温失败;近期发展出一种超声波温度传感器，能够测量到1500℃的高温。对于微波处理样品温度的探测，也可以在关闭微波后，通过将热电偶迅速地插入样品内进行操作。

简单的实验室微波辅助萃取：在一般的家用微波炉基础上进行适当的改装，也可以用于简单的萃取。在设计上，经过适当改装的家用微波炉与索氏萃取仪相结合，就是一个简单的微波辅助萃取设备。

4.2.6 影响微波萃取的参数

与微波萃取效果关系最为密切的参数包括：溶剂或介质的组成、溶剂用量、萃取温度、萃取时间、物料特性及水分含量等。

1. 溶剂或介质的选择

正确地选择溶剂或介质是获得最佳萃取效果的关键。如前所述，对于不同的试剂或介质，由于其介电损失因数及比热容的差异，在微波场中的升温过程就存在着较大差异。因此，根据不同溶剂介质对微波的吸收转化效果以及萃取的目的，在萃取时，可以有不同的溶剂或介质的搭配，以获得最好的萃取效果。选择溶剂或介质时要考虑以下几点：溶剂的微波吸收性质；溶剂与物料的相互作用；物料在溶剂中的溶解性。当然，出于食品安全性的考虑，对于食品物料来说，可选的范围只能受限于安全性较高的试剂或介质。对于一般的微波萃取来说，通常，第一种萃取方法是：选择能强烈吸收微波能量的单一溶剂或介质，即高ε''（介电损失因数）的溶剂萃取物料，这类型的溶剂介质包括水、乙醇、无水乙醇、二氯甲烷、乙醚、乙酸乙酯、乙腈等；能强烈吸收微波能量的混合溶剂，如乙腈-甲醇（95∶5）、二氯甲烷-甲醇（90∶10）、甲醇-水。第二种萃取方法是：选择高ε''和低ε''溶剂的混合溶剂的萃取。此种微波萃取的目的是利用高ε''溶剂的微波热效应加热整个溶剂，同时利用低ε''对目标成分的高溶解性。最常用的此类混合溶剂是：正己烷-丙酮（1∶1）的混合溶剂，在微波场中正己烷不被加热，但与丙酮混合后整个混合溶剂很快就可以加热；异辛烷-丙酮（1∶1）混合溶剂，也有较好的效果。此类萃取中除了使用两种有机溶剂外，有时也会在非微波吸收溶剂中加入水来提高加热的效率和极性，通常是在正己烷、二甲苯、甲苯中加入少量的水（10%）。第三种萃取方法是：如果样品的介电损失因数很高（如水分含量高），同样需要使用纯的、微波透过的溶剂，这时可以利用样品中的水使样品加热。例如，从植物性材料中萃取香精油，使用微波辅助萃取是基于微波作用于植物维管中的自由水分子，微波处理时使得维管剧烈扩张并导致组织破裂，香精油于是能溶入有机溶液中。

2. 溶剂用量

在大部分的常规萃取过程中，溶剂用量都是影响萃取效率的重要参数。但是在微波辅助萃取中，特别是对于那些在萃取过程中体积会膨胀的材料，溶剂只要能浸没膨胀后的样品，就足以达到较好的萃取效果。这样的萃取，样品在萃取溶液中的比例为30%～34%(w/v，重量体积比)。在常规萃取技术中，溶剂体积越大，提取率就越高。但一些微波辅助萃取表明，提取率并不是随着溶剂体积的提高而提高的，这可能与微波未能充分活化所有的溶剂有关。在食品加工领域，对各种食品原料进行游离氨基酸微波辅助萃取时发现，对于蛋白质和脂肪含量较高的样品，如果溶剂用量较少，氨基酸得率就会较高，但是溶剂用量多少却不会影响氨基酸的相对组成。

3. 萃取温度

与其他萃取技术一样，温度是提高微波萃取效率的一个重要因素。有时微波萃取需要在溶剂沸点以上的温度下进行，就必须用适当的材料将反应罐设计成密闭的耐压容器。此时材料必须耐高温和耐压。升高的温度之所以能提高萃取效率，其机理在于：

(1) 加快了质量传递；

(2) 增加了物料中被提取物的解吸附作用；

(3) 溶剂温度升高，溶剂表面张力和黏度下降，能改善原材料的湿润性和渗透性。

通常，使用高温(100℃或以上)都能增加提取率，但是对于有些复合物来说，因其对热相当敏感，高温反而会导致分解。因此，在处理热敏性的成分时，高温会导致被提取物的分解而降低了提取率。例如，同样是微波萃取分离氨基酸，以花椰菜为原料提取时，萃取温度在40～80℃范围内，对萃取得率的提高就没有作用；对于以干酪为原料进行的微波萃取，当萃取温度在40～50℃范围内，也只能轻微地提高得率。

4. 萃取时间

与常规萃取技术相比，微波辅助萃取的处理时间要短很多，一般10min就足够了。当从食物中萃取氨基酸时，微波辐照时间的延长通常不会提高萃取效率。对于热敏性的成分，可能会因萃取时间的延长反而被降解。

5. 物料的特性及水分含量

物料本身的性质对其中组分的提取率有较大的影响。在许多情况下，物料的水分能改善提取率，这是因为水属于高ε''成分，同时对极性成分具有较好的溶解性。物料水分含量的影响与所使用的提取溶剂有关。另外，水也能影响原料的溶胀性，或者影响被提取物与原料之间的相互作用，使得被提取物更容易进入萃取溶剂中。

6. 其他参数的影响

升高压力通常是为了使溶剂或介质的温度高于其沸点，以便更有效地进行萃取。同时压力的提高有利于溶剂或介质渗透到物料中，加快传质过程进行有效地提取。此外，微波功率大小的设置也会对萃取效果产生影响。要选择能使物料在最短时间内到达所需温度的微波功率，并且在萃取过程中避免爆沸现象的产生。

4.2.7 微波辐射的防护

同其他频率的无线电波一样，长时间超过一定能量的微波辐射会对生物体的健康产生不良影响。这种伤害包括器官脏器的损伤及致畸作用。与其他由外及里的伤害不同，由于微波具有较强穿透力，可以对生物体内外同时进行作用，所以微波对人体的伤害，往往是发生以后才能觉察。从这一点上说，微波伤害的预防和预警就特别重要。人体脏器中最容易受伤的是眼睛和睾丸。由于人的眼睛缺少脂肪层的保护，晶体中没有血管帮助散热，因此最容易受到微波的热损伤。国际微波能协会(International Microwave Power Institute，IMPI)将能够对人体产生作用的微波效应强度分为三种：

(1) 热作用的功率密度大于 $10mW/cm^2$；

(2) 微热作用的功率密度为 $1\sim10mW/cm^2$；

(3) 非热效应的功率密度小于 $1mW/cm^2$。

制定微波辐射的安全基准为：在 100MHz 左右的频率处，微波泄漏小于 $1mW/cm^2$；在大于 10MHz 的频率处，微波泄漏小于 $5mW/cm^2$。

我国制定的微波泄漏标准是：工作人员每天工作 8h 连续暴露最大容许的微波强度为 $0.038mW/cm^2$。

微波危害的生物效应按其作用机制，一般分为微波加热作用引起的热效应和非热效应。根据被照射的强度、辐射频率、受照时间及照射重复的间隔和次数，可分为：急性整体损伤、慢性整体损伤和局部伤害三种，职业性辐射常发生慢性损伤。微波对机体的影响是综合性的，它不仅可以导致全身致热反应，还会对中枢神经系统、内分泌系统、心血管系统、消化系统的组织器官产生不良影响。

预警微波泄漏的有效方法是监测工作场所微波的泄漏能量。这方面的测量仪器可根据需要从专业厂家购买，也可以在设计加工微波反应器时提出要求同时配备这方面的部件。

4.3 微波技术在食品加工中的应用

五味子果实是一种木兰科草药，产于中国，是一种有重要价值的中药。在一些亚洲国家也是重要的药材。五味子的药效主要包括：

(1) 其乙醇提取物具有对大肠杆菌、葡萄状球金霉菌、假单细胞青绿细菌、假丝酵母属白色的抗菌能力，分离纯化的化合物可以作为天然食品防腐剂；

(2) 五味子的提取物对类型Ⅳ的过敏反应有治疗效果，五味子果实具有对肝的保护功能和改善睡眠的作用；

(3) 五味子果实的萃取物具有抑制发酵乳酸奶饮料中3种食物病原菌(大肠杆菌O157:H7、葡萄状球金霉菌和沙门氏菌)的功效。

五味子的这些主要功能都已被证实是由于在五味子果实中含有木脂素类成分。在木脂素类中主要成分是五味子醇甲、戈米辛A、戈米辛N、五味子甲素、五味子素等。

五味子的功能显示了五味子果实在食品工业上的保健功效以及应用前景。五味子萃取物能增加食品的附加值，事实上，它已经被广泛应用于各种各样的食品中。例如，用五味子提取液制备酱油、含有五味子萃取物的软饮料及啤酒等。图4-12是微波辅助萃取和常规索氏萃取法萃取五味子醇甲的HPLC色谱图比较。采用乙醇和水作为萃取剂，乙醇的萃取率是0.72%，水的萃取率是0.47%。但是在萃取选择性方面，水作为萃取剂优于乙醇。以乙醇和水作为溶剂的最优微波辅助萃取条件是：温度接近溶剂的沸点(乙醇介质为72℃，水介质为95℃)，微波功率为350W，萃取时间为5～8min，萃取液固比为12∶1。从图中可以看出，无论是微波辅助萃取还是索氏萃取，以乙醇为溶剂的五味子醇甲的提取效果都好于以水为溶剂的提取效果。虽然图中微波辅助萃取和索氏萃取法的五味子醇甲提取量差异不大，但是操作中微波辅助萃取的时间比索氏萃取明显缩短了。

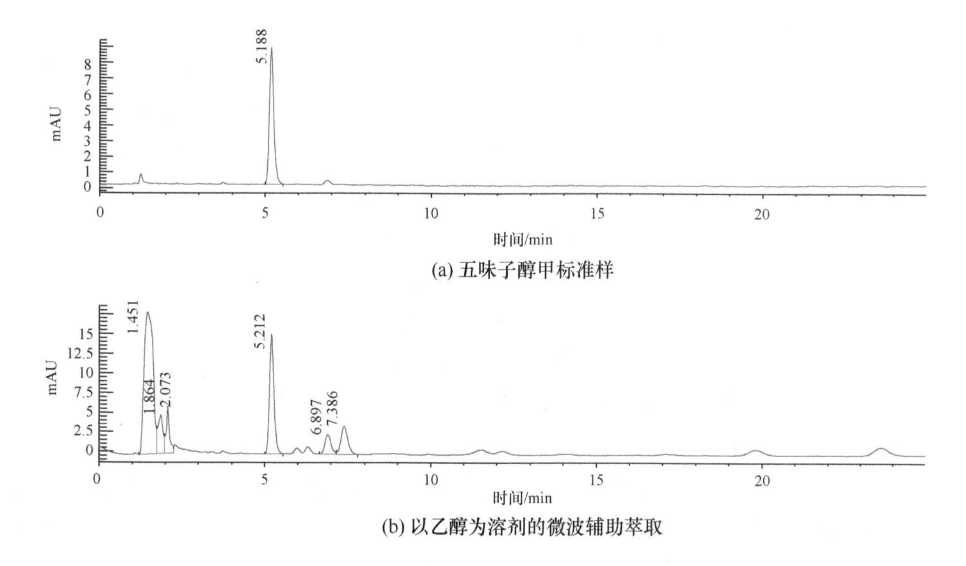

(a) 五味子醇甲标准样

(b) 以乙醇为溶剂的微波辅助萃取

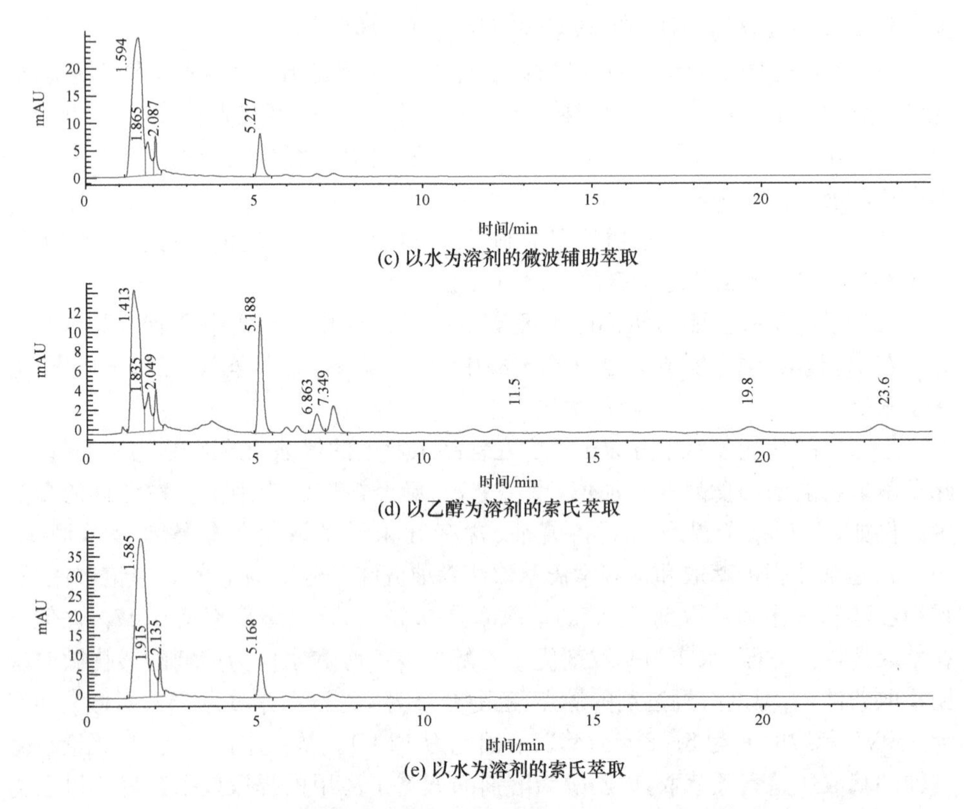

(c) 以水为溶剂的微波辅助萃取

(d) 以乙醇为溶剂的索氏萃取

(e) 以水为溶剂的索氏萃取

图 4-12　微波辅助萃取和常规索氏萃取法萃取五味子醇甲的 HPLC 色谱图比较(黄惠华等,2006)

肉桂为樟科植物的干皮,是常见的中药。肉桂酸、肉桂醇及肉桂醛等成分是中药肉桂中的主要有效成分。这些有效成分使得肉桂具有中医上的补火助阳和散寒止痛等功效。此外,肉桂酸类物质还具有抑菌、抗氧化及调味的功效,因此在食品加工、食疗及药膳中具有良好的应用价值。以乙醇为溶剂进行肉桂醛的微波萃取,萃取率为 2.37%,以水为溶剂的萃取率为 2.04%,说明溶剂介质之间的差别不大。而对肉桂酸的微波萃取,以乙醇为溶剂的萃取率为 0.96%,以水为溶剂的萃取率为 2.91%,溶剂之间的微波萃取效果差别较大。

除了萃取分离,微波在食品工程中的应用还包括:焙烤食品的加工、食品及粮食物料的脱水干燥、冰冻食品的解冻、酒类陈化等。图 4-13 是应用微波技术处理焙烤食品的例子。这一类食品进行微波处理时需要先选用适当的包装材料进行包装。图 4-13(a)是对一些食品如外卖食品或速冻食品的加热,属于被动型微波热处理食品。微波包装后的冷冻食品,在微波炉中进行直接加热,并能够达到所需要的水分含量及鲜嫩程度,与用蒸锅蒸煮的效果一样。图 4-13(b)是利用微波处理加工的微波比萨,图 4-13(c)则是利用微波处理加工的爆玉米花。这一类食品的微波加工中，先选用合适的包装材料包装，在食品物料中均匀地混合进一种称为微波感受器的小物件。微波感受器能够将微波能高效吸收并转化为热能，将周围的食品物料局部加热到比较高的温度，使之进行充分的美拉德反应，获得相应的焦褐变的色泽及较脆的质构，达到所需要的焙烤效果。

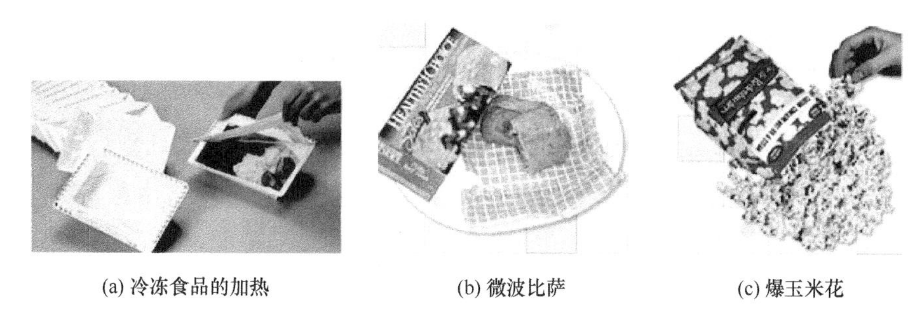

(a) 冷冻食品的加热　　(b) 微波比萨　　(c) 爆玉米花

图 4-13　应用微波技术加工食品

参 考 文 献

陈雷，杨屹，张新祥，等. 2004. 密闭微波辅助萃取丹参中有效成分的研究. 高等学校化学学报，25(1)：35-38

黄惠华，梁汉华. 2005. 肉桂中肉桂醛及肉桂酸的微波辅助萃取及 HPLC 测定. 食品工业科技，(2)：88-90

黄惠华，梁汉华. 2006. 利用微波辅助萃取技术提取五味子果实中五味子醇甲的研究. 天然产物研究与开发，18(1)：112-117

刘钟栋. 1998. 微波技术在食品工业中的应用. 北京：中国轻工业出版社

王巧娥，沈金灿，于文佳，等. 2003. 甘草中甘草酸的微波萃取. 中草药：407-412

张文焕，罗思，赵谋明，等. 2008. 肉桂挥发油不同提取工艺的比较研究. 食品科技，(8)：158-160

第5章　分子蒸馏技术

5.1　分子蒸馏技术的发展过程

分子蒸馏技术是结合了真空技术和蒸馏技术而发展起来的一种较为新型的分离技术。操作时使蒸发面与冷凝面的距离小于气体分子的平均自由程，从而气体分子彼此发生碰撞的概率远小于气体分子在冷凝面上凝结的概率。于是就有了“分子蒸馏”的概念，并沿用至今。历史上，早在1920年就有人利用分子蒸馏设备进行过大量的小试实验，并最终将该方法发展到中试规模。最初的所谓分子蒸馏实验是在一块平板上将欲分离物质涂成薄层，使其处于高真空度的条件下进行蒸发，蒸气在旁边相应的冷表面上冷凝而获得所分离的组分。

20世纪的30～60年代，分子蒸馏技术进入研发阶段。在德国、日本、英国、美国及苏联均有大型工业化装置的使用。此阶段分子蒸馏蒸发器的分离效率还有待提高，密封及真空的技术还有待改进，应用领域不广，并且分离成本还有待降低。其后的发展中，出现了一些技术公司专门从事分子蒸馏仪器的开发制造，使分子蒸馏技术的工业应用得到进一步发展和拓宽。目前，世界各国应用分子蒸馏技术纯化分离的产品达150余种。特别是在一些高难度物质的分离方面，该项技术显示了十分理想的效果。

我国对分子蒸馏技术的研究开始得较晚。国内最早进行这方面的工作始于20世纪六七十年代，那时才有了对降膜式分子蒸馏研究的相关论文。80年代，国内有了分子蒸馏器方面的相关专利，随后又利用引进的国外分子蒸馏装置用于硬脂酸单甘酯的生产。90年代以来，随着中药的现代化和国际化的发展，分子蒸馏技术在高沸点、热敏性天然物质的分离方面得到了较多重视。目前这一技术在石油、医药、食品、精细化工和油脂等行业都有广泛的应用。

5.2　分子蒸馏的概念、原理及特征

5.2.1　分子蒸馏的概念

分子蒸馏是指在$10^{-4}\sim10^{-2}$ mmHg① 的高真空度条件下进行的一种特殊的蒸馏分离技术。分离过程中，蒸气分子的平均自由程大于蒸发表面与冷凝表面之

① 1mmHg＝1.33322×10^{2}Pa。

间的距离，从而可利用料液中各组分蒸发速率上的差异，对液体混合物进行分离。由于操作中的基本条件是蒸发面和冷凝面的间距小于或等于被分离成分的蒸气分子的平均自由程，因此又称为短程蒸馏。

分子的平均自由程是指在一定的宏观条件下，一个气态分子在两次连续碰撞之间可能经过的各段自由路程的平均值，用$\bar{\lambda}$表示，符合如下关系式：

$$\bar{\lambda}=\frac{kT}{\sqrt{2}\pi d^2 p}$$

式中，$\bar{\lambda}$为分子平均自由程，m；k为玻尔兹曼常量，1.38×10^{-23} J/K；T为热力学温度，K；π为圆周率，取3.14；d为气体分子直径，m；p为压力，Pa。

关系式表明，在一定温度下，压力越低，气体分子的平均自由程越大。当蒸发空间的压力很低（$10^{-4}\sim10^{-2}$ mmHg），也就是在高真空度条件下，同时调整冷凝表面与蒸发表面之间的距离，使之小于气体分子的平均自由程，从蒸发表面汽化的蒸气分子就能够减少与其他分子碰撞，直接到达冷凝表面冷凝而获得分离。

以加热的手段进行液体混合物的分离，通常的方法是蒸馏和精馏，蒸馏和精馏是以液体混合物中各组分的挥发度的差异作为依据。分子蒸馏不同于蒸馏和精馏，不是以组分间的沸点差异进行分离，而是以不同物质分子的运动平均自由程差别作为依据来实现分离。在蒸馏过程中，同时存在着被蒸馏汽化的分子流以及由蒸气回流至液相的分子流。蒸馏过程中，汽化的分子流大于回流至液相的分子流，因此能够实现分离。但是这样的分离效果还远达不到理想状态，一般只能实现液体混合物的粗分离。如果采取特别措施，增大离开液相的分子流，减少返回液相的分子流，甚至实现从液相到气相的单一分子流流向，就可以显著提高分离效果，这就是分子蒸馏的目的。

5.2.2　分子蒸馏的原理

要达到分子蒸馏的目的，蒸发器表面到冷凝器表面的距离应该小于在操作压力下分子的平均自由路程。这里所指的分子包括蒸气分子和不凝性气体分子。要实现单流向的分子蒸馏，其先决条件是不凝性气体的分压必须足够小，使得不凝性气体分子的平均自由路程为蒸发器表面与冷凝器表面之间距离的若干倍，同时在操作的饱和压力下，汽化分子的平均自由路程必须同蒸发器表面与冷凝器表面的距离具有同一数量级。

如图5-1所示，当液体混合物沿加热板流动并被加热时，轻、重分子获得动能加速逸出液面而进入气相。由于轻、重分子的自由程不同，从液面逸出后所迁移的距离存在差异，若能采取适当手段，恰当地设置一块冷凝板，使轻分子先达到冷凝板被冷凝收集，而重分子则达不到冷凝板而沿混合液排出，就能达到物质分离的

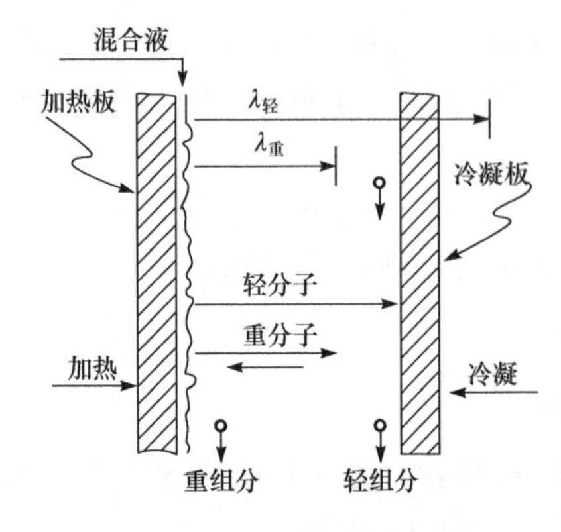

图 5-1 分子蒸馏原理图
$\lambda_{轻}$ 指轻分子的平均自由程；
$\lambda_{重}$ 指重分子的平均自由程

目的。

蒸馏过程中物料从蒸发器的顶部加入，转子上的料液分布器将其连续均匀地分布在加热面上，刮膜器将料液刮成一层极薄、呈湍流状的液膜，并以螺旋状向下推进。在此过程中，从加热面上逸出的轻分子，相对于其分子平均自由路来说，经过了较短的路线，几乎未经碰撞就到达内置的冷凝器面上被冷凝成液态，并沿冷凝器管流出，通过位于蒸发器底部的出料管收集；残留液即重分子在加热区下的圆形通道中收集，通过侧面的出料管中流出。

在沸腾的薄膜面和冷凝面之间的压力差是蒸气流向及组分逸出迁移的驱动力，在 1mbar 条件下进行的迁移，其沸腾面和冷凝面之间的距离必须非常短，因此基于此原理制作的分子蒸馏器又称为短程蒸馏器。内置冷凝器在加热面的对面，操作压力通常降到 0.001mbar。

从分子蒸馏的字面含义上理解，蒸发器表面到冷凝器表面的距离小于在操作压力下分子的平均自由路程。这时所指的分子，包括了蒸气分子和不凝性气体分子(如果系统内还存在着不凝性气体)。分子蒸馏的基本原理是蒸发和冷凝的表面都在同一个设备单元内，两者之间的距离只有几厘米，但实际上，要使蒸发器表面与冷凝器表面的距离小于分子的平均自由路程，往往是很不经济的，所以通常是采用蒸发器表面与冷凝器表面之间的距离与分子的平均自由路程大致相当，并控制在同一数量级的范围内。

5.2.3 分子蒸馏的特点

分子蒸馏是在中、高真空度下操作，分离温度低。由于分子蒸馏是依据分子运动平均自由程的差别将物质分开，因而可在低于混合物的沸点下将物质分离。一般来说，分子蒸馏的分离温度比常规蒸馏的操作温度低 50～100℃。有文献将操作压力小于 1×10^{-4} mmHg 的蒸馏过程称为分子蒸馏，把操作压力为 1×10^{-4}～1×10^{-2} mmHg的蒸馏过程称为准分子蒸馏。采用中、高真空操作，既保证了单向分子的流动，又保证了液体在较低的温度下高效率地蒸发。

分子蒸馏过程做到了不发生气泡情况下的相变。分子蒸馏是液层表面上的自由蒸发，在低压力下进行，液体中无溶解的空气，因此不会使液体沸腾，避免了鼓泡现象，也就是说相变是发生在被蒸发的液体物料表面。要实现这样的过程，必须尽可能地扩大蒸发表面和不断地更新蒸发表面，以提高传质速率。机械式刮板薄膜蒸发装置既可不断更新蒸发表面又能减少停留在蒸发表面的物料量，从而缩短了物料的受热时间，避免或减少产品受热分解或聚合的可能性。

分子蒸馏过程中物料受热时间短，这是因为蒸发器的表面与冷凝器表面间的距离很短，为 2～5cm，不仅能够满足分子蒸馏的先决条件，并且有助于缩短物料汽化分子处于沸腾状态的时间(仅为数秒)。在分子蒸馏器过程中，受热液体被强制分布成薄膜状，膜厚一般为 0.5mm 左右，设备的持液量很小。因此，物料在分子蒸馏器内的停留时间很短，一般为几秒至十几秒，物料所受的热破坏极小，有利于保护产品的色泽、营养和品质。

分子蒸馏对混合物的分离程度高。由于冷、热两面间存在着温度差，从蒸发表面逸出的分子直接迁移到冷凝面上，中间不与其他分子发生碰撞，理论上没有返回蒸发面的可能性。因此，分子蒸馏比常规蒸馏有更高的相对挥发度，分离效率高。

此外，分子蒸馏在工艺上具有清洁环保的特点，因为过程中不使用任何有机溶剂，所以被认为是一种温和、绿色的操作工艺。

基于上述特征，利用分子蒸馏进行成分的分离具有以下优点：分子蒸馏是在高真空度和低于组分沸点的温度下进行短时操作，对于高沸点、热敏及易氧化物料提供了良好的分离方法；分离程度更高，分子蒸馏能分离常规不易分开的物质，通过多级分离可同时分离两种以上的物质；无残留污染，且操作工艺简单、设备少；可有效地脱除液体中的物质，如有机溶剂和异臭味等，这对于采用溶剂萃取后的脱残留是非常有效的方法；耗能小，整个分离过程热损失少，由于分子蒸馏装置独特的结构形式，内部压强极低，内部阻力远比常规蒸馏小，因而可节省能耗。分子蒸馏技术的不足主要在于设备价格比较昂贵，设备系统必须保证压力达到足够的高真空度，对材料密封要求较高，且蒸发面和冷凝面之间的距离要适中。

5.3　分子蒸馏的参数、设备及流程

5.3.1　与分子蒸馏效率相关的主要参数

1. 薄膜的厚度

对于机械式刮板薄膜蒸发器，可用下式表示层流状态下平均薄膜的厚度：

$$S_m=\left(\frac{3V}{g}\right)Re^{\frac{1}{3}}$$

其中，S_m 表示薄膜的平均厚度，m；V 表示料液的动力黏度，m/s；g 表示重力加速度，m/s^2；Re 表示雷诺数。一般认为，薄膜的厚度为 0.05～0.5mm 比较适宜。机械式刮板薄膜蒸发装置的作用就是在过程中不断更新蒸发表面，同时减少停留在

蒸发表面的物料量，缩短物料的受热时间，尽量避免鼓泡现象，使液体能够在不发生气泡的情况下实现相变。

2. 停留时间

在分子蒸馏设备中，料液停留的时间与加热面积、刮板的转速、物料的黏度、边界负荷等有密切关系。一般停留时间为10～25s。

3. 蒸发量

分子蒸馏的蒸发量可按下列方程估算：

$$G_m = 7.73 p \sqrt{\frac{M}{T}}$$

其中，G_m 表示蒸发的物料量，kg/(m^2 · h)；p 表示压力，Pa；T 表示温度，K；M 表示蒸发组分的相对分子质量。

5.3.2 分子蒸馏设备

一套完整的分子蒸馏设备主要包括：分子蒸馏器、脱气系统、进料系统、加热系统、冷却真空系统和控制系统。分子蒸馏装置的核心部分是分子蒸馏器，主要有三种形式：降膜式、刮膜式和离心式，目前应用较为广泛的是刮膜式分子蒸馏器和离心式分子蒸馏器。

1. 降膜式分子蒸馏器

降膜式分子蒸馏器利用重力作用使蒸发面上的物料变为液膜下降，由具有圆柱形蒸发面的蒸发器和同轴且距离很近的冷凝器组成。物料靠重力在蒸发表面流动时形成一层薄膜。加热时物料组分蒸发，在相对方向的冷凝面上冷凝。但其液膜厚度不均匀，液体流动时常常发生翻滚现象，容易形成过热点而使组分发生分解，所产生的雾沫也常溅到冷凝面上，且液膜呈层流流动，传质和传热阻力大，降低了分离效率。降膜式装置为分子蒸馏技术的早期形式，结构简单，在蒸发面上形成的液膜较厚，分离效率较差，目前已很少采用。

2. 刮膜式分子蒸馏器

刮膜式分子蒸馏器或称薄膜式分子蒸馏器，是在降膜式分子蒸馏装置的基础上改进而成的，增加一个内置的转动刮膜器，当物料在重力作用下沿加热面向下流动时，通过刮膜器的机械作用将物料迅速刮成厚度均匀、连续更新的液膜分布在加热面上，由于此过程强化了传热和传质，因而提高了蒸发速率和分离效率。刮膜器有刷膜式、刮板式、滑动式和滚筒式等多种形式。其中，在刮板式刮膜器中，在旋转轴上安装有刮板，使物料在蒸发面形成极薄的液膜，强化了热量和质量的传递，刮板外缘与蒸发器表面维持一定的空隙，轴的旋转带动刮板沿蒸发面做圆周运动，使之完成刮膜过程；也有用分段的刮片来代替整块刮板，刮片紧贴着加热表面运行，将加热表面上的物料刮起，形成高度涡旋的薄膜，不断更新蒸发面上的物料，从而促进了传质过程。图 5-2 为转子型刮板式分子蒸馏器示意图，它主要由旋转轴带动的刮板式成膜装置、蒸发器与冷凝器，以及中高真空系统等组成。夹套加热的蒸发器为圆筒形外壳，冷凝器在与蒸发器距离很近的内圈里面。在蒸发器与冷凝器之间，有一个装有刮板或刮片的圆柱状环形转子，刮板或刮片与蒸发器的内壁蒸发面只有极小的间隙。刮板转动时将蒸发面上的物料刮成薄膜，并不断使蒸发表面的物料更新。操作时从蒸发面上方进料，料液沿蒸发面流下，并被旋转的刮板刮成薄膜，一部分料液被蒸发汽化，一部分料液被刮动沿蒸发面往下继续蒸发。离开蒸发面后的残液被收集在残液口排出。汽化后的蒸气物料通过转子在冷凝器表面被冷凝成蒸馏液，由蒸馏液出口排出。蒸发器外壳下部与中高真空系统接通，将不凝性气体抽出，从而实现整个分离过程。

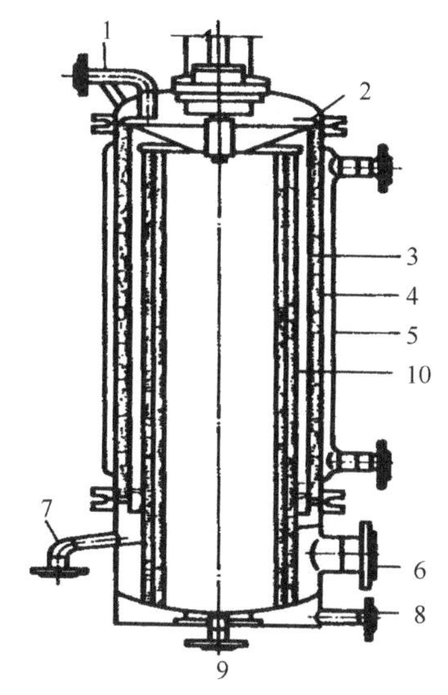

图 5-2　转子型刮板式分子蒸馏器(高孔荣等，1998)

1. 进料口；2. 转子；3. 刮片；4. 加热表面；5. 加热套；6. 真空接口；7. 残液排放口；8. 冷却水入口；9. 蒸馏液出口；10. 冷凝器

滚筒式刮膜器是将若干个圆柱形滚筒呈一定角度安装在与主轴平行的滚轴上，滚筒与主轴间有一定的空隙，当主轴转动时，滚筒做圆周运动滚动，离心力作用使液膜表面流体不断分布和更新。与其他几种刮膜器相比，滚筒式刮膜器的物料停留时间最短、脱尾现象最轻。

刮膜式分子蒸馏器形成的液膜比较薄，并且沿蒸发表面流动，被蒸馏物料在操作温度下停留时间短，成膜更均匀，热分解较小，蒸馏过程可以连续进行，生产能力大，分离效率高，在工业上应用较广。与降膜式装置相比，缺点在于结构比较复杂，有时很难保证所有的蒸发表面都被液膜均匀覆盖；液体流动时常发生翻滚现象，所产生的雾沫也常溅到冷凝面上。

目前的实验室及工业生产中，大部分都采用刮膜式分子蒸馏器装置。

图 5-3 是另一种刮板式技术示意图，它采用的是 45°对角斜槽刮板装置，这些斜槽能使物料围绕蒸馏器壁向下运动。通过控制刮板的转动，提供较高程度的薄

膜混合，使物料产生微小的活跃运动，物料并非只是被动地在蒸馏器壁上滚辗，从而实现最短的、可控的物料停留时间及可控的薄膜厚度，获得优良的热能传导、物质传输和分离效率。

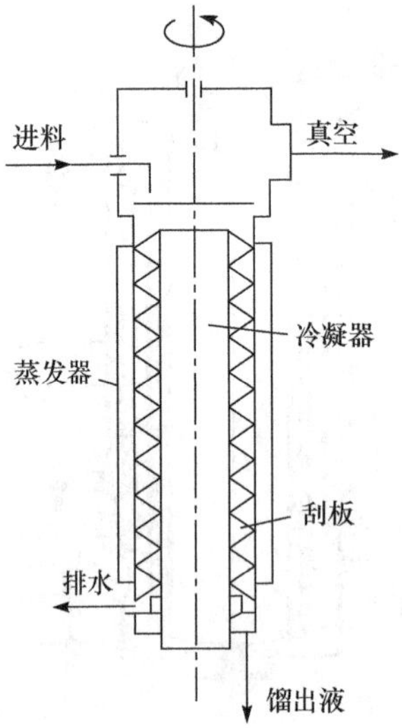

图 5-3　对角斜槽刮板式分子蒸馏器

3. 离心式分子蒸馏器

离心式分子蒸馏装置是将物料输送到高速旋转的转盘中央，物料通过离心力在旋转面扩展形成液膜，同时受到加热而蒸发逸出，在对面的冷凝面上冷凝。该装置由于离心力的作用，液膜分布均匀且薄，蒸发效率高，效果好，停留时间更短，处理量更大，可处理热稳定性差的混合物，此种装置是目前较为理想的分子蒸馏装置。但与其他形式的蒸馏器相比，设备结构较为复杂，制造及操作难度大；由于有高速旋转的圆盘，对真空技术、密封方面的要求更高；加工制造较难，价格较高，蒸发面积小，处理能力不够大，并且由于没有刮片构件，对于易结焦的物料不太适合。

离心式分子蒸馏器的结构如图 5-4 所示。料液从进料管 1 进入离心蒸发器 2，离心蒸发器是一个旋转体，其产生的离心力使料液在蒸发器表面形成薄膜，一边向外运动，一边蒸发汽化。蒸发器下面装有加热器 3，产生的蒸气在穹顶冷凝器 4 表面冷却成蒸馏液由蒸馏液收集槽 5 收集。蒸发器剩下的残留液经残液收集槽 6 收集后由残液出口排出。不凝性气体由真空接口 9 抽走。由于蒸发器的离心作用，

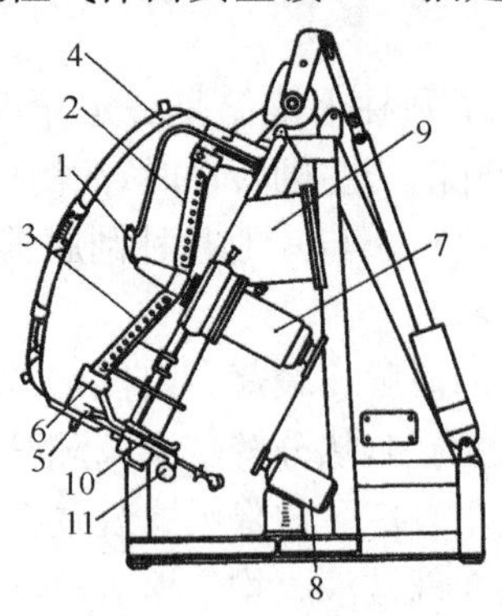

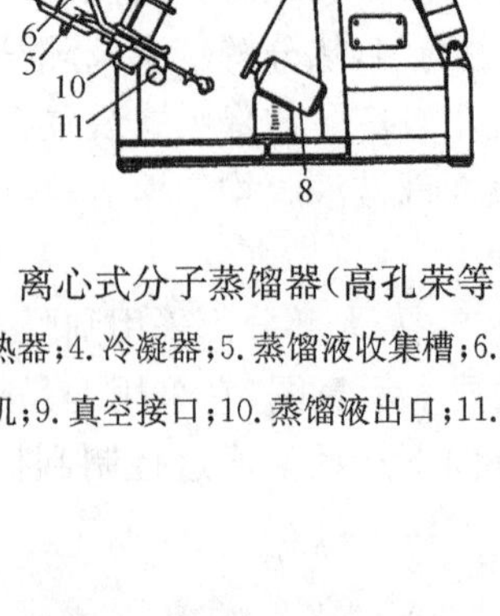

图 5-4　离心式分子蒸馏器（高孔荣等，1998）

1. 进料管；2. 蒸发器；3. 加热器；4. 冷凝器；5. 蒸馏液收集槽；6. 残液收集槽；7. 密封轴承；8. 驱动电机；9. 真空接口；10. 蒸馏液出口；11. 残液出口

料液很容易形成薄膜，同时料液紧贴着蒸发面，产生气泡的可能性较小。在离心力的作用下，料液薄膜会沿着蒸发面自由向外移动，使蒸发面得到不断更新，因而传质速率较高，料液在蒸发面停留的时间较短，比其他分子蒸馏设备的过程都要短。

5.3.3　分子蒸馏流程

常见的几种分子蒸馏流程有：①单级转子刮膜式分子蒸馏流程；②三级转子刮膜式分子蒸馏流程；③离心式分子蒸馏流程。单级转子刮膜式分子蒸馏流程如图 5-5所示。该流程有专门的冷凝脱气设备和一台转子式刮膜短程蒸发器以及三级高真空蒸气喷射泵。三级转子刮膜式分子蒸馏流程如图 5-6 所示。该流程采用一台非短程的转子式刮膜蒸发器作为脱气预处理设备，还有两台作为主机的转子式短程刮膜蒸发器，配以扩散泵。离心式分子蒸馏流程如图 5-7 所示，该流程仅采用一台离心式分子蒸馏器作为主要设备，完成一次性的分子蒸馏处理，根据需要作多次循环操作。

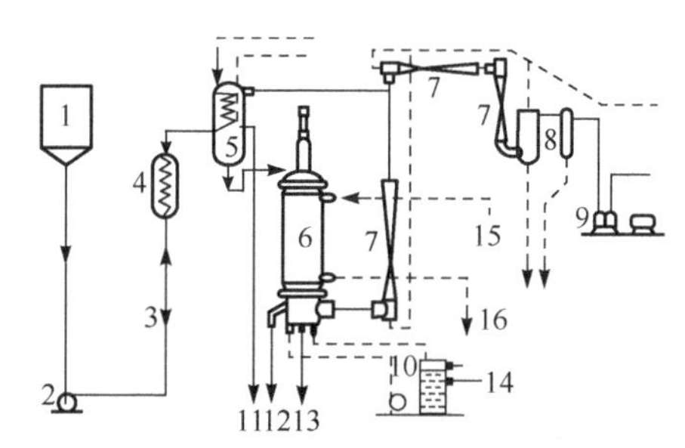

图 5-5　单级转子刮膜式分子蒸馏流程(高孔荣等，1998)

1. 储料罐；2. 进料泵；3. 流量计；4. 预热器；5. 内设冷凝器的脱气罐；6. 蒸发器；7. 蒸气喷射泵；8. 冷凝器；9. 真空泵；10. 冷却剂循环系统；11. 低沸点馏分出口；12. 残液出口；13. 蒸馏液出口；14. 冷却水；15、16. 加热介质进、出口

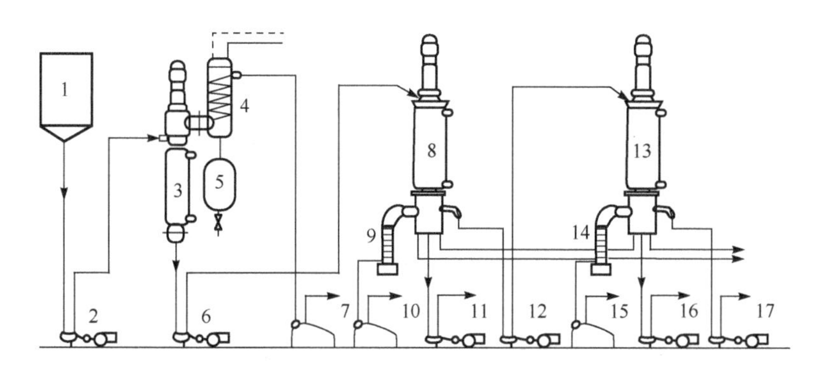

图 5-6　三级转子刮膜式分子蒸馏流程(高孔荣等，1998)

1. 储料罐；2. 进料泵；3. 转子式刮膜蒸发器；4. 冷凝器；5. 初馏分接收器；6、12、17. 产品排放泵；7. 真空泵；8、13. 转子式短程刮膜蒸发器；9、14. 扩散泵；10、15. 预抽真空泵；11、16. 蒸馏液出口

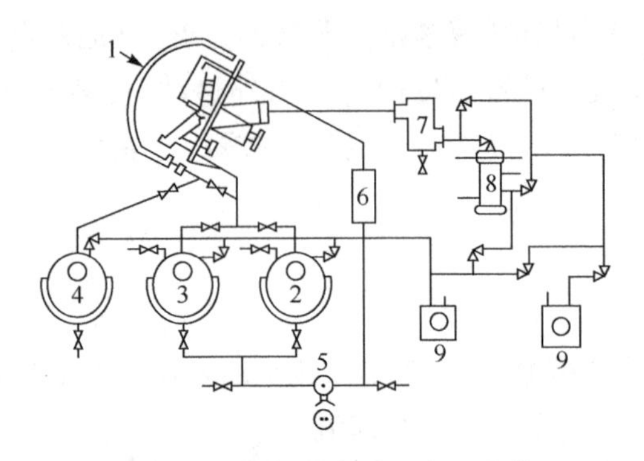

图 5-7　离心式分子蒸馏流程(高孔荣等,1998)

1.离心式分子蒸馏器;2、3、4.储料罐;5.进料泵;6.预热器;7.冷却收集器;8.扩散泵;9.油旋转泵

5.4　分子蒸馏在食品工业中的应用

5.4.1　脂肪酸甘油酯混合物的分离

制备甘油一酯、甘油二酯的反应过程主要有直接酯化法、甘油解法、酯交换法。从催化手段上又分为化学法、生物酶法与微生物发酵法。通常都是采取适当的酶处理或化学法进行油脂水解,油脂经一步水解过程可以获得一分子脂肪酸与甘油二酯,进一步水解后可以获得单甘酯与两分子脂肪酸。产物中一般都同时存在甘油三酯、甘油一酯和甘油二酯成分。

甘油一酯是食品工业中常用的乳化剂,它是由脂肪酸甘油三酯水解而成。水解物中由甘油单酯和甘油二酯组成,其中甘油单酯含量一般约为 50%,其余为甘油二酯。甘油单酯对温度较为敏感,不能用分馏方法提纯,用分子蒸馏方法分离较为理想。采用二级分子蒸馏流程,可得纯度大于 90%的单甘酯产品,得率在 80%以上。此外,链长不等的脂肪酸也可用此法进行分离。

1,3-甘油二酯和 1,2-甘油二酯是目前广受关注的一种健康食用油,也是多元醇型非离子表面活性剂的一个重要品种,具有乳化、抗静电、润滑等特性,还有安全、营养、加工适应性好、人体相容性高等诸多优点。人体摄入 1,3-甘油二酯和 1,2-甘油二酯后,产生较少的热量且很少转化成脂肪在体内堆积,具有降低内脏脂肪、抑制体重增加、降低血内中性脂肪量的作用。可用于预防与治疗高血脂症及与高血脂症密切相关的心脑血管疾病,如动脉硬化、冠心病、中风、脑血栓、肥胖、脂肪肝等。油脂按照最佳反应条件得到的酯化反应产物,可以采用分子蒸馏方法纯化甘油二酯,产物混合物中的游离脂肪酸和甘油一酯在分子蒸馏过程除去,轻相中含游离脂肪酸和甘油一酯,重相中主要含有甘油二酯。分子蒸馏技术可以同时分离甘油一酯和甘油二酯。制得甘油一酯纯度达到 90%～96%。得到的纯化甘油二酯产品中含量达到80%以上。

5.4.2 在制备多不饱和脂肪酸方面的应用

深海鱼油富含多不饱和脂肪酸，其中最典型的是ω-3型多不饱和脂肪酸中的二十碳五烯酸(EPA)和二十二碳六烯酸(DHA)。现代医学证明，EPA和DHA具有很好的功能特性，有着很高的药用和营养价值。例如，在改善记忆力，提高头脑敏锐度和反应速率，保护眼睛视力，维持心血管系统健康，预防动脉硬化、中风等疾病等方面都有较好功效。为获得高纯度的EPA和DHA，近年来人们利用分子蒸馏法精制鱼油。傅红等(2002)研究了多级分子蒸馏法提取深海鱼油中多不饱和脂肪酸的工艺方法，当蒸馏温度为110℃以上，蒸馏压力在20Pa以下时，经过三级串联分子蒸馏，得到高碳链不饱和脂肪酸质量分数为90%～96%的鱼油产品。Hwang等(2001)采用分子蒸馏技术从尿素预处理的鱿鱼内脏油乙酯中进一步提取EPA和DHA。将EPA的含量从28.2%提高到39.0%，DHA的含量从35.6%提高到65.6%。

α-亚麻酸是十八碳三烯酸，为多不饱和脂肪酸。α-亚麻酸对人体具有多种生理调节功能，如改善器官组织发炎、降低胆固醇、减低心脏负荷等。郑弢等(2004)采用刮膜式分子蒸馏装置对α-亚麻酸的提纯进行了研究，采用多级操作方式，蒸馏温度为90～105℃，操作压力为0.3～1.8Pa，进料温度为60℃，进料速率为90～100mL/h，刮膜器转速为150r/min，经过四级分子蒸馏，将原料中的α-亚麻酸由原来的67.5%提高到82.3%。

此外，分子蒸馏技术还可用于不饱和脂肪酸的脱色和除臭。

5.4.3 在维生素提取方面的应用

对人体健康有重要生理功能的维生素E、维生素A主要存在于一些植物的组织，如大豆油、小麦胚芽油及油脂加工的脱臭成分和油渣中。采用分子蒸馏法可从大豆油、小麦胚芽油等油脂及其脱臭物中提取高纯度的维生素A、维生素E。宋志华等(2009)采用三级分子蒸馏，结合两次脱除甾醇，从大豆油脱臭馏出物中提取维生素E。结果表明，采用三次分子蒸馏，结合两次结晶脱除甾醇，大大提高了产品纯度，产品维生素E含量可达74.55%。林涛等(2009)对分子蒸馏浓缩合成维生素E进行了研究，在刮膜器转速为200r/min、操作压力为0.1Pa、蒸馏温度为158℃、进料速率为110mL/h条件下，维生素E纯度可达到98%以上。闫广(2004)利用分子蒸馏技术初步探讨了维生素K1的分离提纯，通过改变实验操作参数(操作压力和蒸馏温度等)得到了不同纯度的维生素K1馏出物，其最高纯度达到了93%以上，从而证明了分子蒸馏法提纯维生素K1具有可行性和工业化前景。Fischer等(2005)获得了通过分子蒸馏制备维生素D3的专利，他们只经过一次分子蒸馏就能够把维生素 D3 的含量由 30%提高到 70%以上。

5.4.4 在精油制备方面的应用

张文焕等(2009)利用超(亚)临界 CO_2 萃取小球藻精油，再运用皂化反应与分子蒸馏技术的联用，从小球藻精油中制备叶黄素单体。于泓鹏等(2009)用超临界 CO_2 流体萃取技术(SCDE)萃取丁香精油，然后用分子蒸馏技术进行精制，所得精油经气相色谱-质谱分析并与传统提取方法比较。结果显示，SCDE-MD 技术萃取丁香精油的得率为 19.18%，高于水蒸气蒸馏法的 11.38%和正己烷回流法的 17.40%，而且萃取时间短，色素、树脂含量低。胡雪芳等(2010)利用超临界联合分子蒸馏技术提取纯化孜然精油，经过分子蒸馏纯化后，孜然精油主要成分枯茗醛的含量由纯化前的 11.48% 提高到 30.30%。

5.4.5 在提取类胡萝卜素和色素方面的应用

Batistella 等(2005)先将棕榈油经过中和作用和酯交换反应的处理，再采用降膜和离心式分子蒸馏设备从棕榈油中提纯类胡萝卜素。也有学者采用分子蒸馏法以冷榨甜橙油为原料，提取其中的类胡萝卜素。结果表明，采用分子蒸馏技术从棕榈油、脱蜡甜橙油中提取的类胡萝卜素纯度高，不含有机溶剂，色价高。刘泽龙(2008)应用分子蒸馏技术进行番茄红素油树脂的浓缩纯化，显示出该方法高效优质的特点。适宜的工艺条件如下：进料温度为 60℃、冷凝温度为 35℃、刮膜转速为 180r/min、真空度为 3Pa、进料 200mL、蒸馏温度为 108～112℃、进料速率为 52～55g/h。分子蒸馏得到的油树脂产品做到无溶剂残留。此外，对于辣椒红素、红枣红色素及花类色素，利用分子蒸馏方法也能够进行有效的提取。

分子蒸馏技术还应用于多糖酯的分离纯化、生理活性高碳醇的精制、乳脂中分离杀菌剂、有害物质的脱除、热敏性物料的浓缩及提纯等方面。

参考文献

傅红，裘爱咏. 2002. 分子蒸馏法制备鱼油多不饱和脂肪酸. 无锡轻工业大学学报，21(6)：617-621

高孔荣，黄惠华，梁照为. 1998. 食品分离技术. 广州：华南理工大学出版社

胡雪芳，戴蕴青，李淑燕，等. 2010. 孜然精油成分分析及超临界萃取联合分子蒸馏纯化效果研究. 食品科学，31(6)：230-234

林涛，王宇，梁晓光，等. 2009. 分子蒸馏技术浓缩合成维生素 E. 化工进展，(3)：496-498

刘泽龙. 2008. 番茄红素高效提取与浓缩工艺的研究. 无锡：江南大学硕士学位论文

彭志英，赵谋明，陈坚. 2008. 食品生物技术导论. 北京：中国轻工业出版社

宋志华，王兴国，金青哲，等. 2009. 分子蒸馏从大豆脱臭馏出物中提取维生素 E 的研究. 粮油加工，(1)：79-81

闫广. 2004. 分子蒸馏法提纯维生素 K1 的研究. 过滤与分离，14(2)：14-17

于泓鹏，吴克刚，吴彤锐，等. 2009. 超临界 CO_2 流体萃取-分子蒸馏提取丁香精油的研究. 林产化学与工业，(5)：74-78

张文焕. 2009. 利用超(亚)临界 CO_2 萃取小球藻中活性成分的研究. 广州：华南理工大学硕士学位论文

郑弢，许松林. 2004. 分子蒸馏提纯 α-亚麻酸的研究. 化学工业与工程，21(1)：25-28

Batistella C B, Moraes E B, Maciel F R, et al. 2005. Molecular distillation process for recovering biodiesel and carotenoids from palm oil. Applied Biochemistry and Biotechnology, 98-100(1-9): 1149-1159

Fischer M, et al. 2005. Purification of Vitamin D3. US4529546

Hwang L S, Liang J H. 2001. Fractionation of urea pretreated squid visceral oil ethyl esters. Journal of the American Oil Chemists' Society, 78(5): 473-476

Rees G J. 2006. Medium-vacuum centrifugal molecular distillation in the isolation of high-boiling and heat-sensitive compounds. Part III Epoxy Monomer/polymer Mixtures, 26(9): 377-381

第 6 章　工业色谱技术与色谱反应器

6.1　色谱技术的分类及一般原理

6.1.1　色谱技术及其分类

混合液在固定相和流动相做相对运动时，混合液中各种组分之间的理化性质差别以及固定相对组分的不同作用，使得不同组分在两相中被反复多次地分配，在固定相上集中形成特有的区段（色谱），经过洗脱后得到分离。这就是色谱分离技术。如图 6-1 所示，根据使用的固定相种类差异，固定相对组分的作用包括：吸附、分配、离子交换、亲和吸附、凝胶过滤，以及聚焦作用等。

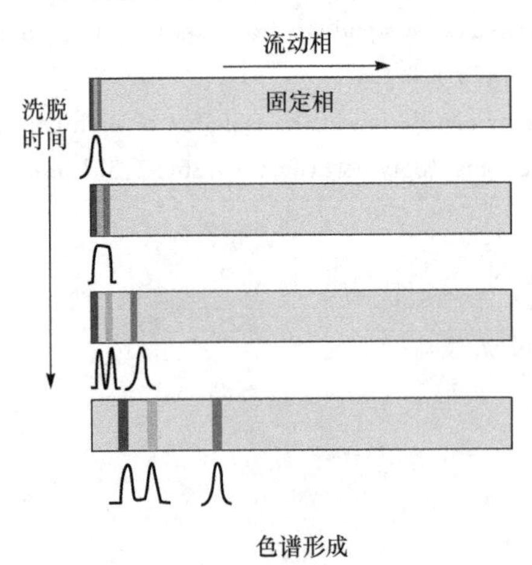

图 6-1　色谱分离技术示意图

色谱技术的应用包括实验室分析以及工业分离制备两个方面，甚至如液相色谱仪和气相色谱等精密的分析手段，都是基于色谱技术的基本原理而发展起来的。理论上所有的色谱技术都可应用于工业上的分离，但是真正规模较大的工业应用还只是近几十年的事情。症结主要在于解决色谱分离的效率随色谱柱的放大而急剧下降的问题，同时还要解决操作过程的效率问题。初期的色谱分离技术只适用于实验室中生物小分子的分离分析。其中氨基酸、核苷酸、有机酸等一些离子化合物多用离子交换色谱，而生物碱、萜类、苷类、糖类、色素等次生代谢小分子则多采用吸附色谱法或反相色谱法分离。自 20 世纪 60 年代以后，研发出生物大分子的色谱分离法，包括多糖基离子交换色谱法、大孔树脂离子交换色谱法、凝胶色谱法、亲和色谱法、聚焦色谱法等，使得色谱分离技术获得了更为广泛的应用。

色谱分离技术的发展特点如下：

(1) 作为固定相载体的填料，如吸附柱、离子交换柱、亲和柱、凝胶柱等，在材料、种类和型号上日益增多，其适应性和分离效果越来越理想；

(2) 与之相配套的检测系统日趋完善，适用于分析分离和工业应用上的在线检测，如紫外可见光吸收分光光度计、荧光仪、高效液相色谱仪的配套使用，使色谱技术的分离效率、在线检测、检测灵敏度和自动化方面都有长足的进展；

(3) 色谱分离技术的应用范围已不仅应用于小分子的分离，利用中、低压色谱技术，对多聚糖、蛋白质等生物大分子的分离也在得到更多的应用和推广；

(4) 色谱反应器将反应与色谱分离技术集成于一体，强化了分离的效率与选择性。

色谱技术按其分离过程的原理不同可分为：

(1) 吸附色谱。在生物产品的纯化中，吸附分离是很普遍的操作。吸附色谱分离是指混合物中的组分随流动相通过吸附剂(固定相)时，由于吸附剂对不同组分具有不同的吸附力而使组分得以分离的一种技术。吸附色谱分离是最早期的一种色谱分离技术，如活性炭吸附分离、氧化铝柱吸附分离、硅胶柱吸附分离等。吸附过程也通常用于抗体纯化的分离。活性炭是最常用的吸附剂，属于最传统的吸附剂。吸附过程大多数情况下都是非专一性的，但是具有洗脱液体积小、产品浓度高的特点。吸附过程有固定床操作和搅拌罐式操作两种方式。对于发酵后培养液的处理，可以把吸附剂直接加入，将不溶物的去除和产品的分离这两种操作相结合。

(2) 离子交换色谱。离子交换色谱是利用混合液中的离子与固定相分子的功能基团中相同电荷离子的交换而进行分离的技术。应用于离子交换的树脂分子上有能够解离的固定基团和游离性基团。离子性组分，如蛋白质、酶、氨基酸或某些抗生素，解离后带有与树脂分子中固定基团电性相反的电荷，能够以反离子的形式被吸附。其交换结合或洗脱取决于待分离组分的等电点和解离常数 pK，因此可以通过改变洗脱液的 pH 或离子强度对其进行调控操作，达到分离的目的。

离子交换色谱是非常有用的产品分离技术，市场上已有大容量的离子交换载体(即离子交换树脂)商品，可应用于不同的分离。离子交换树脂可以作为固定床和搅拌罐的形式操作使用。工业上进行大规模的柱操作时，常见的主要问题是由于压力作用引起装柱材料的变形和床压缩，所以新发展的离子交换树脂，在硬度方面必须明显提高以抗变形，使之适用于所有的柱操作。离子交换色谱技术的特点是：①吸附的选择性高。根据待分离组分的带电性、化合价和解离程度，选择合适的离子交换树脂可以从很稀的混合溶液中将组分进行分离和浓缩。②适应性强。包括分析分离、工业制备分离、小分子到生物大分子的分离、实验室和工业生产、水的预处理等。③多相操作，分离容易。树脂进行适当的转型后可反复使用，尤其是与其他技术配合使用，离子交换色谱技术的应用领域包括水的软化和脱盐淡化，废水中金属离子的去除，食品工业中糖液的脱色净化及 Ca^{2+}、Mg^{2+}、SO_4^{2-}、PO_4^{3-} 的去除，发酵工业中各种有机酸和氨基酸(味精发酵中谷氨酸的分离)的分离和提纯，制药工业中各种抗生素和生物碱的分离提纯等。

(3) 亲和色谱。利用生物对之间存在可逆的亲和力特性，将其中一方作为配基结合于树脂载体上，通过溶液的移动，把待分离组分亲和结合于载体配基上，再用适当的具有更强亲和力的配基洗脱液，将被吸附的组分洗脱转移，获得纯化的产品。此种技术称为亲和色谱分离。亲和色谱中最关键的问题是寻找待分离组分的专一性配基。就专一性来说，单克隆抗体是专一最好的配基，但是利用单克隆抗体作为配基技术，目前还处于初始阶段。单克隆抗体的生产成本高，产量低，使得它只能应用于某些非常昂贵、附加值较高的药物和活性成分的生产。具有与 NAD 分子部分结构相似的三嗪染料也是一种较好的广泛用于需要 NAD 作为辅酶的酶类亲和配基，其他的三嗪染料也可以用于类似的亲和吸附的操作，尽管这些吸附剂的专一性不高，但是因为在洗脱过程中可以达到有效的纯化效果而获得应用。

将亲和配基偶联于固体支撑物(载体)上的方法有多种，依配基不同而异。目前市场有多种能够偶联于不同载体上的配基。利用生物分子对亲和特性可以分离和纯化的物质包括酶、蛋白质、酶的抑制剂、抗体和抗原、激素和药物受体、核酸、基因、细胞等。亲和吸附通常采用固定床的形式操作，但是也可以采用悬浮的吸附剂以搅拌罐的形式操作。

(4) 凝胶色谱。当混合组分随流动相经过固定相(凝胶)时，混合物中各组分按其分子大小不同而被分离的技术，称为凝胶色谱分离技术。作为固定相载体的微孔性凝胶，起着过滤分子的筛子作用，相对分子质量大的组分因为进不了凝胶微孔内先流出，而相对分子质量小的组分由于不断进出凝胶微孔，迁移的路程长而在后流出，各组分因相对分子质量大小而得以分离。此种技术又被称为分子筛或凝胶过滤。在凝胶色谱过滤中，柱的凝胶是完全惰性的，只有凝胶的微孔大小与分离效果相关。各种组分(尤其是生物大分子中的球蛋白)由于相对分子质量的差别产生差异化的迁移。凝胶过滤的分离不算很精确，但是此种技术可以将大部分的大分子与小分子分离开。常常被应用于进行相对分子质量的测定，酶、蛋白质、多糖、核酸的分离和提纯，尤其是大分子脱盐的效果最理想。

(5) 分配色谱。分配色谱是利用待分离物(溶质)在流动相和固定相之间的分配系数差异，当流动相与固定相做相对运动时，组分在流动相和固定相之间不断地分配而得以实现分离。其实质是组分在两相间的溶解度差异。分配色谱分离主要在气液色谱或液液色谱系统中实现。对液液色谱而言，一般地说，流动相的极性比固定相要小。例如，用吸附在硅胶上的水作固定相，用氯仿作流动分离乙酰化的氨基酸。如果把这个关系颠倒过来，用极性较强的液体作流动相，则称为反相分配色谱，用于特殊需要的色谱分离。例如，把某种萃取剂附于一定支持物上，用水溶液作流动相分离金属离子，就是反相分配色谱的一种应用。

(6) 聚焦色谱技术。利用具有两性电解质特点的组分，如氨基酸、蛋白质、酶等在等电点上的差异，分离过程中用适当的方法使固定相形成 pH 梯度，当两性电解质混合物随流动相流经具有 pH 梯度的固定相时，各组分在相应的等电点上由于不带电性而聚焦，从而得以分离。此种技术被称为聚焦色谱分离技术，如图 6-2

所示。此种技术的分辨率极高，但因其处理量少目前还较难应用于工业上，通常是作为分析手段对两性电解质进行等电点测定。

6.1.2　色谱分离的一般性理论及原理(陆九芳等，1993)

1. 分配平衡及分配平衡常数

溶液中的溶质在色谱系统中，当固定相和流动相之间的吸附达到平衡时，溶质在固定相和流动相的化学位是相等的，此时溶质在两相间的分配系数以 K 表示，K 一般用下式表示：

$$K=\frac{\text{单位体积固定相中溶质的量}}{\text{单位体积流动相中溶质的量}}$$

描述溶质在色谱系统两相间分配特性的另一个重要参数是分配容量 K'，或称容量因子、容量比：

$$K'=n_s/n_m$$

其中，n_s 表示溶质在固定相中的量；n_m 表示溶质在流动相中的量。

又因为

$$n_s=C_sV_s,\quad n_m=C_mV_m$$

式中，C_s 和 V_s 分别为固定相的溶质浓度和体积；C_m 和 V_m 分别为流动相中溶质的浓度及体积。所以有

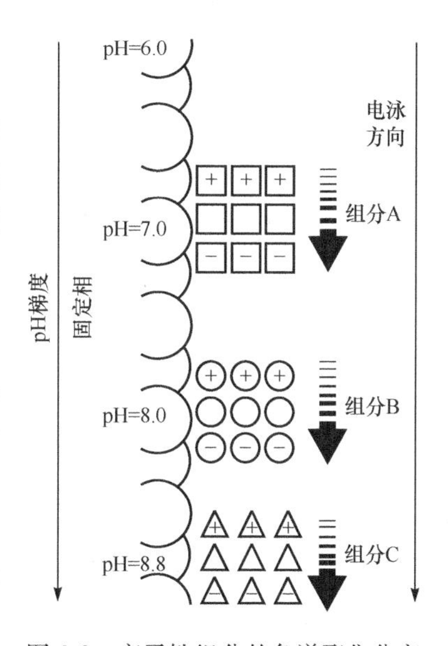

图 6-2　离子性组分的色谱聚焦分离

组分 A：pI=7.0；组分 B：pI=8.0；组分 C：pI=8.8

$$K'=C_sV_s/C_mV_m=KV_s/V_m$$

各种色谱分离中，其固定相及机理都各不相同，如果是吸附色谱，V_s 可用吸附剂表面积表示；如果是离子交换色谱，V_s 可用交换剂的质量或交换剂容量来表示；如果是凝胶色谱，则用凝胶的孔容表示。分配容量 K' 是描述溶质在两相分布的简便形式，它不仅与两相性质有关，还与温度、色谱床结构有关，但与流动相流速及柱长无关。

2. 分配等温线

不同树脂(固定相)对溶质的吸附及分配特性，以及对于溶质的分离效果，可以通过实验作分配等温线来描述。实验时，在一定温度下做一系列实验，将一定量的树脂与一定量的溶质溶液混合。达到平衡时，以流动相中溶质浓度 C_m 对固定相中的溶质浓度 C_s 作图，得到的关系曲线称为分配等温线，可能出现两种类型：①线性等温线；②非线性等温线。如图 6-3 所示，表明在线性等温线中，溶质在两相间

的分配系数恒定，分离时溶质的保留时间不会随溶质浓度变化而变化，能够获得对称的色谱峰，分离比较理想。而在非线性等温线中，溶质的分配系数和保留时间都不是恒定的，会随溶质的浓度变化而变化，因而溶质不易确定和收集，分离效果不会理想。在非线性等温线中，若等温线表现出凸型，意味着在浓度低时固定相对溶质的吸附较牢，在浓度高时，固定相对溶质的吸附减弱。色谱峰中心部位溶质浓度较高，固定相的吸附较弱而相对提前洗脱，前沿部分由于溶质的浓度较低被吸附较牢，洗脱时向前移动较慢，所以流出峰前沿陡直，后沿由于浓度低而迟迟不被洗出，于是呈现拖尾。溶质的保留时间随样品量的增大而变小。若等温线为凹型，情况则正好相反，会出现前伸的色谱峰形状，溶质的保留时间随着溶质浓度的增加而变大，需要减少样品量或浓度才能获得对称的色谱峰和较好的分离效果。

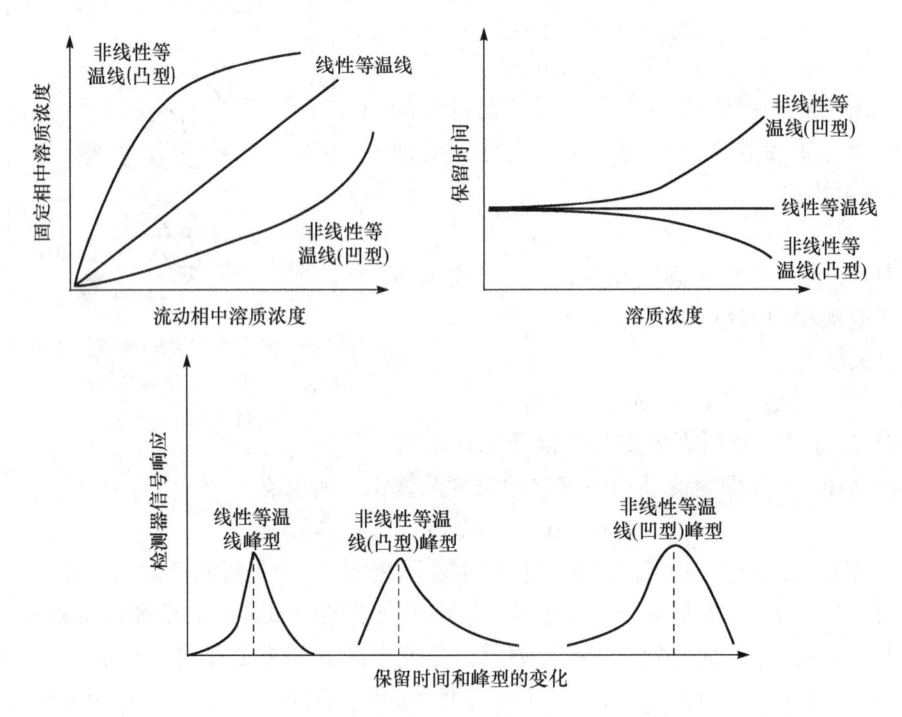

图 6-3　三种类型的分配等温线的比较

3. 色谱图

对色谱中的组分进行洗脱时，如果以流出组分的洗脱时间或洗脱体积作横坐标，以分离组分的浓度或相应的检测信号为纵坐标作图，便形成组分的峰形浓度分布(图 6-4)。多个组分形成多个色谱峰，这些色谱峰构成的图形称为色谱图。一个色谱峰具有多种意义：

(1) 基线是指当没有样品进入检测器时，检测器给出的信号，图中以 OD 表

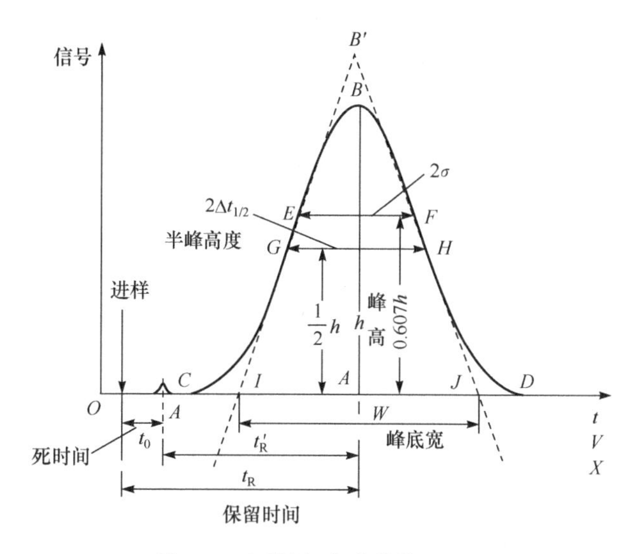

图 6-4　色谱图(高孔荣等,1998)

示,表示仪器的工作状态。

(2) 峰高是指色谱峰的顶点到基线的垂直距离,图中以 AB 或 h 表示。

(3) σ 即标准偏差,是指与峰高的 60.7%相对应的色谱峰宽度的一半,图中对应于 EF 的一半。

(4) 半峰宽度是指峰高一半处的宽度,在图中为 GH。

(5) 峰底宽,通过色谱峰两边拐点作切线,与基线相交,两交点间的距离就是峰底宽,在图中为 W。

(6) 峰面积是指色谱峰曲线所形成的面积,在图中为 CBD。

(7) 死时间是指溶质从入柱到流出柱之前所需要的时间,在图中为 t_0。

(8) 保留时间是指加样后到溶质峰值出现所需要的时间,在图中为 t_R,也可以用保留体积 V_R 表示。

色谱图上述参数的意义有几点:

(1) 进行定性和定量计算;

(2) 可以根据这些参数判断样品中组分的分离情况;

(3) 分得越开的峰说明分离效果好;

(4) 根据色谱图中组分出现的时间或体积数据,对组分进行恰当的收集和分离;

(5) 根据峰高和峰的面积数据定量计算。

4. 塔板数和塔板高度

在蒸馏塔分离中,分离效果取决于塔板数。理论上也可以把一个色谱柱比作蒸馏塔，这样色谱分离的效率就取决于色谱柱的理论塔板数。在这里，理论塔板是人为想象的虚拟概念，但可以用这一个概念来理解和讨论与色谱分离效果的相关问题：色谱柱中的理论塔板数(N)与柱长(L)成正比，与每个理论塔板的高度(H)成反比，即 $N=L/H$。这里，H 的意义是把连续的色谱柱微分成一个个独立的溶质分配单元，溶质随溶剂流动时每经过一个理论塔板，就在固定相与流动相之间进行了一次分配。因此，H 值小意味着理论塔板数多，会得到高的柱效率，溶质的分离效果就理想。H 与色谱系统的各种因素有关，通常小的填料颗粒直径，较慢的溶剂流速和较小的溶剂黏度，以及在较高的温度下分离，会使色谱柱中的 H 变小，理论塔板数就得以提高。根据塔板分离理论，色谱图中如果溶质流出的峰形服从高斯分布，则其峰底宽 W 同塔板数 N、保留体积 V_R 之间的关系为

$$W=4\sigma=4V_R/\sqrt{N}$$

其中，σ 表示标准偏差，为与峰高的 60.7%相对应的色谱峰宽度的一半；V_R 表示保留体积，也可以用保留时间 t_R 表示：

$$N=16\left(\frac{V_R}{W_V}\right)^2=16\left(\frac{t_R}{W_t}\right)^2$$

式中，W_V 为以体积表示的峰底宽；而 W_t 为以时间表示的峰底宽。

5. 分离度

色谱分离中的分离度概念也称分辨率，此概念定量地反映相邻两组分在色谱柱上的分离状态。数值越大说明两溶质的峰分得越开，分离效果越理想。分离度最常用的定量性参数是峰底宽分离度 R，它是指相邻两组分保留值之差与峰底平均宽度之比：

$$R=\frac{t_{R2}-t_{R1}}{\frac{1}{2}(W_{t2}+W_{t1})}=\frac{2(t_{R2}-t_{R1})}{W_{t2}+W_{t1}}$$

式中，t_{R1}、t_{R2}是两个组分的保留时间；W_{t1}、W_{t2}表示峰底宽。如果保留值以体积表示，则为

$$R=\frac{2(V_{R2}-V_{R1})}{W_{V2}+W_{V1}}$$

6.2　亲和色谱分离技术

6.2.1　亲和色谱分离技术的原理及过程

亲和色谱是利用生物对之间存在可逆的亲和结合特性，将生物对中一方作为配基结合于树脂载体上，通过流动相与固定相的相对移动，以亲和结合的形式把待

分离组分分离的技术。亲和色谱分离技术的优点为:分离过程为一步性操作,简单迅速,分离效率高,操作条件温和,对含量极少而又不稳定的活性物质的分离比较有效,选择性和效率都较高,甚至能从粗提取液中一步分离使之纯化。亲和色谱分离技术的缺点是:使用范围受到很大的限制,因为并非所有物质都可以找到与之相配对的配基成分,分离所要求的稳定条件也往往受到很大的限制,载体的费用较高,寿命较短。

生物对的亲和作用及配基的选择:在自然界中,对于具有专一而又可逆亲和力的两种生物分子,可称其为生物对。生物对中,用来连接到载体上的配对物,称为配基。配基选择的基本要求是对于待分离组分,必须具有特殊、专一和可逆的结合力;与载体或手臂具有连接的化学基团,通过适当的处理能够结合于载体上;有时还需要结合适当的链型聚合物分子作为“手臂”,以方便与待分离组分亲和结合。

生物中天然的生物对有很多,如酶与底物、相应的抑制剂、辅酶或辅基,抗体与抗原、病毒和细菌,外源凝集素与多糖、糖蛋白、细胞表面受体和细胞,核酸与互补的碱基序列、组蛋白、核酸聚合酶、结合蛋白;激素与激素受体和载体蛋白,细胞与细胞表面特异蛋白、外源凝集素等。具有与 NAD 分子部分结构相似的三嗪染料也是一种广泛用于需要 NAD 作为辅酶的酶类亲和配基,其他的三嗪染料也可以用于类似的亲和吸附的操作。就专一性来说,单克隆抗体是专一性最好的配基,但是利用单克隆抗体作为配基技术,目前还处于初始阶段。由于单克隆抗体的生产成本高、产量低,目前它只能应用于某些非常昂贵、附加值较高的药物和活性成分的生产。

生物对的分子之间,按其亲和力结合的方式,基本上可分成以下几大类:①生物特效亲和对,如酶与底物、酶与竞争性抑制剂;②染料配位亲和对,如蓝染料 F3G-A 与核糖核酸酶;③定位金属离子亲和对,如金属离子与多肽、蛋白质、核酸、生物酶;④包合配合物亲和对,如环糊精(CD)与手性氨基酸、多肽、手性药物;⑤共价亲和生物对,如 α-吡啶二硫化物与含硫多肽、含硫蛋白质;⑥电荷转移亲和对,如卟啉衍生物与氨基酸、蛋白质、核酸、核苷酸。这种分类可以为生物对的寻找和选择提供一种思路。

亲和色谱分离的基本过程如下:

载体与配基的选择→载体的活化及与配基的偶联结合→装柱平衡
→亲和吸附→洗涤→解吸→柱再生

如图 6-5 所示,载体一般都需要活化才能够与配基或间隔臂(手臂)分子结合,因为经过活化才能在载体分子上产生某些与间隔臂(手臂)分子结合的基团。载体活化的方法有多种,不同的载体有不同的活化方法。载体活化后,在不损害其生物功能的条件下,把配基或间隔臂(手臂)分子与载体结合。这一过程通常称为偶联。

偶联后的载体-手臂-配基被装载于色谱柱中,用缓冲液平衡后即成为亲和色谱柱。亲和色谱柱中的固定相是由载体、间隔臂(手臂)和配基三部分组成。

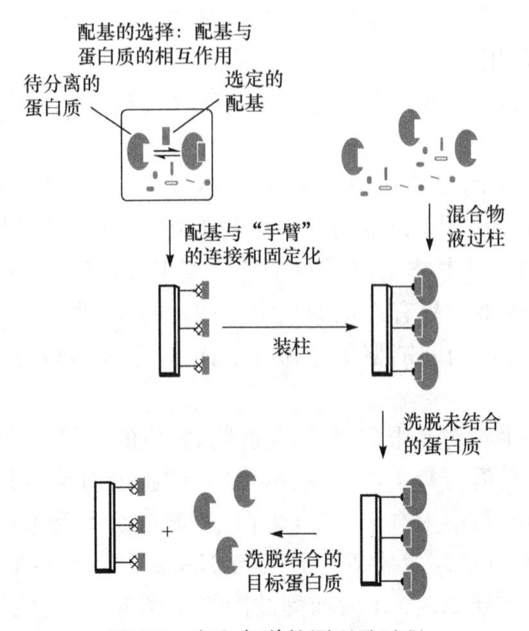

图 6-5 亲和色谱的原理及过程

再将含有待分离组分的混合液加载于亲和色谱柱端部,选择适当的缓冲液由上至下带动样品混合液流动。在迁移的过程中,待分离的组分由于配基的亲和力被结合"挂"在柱上,其他与配基无亲和力的组分则随流动相流出而被去除。然后选择适当的具有洗脱效果的缓冲液或盐溶液作为流动相,在一定条件下进行洗脱,配基与待分离的亲和物解吸,将释放的分离成分收集,从而完成分离的过程。

6.2.2 载体的选择及活化

可用于亲和色谱分离的亲和色谱载体有纤维素、葡聚糖凝胶、聚丙烯酰胺凝胶、多孔玻璃、琼脂糖等,其中最常用到的是琼脂糖、聚丙烯酰胺和葡聚糖。亲和色谱分离中对载体有一定的要求。例如,①溶剂不溶性,即载体必须不溶于溶剂,亲水但不溶于水;②载体必须具有疏松网状结构,具有渗透性,允许大分子自由通过,其物理结构对所有组分不产生分离效应;③具有较高的硬度和合适的颗粒度;④对各种组分不具有或只具有较低的吸附力,避免非专一性吸附所带来的分离效应;⑤具有化学稳定性、微生物稳定性和酶降解稳定性;⑥活化方便,容易与配基连接等。

琼脂糖的活化与偶联:琼脂糖为 D-半乳糖和 3,6-脱水 L-半乳糖交替结合的直链状多糖。凝胶态的琼脂糖链呈单螺旋状,中间由氢键维系,纵横交错形成多孔网状结构。琼脂糖已制成珠状凝胶颗粒的商品。市场上的商品名为 Sepharose,型号有 Sepharose 2B、4B 和 6B 等多种，分别表示琼脂凝胶的质量分数为 2%、4% 和 6%。琼脂糖的凝胶浓度越低，其结构越松散，更具有多孔性，但机械强度会降低。其中以 Sepharose 4B 的各项性能比较适中，用得最多。

琼脂糖的活化通常是在碱性条件下，用溴化氰处理，引入活泼的亚氨基碳酸盐，能与带有游离脂肪族或芳香族氨基的配基相偶联，形成氨基碳酸盐和异脲衍生物（图 6-6）。当小分子的配基与载体相连接时，载体有时会形成空间位阻，影响到配基与亲和物的连接，不能形成有效的结合；同时活化后的琼脂糖要求与带游离氨基的配基相连接，如果配基不具有游离的氨基，也无法与载体有效连接。解决的办法是在载体与配基之间引入“手臂”。“手臂”的末端可以带上游离的氨基，这样就能够和不带游离氨基的配基相偶联。一个典型的例子是 *β*-半乳糖苷酶的琼脂糖亲和分离。对氨基苯-*β*-D-巯基吡喃半乳糖是 *β*-半乳糖苷酶的竞争性抑制剂，可用于亲和吸附分离 *β*-半乳糖苷酶。但是将其直接连于琼脂糖上用来纯化 *β*-半乳糖苷酶效果却不理想。原因是没有足够的空间而妨碍了生物对的亲和结合。在抑制剂和琼脂糖载体之间引入“手臂”，形成溴乙酰氨乙基琼脂糖或琥珀酰化的 3,3-二氨基二丙胺琼脂糖后，再与配基抑制剂连接，对 *β*-半乳糖苷酶的亲和力便得以改善。

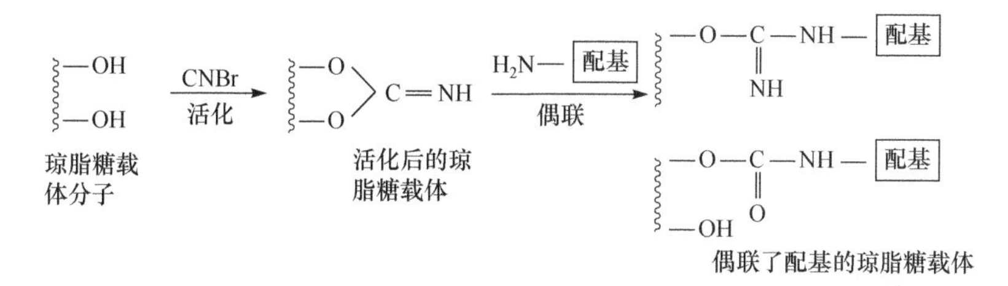

图 6-6　琼脂糖载体的活化及偶联

聚丙烯酰胺凝胶的活化与偶联：聚丙烯酰胺凝胶是由单体丙烯酰胺通过交联剂（如甲叉双丙烯酰胺）聚合交联而成的高分子聚合物，商品名为 Bio-gel P。呈干粉状，结构紧密，溶胀后成为凝胶，其化学性质较稳定，特别适用于亲和力比较弱的配基与亲和物之间的分离。凝胶的孔隙率与孔的大小，可通过调整其单体丙烯酰胺的含量来解决，以利于大分子通过。

聚丙烯酰胺凝胶可以活化成多种衍生物：①形成叠氮衍生物。聚丙烯酰胺凝胶分子的酰胺基经水合肼处理形成酰肼基，再经亚硝酸处理而成。这种衍生物可以和具有脂族或芳香族氨基的配基偶合（图 6-7）。②形成酪氨酰衍生物。聚丙烯酰胺的叠氮衍生物进一步和甘氨酰酪氨酸反应，可制得酪氨酰衍生物。这种衍生物可以和带有氨基的配基相偶合（图 6-8）。③形成氨基衍生物。带酰胺基的聚丙烯酰胺衍生物可与脂族二胺反应，形成氨基衍生物，能与带羧基的配基偶合。脂族二胺中的烃链可以作为配基的“手臂”，利用烃链的长度可以调整“手臂”的长短（图 6-9）。

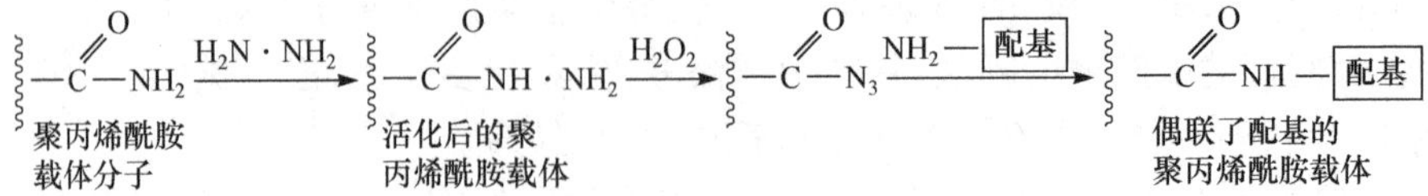

$-C(=O)-NH_2 \xrightarrow{H_2N \cdot NH_2} -C(=O)-NH \cdot NH_2 \xrightarrow{H_2O_2} -C(=O)-N_3 \xrightarrow{NH_2-\text{配基}} -C(=O)-NH-\text{配基}$

聚丙烯酰胺载体分子　活化后的聚丙烯酰胺载体　偶联了配基的聚丙烯酰胺载体

图 6-7　形成叠氮衍生物的聚丙烯酰胺载体的活化与偶联

$-C(=O)-N_3 \xrightarrow{\text{甘氨酰酪氨酸}} -C(=O)-\text{甘氨酰酪氨酸}-C_6H_4-OH$

聚丙烯酰胺载体分子　活化后的聚丙烯酰胺载体

$\downarrow N{\equiv}N-C_6H_4-\text{配基}$

$-C(=O)-\text{甘氨酰酪氨酸}-C_6H_3(OH)-N{=}N-C_6H_4-\text{配基}$

偶联了配基的聚丙烯酰胺载体

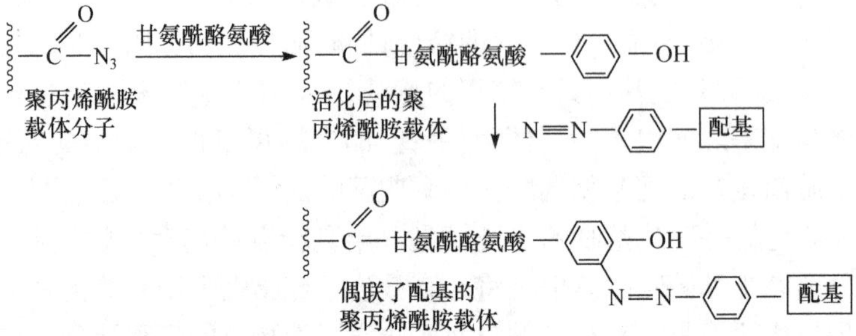

图 6-8　形成酪氨酰衍生物的聚丙烯酰胺载体的活化与偶联

$-C(=O)-NH \cdot NH_2 \xrightarrow{H_2N(CH_2)_nNH_2} -C(=O) \cdot NH(CH_2)_nNH_2 \xrightarrow[\text{羰二亚胺}]{HOOC-\text{配基}} -C(=O)-NH(CH_2)_n \cdot N-C(=O)-\text{配基}$

聚丙烯酰胺载体分子　活化后的聚丙烯酰胺载体　偶联了配基的聚丙烯酰胺载体

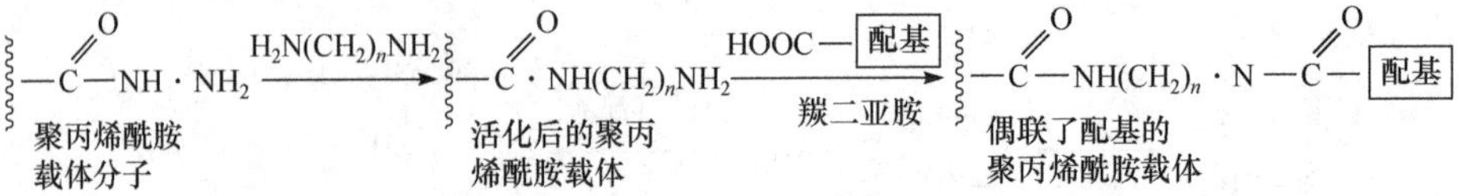

图 6-9　形成氨基衍生物的聚丙烯酰胺载体的活化与偶联

6.2.3　亲和色谱分离条件的选择

平衡缓冲液和样品液的选择：亲和色谱分离中，亲和柱所用平衡缓冲液的组分、pH 和离子强度都应选择有利于生物对亲和作用，最有利于形成络合物的条件。样品液应尽可能与亲和柱的缓冲液一致并有利于保持样品中组分的活性。在较低温度下进行可防止生物大分子热变性失活，同时有利于亲和双方形成络合物。

洗脱剂与洗脱方法的选择：被亲和吸附的组分必须从吸附剂上移去（洗脱）转到溶液中，因此色谱分离的洗脱条件与亲和吸附的条件相反，通过减弱配基与亲和物之间的亲和力，使配基与亲和物组成的络合物完全解离即可达到此目的。但是在洗脱过程中必须尽量避免过程体积的增加。比较有效的洗脱方法包括：

（1）梯度洗脱。在这种方法中，洗脱液组分盐类的浓度随洗脱进程而逐步提高。盐浓度的提高可以是阶梯式，也可以是连续式，通常是线性的提高。如果产品所含不纯物较多时，梯度洗脱效果比较理想。

（2）亲和洗脱。亲和洗脱是采用溶解的配基成分，将被吸附在柱上的生物大分子转移到溶液的配基分子上。

基于上述思路,实际上洗脱剂和洗脱条件应从以下几个方面来考虑:

(1) 改变洗脱液的 pH。常用的试剂有 0.1mol/L 乙酸、0.01mol/L 盐酸等稀酸或 0.1mol/L 的 NH_4OH,改变洗脱液的 pH 能够减少生物对之间的亲和力。例如,将缓冲液的 pH 从 7.8 降至 3.0,即可将胰蛋白酶从大豆胰蛋白抑制剂上洗脱。

(2) 在洗脱液中加入水溶性配基,并且要有一定的浓度,这样可使吸附在柱上的分离组分转移到水溶性配基上。

(3) 对被亲和吸附较强的蛋白质组分,有时需要采取蛋白质变性剂等比较剧烈的洗脱手段进行洗脱。洗脱后应马上采用适当的方法处理,以利于组分恢复活性,如中和、稀释或透析等。采用的蛋白质变性剂包括盐酸胍、尿素、强酸等。

(4) 对亲和力较强的亲和吸附,还可以采用将载体或“手臂”与配基间的连接键断开的方法。例如,使用保险粉使“手臂”中的重氮键还原断裂。

(5) 改变流动相的离子强度。

(6) 改变流动相的极性对一些亲和吸附也能够有效地洗脱。

6.3 离子交换色谱分离技术

6.3.1 概述

农业化学家早在 1850 年就发现了离子交换现象:在用硫酸铵或碳酸铵对土壤施肥时,化肥中的铵离子被吸附而土壤中的钙离子则被交换出来。因此,土壤实际上是有离子交换效应的团粒结构交换剂。1935 年,具有离子交换功能的高分子材料聚酚醛系强酸性阳离子交换树脂和聚苯胺醛系弱碱性阴离子交换树脂面世,这是离子交换色谱技术的重要进展,而德国首先以工业规模生产了离子交换树脂并应用在水处理方面。1945 年,聚苯乙烯系阳离子交换树脂面世,后来又有其他性能良好的聚苯乙烯系和聚丙烯酸系树脂研发成功,使离子交换技术成为在多种应用中具有低能耗、高效率优势的分离技术。20 世纪 60 年代,大孔离子交换树脂的发明使离子交换分离技术取得重要突破。这类树脂由于其多孔结构,兼具离子交换和吸附两种功能,为离子交换树脂的广泛应用开辟了新的广阔空间。目前,离子交换树脂在化工、冶金、环保、生物、医药、食品等许多工业领域中都有广泛的应用。

离子交换色谱是利用混合液中的离子与固定相中具有相同电荷离子的交换作用而进行分离的技术。在离子交换色谱分离中,利用了树脂分子上能够解离的游离性基团和固定基团与溶液中的离子进行交换和吸附。离子性组分,如盐类、蛋白质、酶、氨基酸或某些抗生素,解离后带有与树脂分子中固定基团电性相反的电荷,于是以反离子形式被吸附。因此,只要是离子性组分,不管是小分子还是大分子,都可以通过离子交换色谱进行分离。很明显,其交换或洗脱的趋向,取决于蛋白质的等电点 pI 和抗生素的解离常数 pK,因此可通过改变溶液的 pH 或离子强度进行调控操作，达到分离的目的。

离子交换色谱分离具有以下优点：

(1) 交换和吸附具有选择性。可以选择合适的离子交换树脂和操作条件，对所处理的离子具有较高的吸附选择性，因而可以从稀溶液中把这些组分提取出来，或根据所带电荷性质、化合价数、电离程度的不同，将离子混合物加以分离。

(2) 适应性强。处理对象从痕量物质到工业用水，范围广泛，尤其适用于从大量样品中浓集微量物质。

(3) 多相操作。可以应用于固定床和搅拌罐方式操作，分离容易。由于离子交换是在固相和液相间操作，通过交换树脂后，固、液相易于分离，故易于操作，便于维护。

6.3.2 离子交换树脂结构及种类

离子交换树脂是具有特殊网状和多孔结构的高分子化合物，由单体聚合成的高分子链通过交联剂的作用互相缠绕连接。在高分子链上接有可以解离或具有自由电子对的功能基团。功能基团上包含荷电性的固定基团以及带相反电荷的离子(反离子)，反离子用于与流动相溶液中相同电性的离子组分进行交换，固定基团则通过异电相吸进行离子吸附。

不带电荷而仅有自由电子对的功能基，可以通过电子对结合极性分子、离子或离子化合物。能离解出阳离子(如 H^+)的树脂称为阳离子交换树脂，能离解出阴离子(如 Cl^-)的树脂称为阴离子交换树脂。以聚苯乙烯阳离子交换树脂为例，此种结构中功能基团包括固定的阴离子基团：磺酸基—SO_3^-，以及可解离的反离子 H^+ 或 Na^+ 等。此种树脂以聚苯乙烯作为聚合链，由二乙烯苯作交联剂，在聚合链之间起搭桥缠绕作用，使树脂高分子链成为一种具有一定物理刚性、内部存在微孔的三维网状结构。合成树脂时使用的交联剂在单体总量中所占质量分数称为交联度。交联度影响到树脂的一些物理化学性能，如树脂的孔隙率及孔的大小、树脂的机械强度等。形成树脂时高分子链之间存在的空隙就称为化学孔，孔径一般小于5nm，可作为溶液中分子和离子的通道与树脂交换。只含有化学孔的树脂称为凝胶树脂。如果在制备树脂时加入了某些致孔剂，树脂形成内部便留下了更大的微孔，直径可以大到数千纳米(依据需要而定)。这些微孔就称为物理孔，以与化学孔相区别。所谓的大孔树脂就是指具有这种网状物理孔的树脂。与化学孔不同，大孔树脂具有比表面积大、交换速率快、可在水溶液或非水溶液中使用、反复溶胀时不易破碎、热稳定性好等优点。

离子交换树脂的分类：按树脂的物理结构分类，离子交换树脂可分为凝胶树脂、大孔树脂及载体树脂；按合成树脂所用原料单体分类，可分为苯乙烯系树脂、丙烯酸系树脂、酚醛系树脂、环氧系树脂和乙烯吡啶系树脂；最常用的分类是以树脂功能基团的类别作为分类依据，因为它能够较好地说明树脂的适用范围。按此种分类，离子交换树脂有几大类：

（1）强酸性阳离子交换树脂，如含有功能基团磺酸基—SO_3^- 的一类树脂。在碱性、中性乃至酸性介质中都能解离出离子进行交换和吸附。以苯乙烯和二乙烯苯共聚体制备的磺酸型树脂是最常用的强酸性阳离子交换树脂。

（2）弱酸性阳离子交换树脂，指含有羧酸基作为功能基团的树脂，如用二乙烯苯交联的聚甲基丙烯酸制备的树脂。此类树脂适用于碱性、中性和较弱酸的环境。

（3）强碱性阴离子交换树脂，指分子中含有季胺基作为功能基团的树脂。此类树脂适用于酸性、中性和碱性环境。

（4）弱碱性阳离子交换树脂，指含有伯胺、仲胺或叔胺作为功能基团的树脂。此类树脂适用于酸性、中性和较弱碱性环境。

（5）螯合性树脂，指含有能够螯合某些离子的功能基团的树脂。

（6）氧化还原性树脂，指分子中含有具有氧化还原能力的功能基团。

实际上，上述最后的两类树脂中，其离子交换的功能已经弱化，树脂的分离功能也发生了变化，但同时获得了一些其他的特殊功能，如螯合、氧化还原等。

对于所有的离子交换树脂，使用时对其性能的考虑，应该包括物理性能（如粒度、含水量、密度、膨胀度、耐压性等）和化学性能（如酸碱性与适用环境、交换容量以及化学稳定性等）。

6.3.3　离子交换过程及其影响因子

离子交换树脂在与溶液中的离子进行交换时，一般都是用道南平衡理论和多相化学反应理论解释其过程中的传质平衡（陆九芳等，1994）。基本上，可以将离子交换过程分成主要的几步：首先，溶液中待分离的离子组分扩散至树脂表面，在搅拌罐中对溶液的搅拌或在固定床操作中溶液的流动有利于此种扩散；然后，溶液中待分离的组分离子和树脂的解离离子进行交换，此过程称为交换反应；最后，被交换出来的离子从树脂表面扩散到溶液中，完成整个过程。其中，前后两个过程是同时发生的，这样才能保持电性平衡和质量平衡的条件。因此，离子交换反应决定着整个过程的速率。离子交换过程中，影响离子交换速率的因素如下：

（1）树脂颗粒的大小。小颗粒树脂有利于离子的扩散和交换。因为小颗粒树脂具有较大的比表面积，可以容纳更多的离子在树脂的表面，增大扩散速率和交换空间。

（2）树脂的交联度。树脂交联度越大，虽然机械强度大，但是树脂内微孔越小，树脂的溶胀性变差，妨碍离子在树脂颗粒内部的扩散和交换。

（3）温度。温度高，有利于离子的扩散和交换，同时溶液的黏度也会下降，有利于扩散。

(4) 搅拌速度。主要是指在搅拌罐操作的情况下搅拌有利于扩散和交换。

6.3.4 离子交换技术的操作及应用(陆九芳等,1994;刘茉娥等,1993)

首先是树脂的选择。选择适当的树脂必须考虑待分离组分的电性及电性强弱、相对分子质量及浓度。对于两性电解质,溶液环境中的 pH 必须有利于其与树脂进行交换吸附。对于树脂,强酸强碱性交换树脂适用于酸性、中性、碱性环境(因为能够解离);弱酸性交换树脂宜在碱性、中性和较弱酸性的环境中使用;弱碱性交换树脂宜在酸性、中性和较弱碱性的环境中使用。吸附性强的离子选用弱酸性或弱碱性交换树脂,这是因为若用强酸或强碱交换树脂吸附,洗脱和再生就比较困难,而弱酸和弱碱性树脂对 H^+ 和 OH^- 有较大的亲和力,所以洗脱方便。

离子交换色谱分离的操作方式有静态交换操作和动态交换操作两种方式。静态交换操作是一种间歇式交换。过程中将溶液和离子交换树脂按当量关系置于同一容器(通常是搅拌罐)中,经过振荡、搅拌。在接近或达到平衡后静止,用倾析、过滤或离心等方法使固液两相分离。固定相中交换吸附了待分离的组分,换洗脱剂溶液洗脱被吸附的组分并转移到溶液中,即得到所需要的产物。交换后的溶液相除了含有杂质外,还有部分未被吸附的待分离组分,可以通过重复操作分离。动态交换是指溶液与树脂层发生相对移动,包括固定床柱式交换和活动床连续交换。活动床连续交换的特点是交换、再生、清洗等操作在交换装置的不同部位同时进行。离子交换色谱分离过程的一般步骤为:树脂的预处理→装柱→通液吸附→洗脱→再生。具体如下:

(1) 树脂的预处理。将树脂筛分至一定粒度范围,整齐划一有利于改善分离效果。新的干树脂在使用前须用水浸泡使之充分溶胀,以除去杂质。

(2) 装柱。装柱中的一个要点是防止柱装成后出现“节”和气泡,尤其是小型柱的手工装填。“节”是指柱内产生明显的分界线,这是由于装柱不匀造成树脂一部分松一部分紧所致。气泡往往是由于装柱时没有液体覆盖而混入气体所造成的。这些不理想的装柱对分离有不良的影响。

(3) 通液吸附。溶液准备好之后,便可进行通液操作。通液的目的是交换、吸附和洗涤。过程中的速率是一个有着重要影响的参数。流速可以通过计量泵、阀、流量计、液位差等部件调节。小型实验中的简单装置,可通过收集量和滴数等方法控制。

(4) 洗脱。洗脱分为分步淋洗和梯度淋洗。分步淋洗是先使用洗脱能力较弱的溶液,使易洗脱的组分最先流出,然后依次使用洗脱能力更强的溶液,将较难洗脱的组分洗脱。梯度淋洗是采用混合装置,使两种或多种液体边混合边进柱,洗脱液的浓度逐渐提高,洗脱能力也逐步增强。混合的方式不同,浓度增强的曲线形式也不同。

(5) 再生。目的是将使用过的树脂恢复原来的状态。树脂再生可采用动态法，也可用静态法。静态法是将树脂倾入容器内再生。动态法是在柱上通过淋洗再生。动态法简便实用，效率高。要依据树脂的再生要求选择适当的再生剂。在通常情况下主要是一定浓度的酸(HCl)和碱(NaOH)，有时是中性盐。

水净化处理中的离子交换色谱分离(陆九芳等，1994；刘茉娥等，1993)：工业上大量的离子交换树脂是用于水的净化处理(80%～97%)。虽也有其他的水处理技术方法，但离子交换技术仍是一种简便有效的方法。在更多的情况下，离子交换色谱是与其他技术集成在一起应用的，如与反渗透、超滤、微孔过滤、絮凝沉淀、电渗析等技术集成使用。各种技术的集成应用有利于提高分离效果和延长各种单元设备的使用寿命。

天然水中含有悬浮杂质(如泥沙等)、细菌和无机盐类。水的硬度主要是指水中钙盐和镁盐的含量。以 1L 水中含有 10mg 的氧化钙或相当量的其他物质(如氯化钠、氧化镁、硫酸镁)称为 1 度，水质的软硬度标准如下：0～4 度，极软水；4～8 度，软水；8～16 度，中硬水；16～30 度，硬水；30 度以上，极硬水。天然水中不仅含有 Ca^{2+}、Mg^{2+}、Na^{+}、K^{+} 等阳离子，也含有 HCO_3^-、SO_4^{2-}、Cl^- 等阴离子，可形成 $CaSO_4$、$CaCO_3$ 等结垢。所以，无论是饮用水还是工业上要求的纯净水、锅炉用水等等，都必须去除其中的离子，以达到软化效果。使用离子交换色谱单独进行水净化处理的装置可由阳离子交换树脂柱、阴离子交换树脂柱，中间串联一个排气塔组成。原水首先通过阳离子交换树脂柱，由于 Na^{+}、K^{+}、Ca^{2+}、Mg^{2+} 等对树脂的亲和力大于 H^{+}，原水中的阳离子被吸附在树脂中，H^{+} 则进入水中与 HCO_3^- 或 CO_3^{2-} 发生反应，形成 CO_2 从排气塔排出；然后，残余的 HCO_3^-、SO_4^{2-}、Cl^- 等阴离子在阴离子交换柱中被交换去除。

氨基酸的分离：利用离子交换色谱分离各种氨基酸的原理是根据氨基酸为两性电解质的特点，调整溶液中的 pH，使之带电或不带电。带相反电性的氨基酸，可被树脂交换、吸附；不带电性的氨基酸则不被吸附直接流出柱。

离子交换法净化糖：活性炭脱色是制糖工业上常用到的技术，但是也可以利用离子交换色谱技术，如利用离子交换树脂对甘蔗糖浆脱色及除去灰分、对甜菜糖浆脱色和脱盐、去除葡萄糖浆中的电解质杂质(如无机盐、色素、蛋白质等)。由于色素中大多数是具有极性的阴离子物质和两性物质，故采用强碱性阴离子交换树脂，如 Amberlite IRA-401、IRA-900 等有较好效果。脱色时的操作多在较高温度下进行，因此要考虑树脂的耐高温性。目前也有用大孔树脂进行离子交换操作的。离子交换法在葡萄糖的精制中也有广泛的应用。

在医药工业中的应用(刘茉娥等，1993)：离子交换色谱也可应用于药物的纯化和精制。混合床的离子交换法在除去氨基酸、蛋白质、维生素 B1 产品中的小分子盐等成分方面有较好的效果；还可以利用离子交换色谱树脂上的功能性基团，使一些本身带有酸、碱性的药物转化成盐的形式。例如，使青霉素的钠盐变成钾盐、链霉素盐酸盐变成硫酸盐、磷酸盐和醋酸盐等。离子交换树脂在抗生素及生化药物的分离提纯中也有应用。由于大孔弱酸性阳离子交换树脂 Amberlite IRC-60 对链霉素有极高的选择性，利用弱酸性阳离子交换树脂可以从发酵液中直接提取链霉素，使之与色素、有机和无机杂质相分离。

工业废水的处理(陆九芳等，1994)：工业废水中含有各种阴离子和阳离子。其中有无机成分，也有有机成分，这是废水产生 COD 和 BOD 的原因。图 6-10 是电镀废水处理的一个综合利用工艺。电镀废水的主要成分为 CrO_4^{2-}、Cu^{2+}、Zn^{2+} 及 Ni^{2+}。离子交换法处理时的工艺如图 6-10 所示。1 号柱和 2 号柱是阳离子交换树脂，中间串接有阴离子交换树脂。利用 1 号柱中的阳离子交换树脂交换吸附去除废水中 Cu^{2+}、Zn^{2+} 及 Ni^{2+} 等成分。1 号柱的再生剂是 H_2SO_4 溶液，再生时，H_2SO_4溶液的 H^+ 将吸附在柱上的 Cu^{2+}、Zn^{2+} 及 Ni^{2+} 等离子交换出来，与 SO_4^{2-} 形成 $CuSO_4$、$ZnSO_4$、$NiSO_4$等有再利用价值的盐类。中间串接的阴离子交换柱通过交换作用吸附废水中的 CrO_4^{2-}，然后用再生剂 NaOH，以 OH^- 交换出 CrO_4^{2-}，形成有 Na_2CrO_4。在 2 号阳离子交换柱上，由于 Na_2CrO_4 中的 Na^+ 与柱上的 H^+ 的交换产生 H_2CrO_4，H_2CrO_4从柱中流出被回收利用。2 号柱也用 H_2SO_4进行再生，柱上的 Na^+ 被交换出来产生 Na_2SO_4，与 $CuSO_4$、$ZnSO_4$、$NiSO_4$等成分一起处理再利用。1 号柱与 2 号柱再生排出的酸性溶液经过中和后排放。

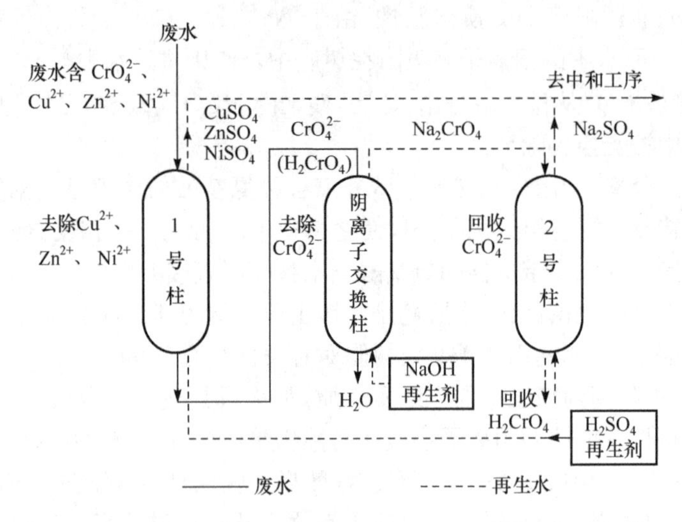

图 6-10　离子交换色谱去除电镀废水中的阳离子和阴离子(陆九芳，1994)

其他方面的应用：因为离子交换树脂中的功能基团具有某些酸、碱性质，所以可将离子交换树脂视为固态的酸或碱，在一些有机反应中进行酸碱催化作用。例如，强酸性树脂可以代替强酸等进行多种类型的水解、酯化、酯交换、分子内及分子间的脱水、重排、烷基化等反应；强碱性阴离子树脂可以进行醇缩合、腈乙基化等反应。离子交换树脂在酿酒工业中也有很多用途。例如，造酒的水用树脂除去杂质可以大大改进水质，为酿造优质酒提供条件。利用多孔树脂可以对酒进行脱色、去浑，除去酒中的酒石酸、水杨酸、二氧化硫等。去除铜、锰、铁之后的酒稳定性好，可延长保存期。利用树脂的功能基团调节酒的酸碱性和酒的香味，能够使酒味更加醇厚。

6.4　凝胶色谱分离技术的基本原理及应用

凝胶色谱又称为凝胶过滤、凝胶渗透色谱、分子筛色谱等。此种技术是以交联聚苯乙烯、多孔玻璃、多孔硅胶等做成的多孔性凝胶填料于柱子中，填料颗粒具有相应尺寸的微孔，溶剂小分子组分可以扩散出入，大分子组分只能部分出入微孔，溶质的分子越小，占有的孔体积就越大。所以较小的分子在柱中停留的时间比大分子停留的时间长，样品各种组分就按分子的大小分开了，最先淋出的是大分子，而最后出来的是相对分子质量最小的组分，如图 6-11 所示。以 V_R 表示溶质的保留体积，则有

$$V_R = V_0 + KV_s$$

即

$$K = (V_R - V_0)/V_s$$

式中，V_0 是柱内颗粒间的体积；V_s 是凝胶微孔内的孔体积；K 为分配系数：

$$K = V_{s有效}/V_s$$

而 $V_{s有效}$ 为溶质分子能够进入的有效孔体积。

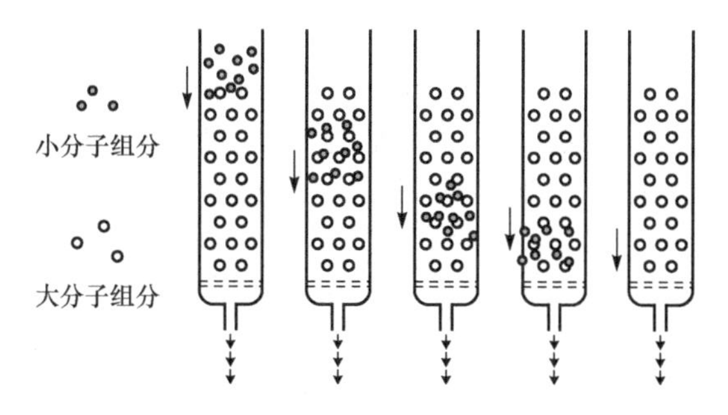

图 6-11　凝胶色谱分离技术的基本原理示意图

溶液中各种组分流过凝胶柱时，有以下三种情况：

(1) 如果溶质分子过大，根本不能进入凝胶微孔，$K=0$，这样的分子在 $V_R = V_0$ 时流出(即最先流出)；

(2) 如果分子非常小，可以进入凝胶颗粒的所有微孔，则 $K=1$，最后流出，达

不到分离效果；

(3) 只有被分离的分子在 $0<K<1$ 的范围，它们之间的分离才能实现。

应用于凝胶色谱分离的凝胶，按机械性能分可分成软胶、半硬胶和硬胶三类。软胶的交联度小、微孔大，但是机械强度低、不耐压、溶胀性大，主要用于低压分离的场合。优点是效率高、容量大。硬胶如多孔玻璃或硅胶，机械强度好。最通常采用的凝胶如高交联度的聚苯乙烯，则属于半硬胶。从凝胶对溶剂的环境适应范围区分，则可以把凝胶分成亲水性、亲油性和两性凝胶三类。亲水性凝胶多用于生物大分子的分离，而亲油性凝胶用于高聚物的分析和分离。无论哪一种凝胶，对其总体要求是：化学惰性，不会与溶液中的组分发生化学作用；含离子基团少；网眼和颗粒大小均匀、合适，可选择的范围宽；机械强度好。

凝胶色谱的分离过程有三个主要指标：

(1) 渗透极限，是指凝胶可以分离的相对分子质量的最大值。超过此极限的高分子都在凝胶间隙体积 V_0 处流出，没有分离效果。

(2) 分离范围，是指对应于 $0<K<1$ 的相对分子质量范围，也就是指相对分子质量-淋出体积标定曲线的线性部分。

(3) 固定相流动相比值(V_s/V_0)，是指凝胶柱内部全部可渗透的孔内体积(称为固定相)与凝胶粒间隙体积(称为流动相)的比值。比值越大则分离容量越大。

凝胶色谱分离过程包括四个步骤：

凝胶的选择→柱的选择及填装→加样及洗脱→凝胶再生和干燥

凝胶色谱分离技术主要应用于：

(1) 脱盐。主要应用于酶、蛋白质等大分子与盐类小分子的分离，尤其是经过盐析分离后的大分子溶液。

(2) 生物大分子的相对分子质量测定。用已知相对分子质量的标准样品在相同条件下进行凝胶色谱分离，以相对分子质量的对数对洗脱体积作图，在一定的相对分子质量范围内得到一条直线，这就是相对分子质量的标准曲线。样品在相同条件下进行色谱渗透分离，洗脱后根据此物质的洗脱体积，在标准曲线上查出其相应的相对分子质量。

(3) 用于糖、蛋白质、核酸等物质的分离提纯。

6.5　色谱反应器

一般的反应和分离是两个单独的过程，如果将反应和分离两种操作同时结合于一个单元装置和操作中，过程的分离效率及产物的得率都会大大改善。色谱反应器就是色谱分离技术的一种新趋向。对于色谱反应器来说，其定义就是一种反应与色谱分离相结合的特殊装置。在此种装置中，柱内树脂固定相本身可以作为催化剂,或者络合着催化剂(包括无机催化剂和酶类),能够将底物转化成所需的产物。反应后形成的产物通过柱的色谱分离而获得纯化。因为此种装置同时作为反应器和分离器,所以起始物料的转化及产物的分离都是在同一个柱子中完成。最初的色谱反应器是先将底物在反应器中经由催化剂催化反应后,再进入色谱柱中分离,又称为预柱反应器,属于初期、比较简单的色谱反应器。目前,预柱反应器已经被柱内色谱反应器所代替。在柱内色谱反应器中,柱内树脂固定相本身可以作为催化剂,或者络合着催化剂或酶,此种反应器又分为两种:

(1) 间歇式色谱反应器,如图 6-12(a)所示。此种色谱反应器以间歇式进行操作。假定含有组分 A_0 的溶液被注入凝胶柱内,组分 A_0 随溶液往下移动,过程中在酶或催化剂的作用被转化成 A_1 和 A_2。因为凝胶固定相对 A_1 和 A_2 分配系数的差异,产物最终得以分离,由此实现了转化和分离过程。

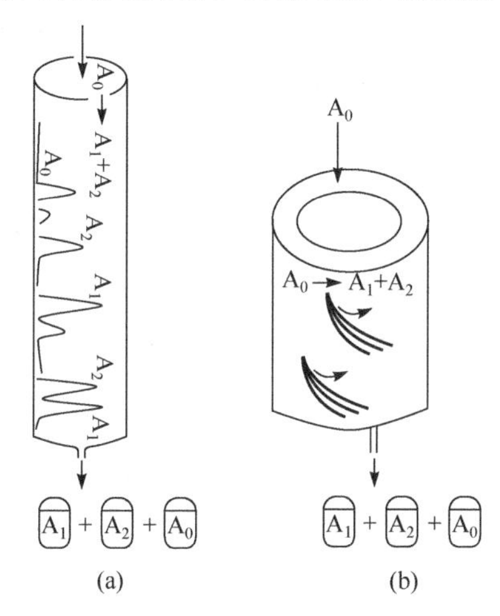

图 6-12 间歇式色谱反应器(a)和连续径向旋转色谱反应器(b)

(2) 连续径向旋转色谱反应器,如图 6-12(b)所示。此种反应器利用柱状圆筒的环面对色谱反应器进行连续操作。柱的环面空间由两个同心圆筒构成,根据两个同心圆的直径大小可以调整环面体积。圆筒及装载有固定催化剂或固定化酶的环面空间在作连续转动,反应物或底物在环面端部的开口处注入。反应物或底物随着流动相流动,在引力及压力差的作用下作轴向移动,同时由于柱的旋转作用也在进行着切向的移动,而被凝胶固定相吸附的组分只能做切向移动。由于凝胶对不同的组分的吸附作用差异,使其在固定相上停留的时间有所不同,因此在反应转化后就实现了分离过程。在环面底部的固定外出口处收集各种产物。此种环面色谱反应器可以看作是由一系列间隙式的柱子按圆周排列而成,并进行周期性填料的操作过程。

参考文献

高孔荣,黄惠华,梁照为.1998.食品分离技术.广州:华南理工大学出版社

高以恒,等.1989.膜分离技术基础.北京:科学出版社

蒋维钧.1992.新型传质分离技术.北京:化学工业出版社

刘茉娥,等.1993.新型分离技术基础.杭州:浙江大学出版社

陆九芳,等.1994.分离过程化学.北京:清华大学出版社

Fricke J, et al. 2002. Chromatographic Reactors. Weinheim: Wiley-VCH Verlag GmbH & Co. KGaA

Grandison A S, Lewis M J. 1996. Separation Processes in the Food and Biotechnology Industries: Principles and Applications. Cambridge: Woodhead Publishing

Guiochon G. 2002. Basic Principles of Chromatography. Weinheim: Wiley-VCH Verlag GmbH & Co. KGaA

Henley S. 1998. Separation Process Principles. New York: John Wiley & Sons

Henley S. 2006. Separation Process Principles. 2nd Edition. New York: John Wiley & Sons

Rousseau R W. 1987. Handbook of Separation Processes Technology. New York: John Wiley & Sons

Shaeiwitz J A, et al. 2002. Biochemical Separations. Weinheim: Wiley-VCH Verlag GmbH & Co. KGaA

第 7 章　食品工业中的固液分离技术

食品加工过程中固体物料的产生主要来自于:①果蔬汁生产过程中的打浆、压榨;②发酵培养后的菌体以及植物细胞培养所形成的分化组织;③各种饮料生产及储藏过程中浑浊沉淀的产生;④作为产品形式的结晶体。对这些固体物料的分离属于固液分离技术,主要采用过滤、离心、沉淀、结晶和絮凝等技术。

7.1　打浆制汁和细胞破碎

对于水果、蔬菜、茶叶等植物性的食品原料来说,如果需要加工成饮料、浓缩汁或果浆,第一步就是打浆破碎细胞。细胞破碎是对细胞壁和细胞膜的破碎,释放出其中的内容物。对于发酵中的细菌和真菌,同样需要进行细胞破碎。动物细胞由脂-蛋白质所组成的细胞膜包围,比较容易破碎。微生物细胞和植物细胞由多糖组成的细胞壁包围,较难破碎。由于所需要的内容物往往是存在于细胞内及细胞膜与细胞壁之间的原生质周边,因此必须破壁后才能将其释放。

固液分离中的打浆制汁是果蔬汁生产的关键工艺。这一工艺主要由机械方法通过对植物性物料的细胞进行挤压和剪切完成。不同的物料适合的机械操作也有所不同。工艺上的要求主要是:

(1) 出汁率尽可能高,这就涉及细胞破碎率参数;

(2) 营养成分、风味物质及色素物质尽可能多地保留,这样才有利于产品的质量;

(3) 果蔬汁中的浑浊成分尽可能地去除干净,有利于产品储藏过程中的品质稳定;

(4) 能够连续自动作业,过程短,减少可能发生的氧化作用。

要达到这些要求,除了有相应理想的设备外,工艺上还需要相应的参数和加工助剂,如挤压压力、物料进料量、榨汁助剂以及专一性的澄清剂等。

现有果蔬汁榨汁设备的不同之处主要在于挤压室构造、排汁方式、挤压力和剪切力产生方式等方面。根据挤压室构造不同,果蔬汁榨汁设备可分为室式榨汁机、裹包式榨汁机和钵体式榨汁机;按产生挤压力和剪切力的方式不同,果蔬汁榨汁设备可分为液压榨汁机、气力榨汁机、杠杆榨汁机和增压榨汁机;按传递压力方式不同,果蔬汁榨汁设备分为活塞式榨汁机、辊轴式榨汁机、气鼓式榨汁机和偏向轴式榨汁机等。

至于对发酵微生物细胞的破碎,也有多种方法。从性质上分主要有物理破碎、化学破碎和酸法破碎等。利用机械进行物理破碎的效果取决于固体物的剪切与摩擦。需要注意的是,摩擦会产生热量而导致蛋白质变性。此外,剪切力的作用也会导致酶和蛋白质的变性。另一种常用的物理破碎方法是超声波处理,利用将超声波施加于溶液时所产生的空化效应、温升效应、强力剪切和微流效应等对细胞进行破碎将其中的有效成分释放。但是超声波破壁的同时,热效应及剪切力的作用也会导致酶和蛋白质等大分子的二级、三级结构改变而导致失活。应用于微生物细胞破碎的其他技术列于表 7-1 中。

表 7-1　微生物细胞破碎的常用技术比较

细胞破碎方法	技术原理	特点
超声波法	利用超声波的物理场致效应破壁释放细胞内容物	条件控制方便,连续操作;但温升效应会导致大分子构象变化而变性
珠磨法	在珠磨机中细胞与细小的玻璃珠石英砂混合,快速研磨剪切,细胞破碎释放内容物	对于韧性的细胞壁较有效,操作简单,破碎率高;但温升会导致酶失活,同时需去除玻璃碎片
固体剪切法(冻压法)	加压将冰冻后的材料通过狭小孔挤出,包埋在冰内的细胞因挤压变形而破碎,释放内容物	适合热敏感性的酶类蛋白质的提取,酶活性收率高;但需先使细胞冰冻然后破碎,工艺复杂,成本高
液流剪切法或高压匀浆法	用 200MPa 以上的压力,将细胞悬浮液通过限制性小孔挤压匀浆,细胞受到激烈冲击和剪切而破碎,释放内容物	适合于细菌、真菌中酶的大规模提取;但易产生热量,不能连续操作,不规则的颗粒会降低细胞破碎效果
碱处理溶解法	在强碱性条件下处理一定时间,使细胞膜、细胞壁降解而释放其中的内容物	对部分酶类的提取适用,如从 *Erwinia chrysanthemi* 提取天冬酰胺酶,成本较低;但容易导致酶的失活
去垢剂处理溶解法	利用去垢剂对细胞壁的解构作用,进行细胞破壁,如离子型去垢剂:十二烷基磺酸钠和十六烷基三甲基铵溴化物;非离子型去垢剂:吐温或 Triton X-100	对于部分酶类提取有效,如对胆固醇氧化酶的商业化生产;但去垢剂对许多酶类有失活效应,后续的纯化过程复杂
渗透冲击法	利用盐浓度的快速变化导致渗透压的激烈变化,使细胞膜、细胞壁破碎而释放内容物	只适用于很少量的可溶性蛋白质的提取,有利于后续的纯化过程;但对于韧性大的细胞壁无效,后续过程要除盐而复杂化

续表

细胞破碎方法	技术原理	特点
酶处理	利用蛋白酶、溶菌酶对细胞膜、细胞壁的降解，释放其中的内容物	条件温和；但由于酶制剂的使用，导致成本较高

7.2 过滤分离

过滤是一种微孔过滤，通常是从液体或气体中去除 0.01～10μm 的粒子，也包括有氧发酵过程需要的空气除菌工艺。酒类尤其是啤酒发酵完成后、果蔬汁生产过程中经过打浆榨汁去除了残渣后，还含有一些容易产生沉淀和浑浊的成分。为了产品的稳定性和获得较长的货架寿命，必须通过过滤操作将这些成分去除。一般的微孔过滤介质包括滤布、滤纸、用高分子制备的聚合物膜以及用棉花、活性炭等材料制成的过滤器件。过滤时在过滤介质一侧可施加相应的压力，使液体通过，体积较大的固体颗粒被截留而实现固液分离。介质两侧压力差产生的方式有：利用物料本身的液柱压力差、在物料液面上加压、在过滤介质下方抽真空和利用离心力。

过滤过程分为过滤、滤饼洗涤和滤饼卸除几个操作步骤。滤饼需要适时地卸除以恢复过滤通量。工业上的过滤操作有间歇式和连续式。最常用的加压式过滤是间歇式操作，优点在于可以采用较大的压力差，常用设备有板框式压滤机、箱式压滤机；真空过滤通常是连续式操作，常用设备包括叶滤机、转鼓真空过滤机、转盘真空过滤机和流线式过滤机等。

一般的微孔过滤大多属于堵塞式过滤。在这种过滤方式中，加压方向与主体液过滤的方向相同(图 7-1(a))。随着过滤进程，微粒进入并填满过滤介质的微孔，过滤通量下降，最终在介质表面形成一层滤饼。为了保持合适的过滤通量和分离效率，除了利用助滤剂外，还可以根据流体的动力学特性，进行过滤设备与操作参数(压力)的设计和优化，改善过滤效果。效果明显的例子就是错流过滤(图 7-1(b))。在此种过滤方式中，过滤方向与压力方向相垂直，流体在高速流动的过程中可以对过滤介质的表面进行冲刷，有效地减慢滤饼在过滤介质表面的形成，从而改善过滤效果。此种过滤一般采用多孔的高分子材料或多孔陶瓷作为过滤介质。超滤、反渗透等技术都可看成是一种特殊的过滤操作。在过滤过程中，过滤介质两边的压力使小分子溶质透过而大分子被截留，吸附在介质表面的大分子会污染膜而降低膜的透过通量，形成浓差极化现象，这一点与滤饼的形成相似。而在错流过滤中，则可以延缓此种过程。因此，在理想状态下的过滤和滤饼形成前的过滤，过滤通量 J(滤液的体积通量，$m^3/(m^2 \cdot s)$)与加压大小成正比，可以通过下式表示：

$$J=\Delta P/R_T$$

其中，ΔP 是压力差；R_T 是透过的总阻力，主要由膜的阻力、滤饼层的阻力等组成。因此，减少滤饼的阻力可以提高透过通量。通过设计狭窄流道形成高速料液，产生高剪切速率可以达到这个目的。

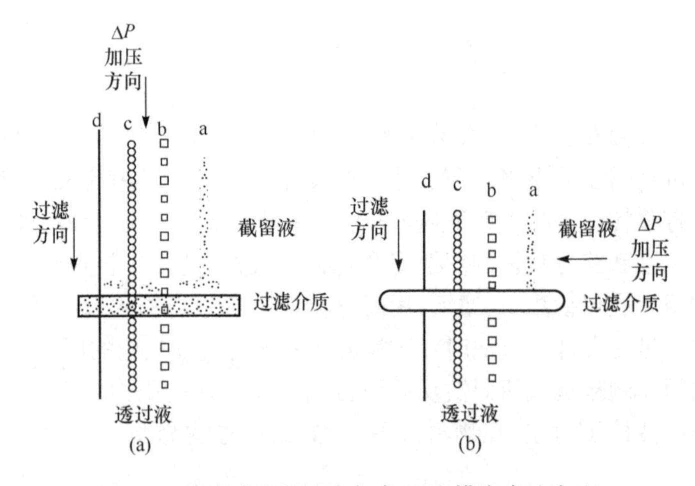

图 7-1 堵塞式深层过滤方式(a)和错流式过滤(b)

a. 微粒；b. 大分子；c. 小分子溶质；d. 溶液

7.3 离心分离

在工艺、设备方面，离心分离是发展得比较成熟的一种单元操作。离心操作主要适用于去除那些密度比溶剂大的颗粒物(密度大于 10^{-3} g/cm^3 的粒子)。这些应用包括食品加工中的果蔬物料经打浆压滤后离心处理获得澄清汁；发酵后对培养液的细胞进行分离；细胞碎片的去除；蛋白质和酶产物经过沉淀后的分离。某些情况下还可以利用超离心技术，对溶液中具有较高价值的超大分子进行分级分离。颗粒物越大，需要的离心力和速度就越小，离心时越容易沉淀。利用离心分离菌体还具有如下优点：不需助滤剂，分离产品的质量高，分离时间与开动时间短，占地面积小。虽然离心分离是可行的大规模操作过程，但是其生产能力受到制作离心机的材料的机械强度限制，并且对于大规模食品工业产品的生产，此种操作还存在成本问题。出于这些考虑，离心操作目前一般作为实验室装置以及较小处理量且价值较高产品的生产性工业操作。

一般标准的离心分离是一种间歇式的单元操作，但它也可以设计成连续式大规模操作。工业上已经有几种不同的离心过滤设备，包括管盘型、卷轴型和碟片-

喷嘴型。篮筐式离心机的设计能够将过滤和离心分离两种操作结合在同一个单元中。工业上对于酵母的分离，可先用高速离心机分离得到浓度较高的酵母液，再行干燥，或者将酵母液用压缩机压干，但是劳动强度大，且不能连续操作。如果采用转鼓连续过滤机，则酵母液处理的生产能力可达 1～1.2t/h，其直径为 2m。过滤前先将转鼓表面包以滤布，然后将助滤剂淀粉吸附在滤布表面，形成一过滤层，这样可以避免酵母阻塞滤布，使过滤速率加快。为了帮助酵母细胞脱水，酵母浓液在进入过滤机转鼓之前，添加 3%的 NaCl，这样也可加速过滤。附在酵母上的 NaCl，经喷洗洗去。转鼓脱水机的过滤效果较好，但是附于转鼓滤布表面的淀粉往往影响过滤速率。

7.4　沉淀分离

沉淀是指溶液中的溶质在适当条件下由溶液状态经过相变成为固相而析出的现象。无机盐及生物大分子等都可以通过沉淀方法进行分离。在温和条件下，大部分的生物大分子如蛋白质等的沉淀是可逆的，再溶解时能够恢复大部分的活性。蛋白质沉淀可以是产品分离步骤，也可以是一个纯化步骤，因为利用蛋白质之间不同的溶解度即可以进行分级分离。对于酶或蛋白质，可以通过调节溶液的酸碱度或温度的方法沉淀，也可以通过加入温和的沉淀剂(如有机溶剂、盐、多价金属离子或无机聚合物)进行沉淀。

沉淀分离是典型的固液分离技术，在食品工程、生物化工及农产品加工中都有重要的应用。这是因为：

(1) 通过沉淀，使目标成分能够达到浓缩和除杂的目的。当目标成分是以固相形式回收时，固液分离可使目标成分与溶液中的非必要成分分离；如果目标成分是以液相形式回收时，不需要的成分则以沉淀的形式去除。

(2) 通过沉淀，可将已纯化的产品由液态变成固态，有利于保存和进一步的加工处理。

(3) 对于果蔬汁、啤酒、中成药口服液及针剂而言，通过适当的手段去除沉淀或潜在的浑浊和沉淀成分，是获得澄清产品、延长产品稳定性的主要手段。

(4) 沉淀分离也是食品废水处理的常用方法。

沉淀方法的选择通常应考虑三个方面的因素：

(1) 沉淀的方法应具有一定的选择性；

(2) 所选用的沉淀方法对待分离成分的活性和化学结构的影响要尽可能小，如酶类和蛋白质的沉淀分离；

(3) 在食品和医药应用中，要考虑残留在目标成分中的沉淀剂是否安全，是否会在沉淀物中造成污染，否则所获得的产品都会变得毫无应用价值。

常见的沉淀分离技术包括：

(1) 无机沉淀剂沉淀法。以盐类作为沉淀剂的一类沉淀分离方法，以盐析法为典型，多用于各种蛋白质和酶类的分离纯化，以及某些金属离子的去除。常用的沉淀剂有硫酸铵、碳酸铵、硫酸钠、柠檬酸钠、氯化钠等。例如，工业上采用钙盐沉淀法生产柠檬酸，过程分两个步骤：第一步是钙盐中和。发酵液去除菌体后，加入碳酸钙，形成柠檬酸钙沉淀，柠檬酸得以与发酵液的其他杂质分离。第二步是酸解。柠檬酸钙用硫酸处理，使之生成硫酸钙沉淀，钙和柠檬酸分离。谷氨酸也能与 Zn^{2+}、Ca^{2+}、Cu^{2+} 等作用生成谷氨酸盐而沉淀，利用此原理可用于从发酵液中分离谷氨酸。其中，利用 Zn^{2+} 进行沉淀的称为锌盐法，利用 Ca^{2+} 进行沉淀的称为钙盐法。此种方法的不足主要是常伴有共沉淀作用和吸附作用发生，并且一些金属盐(如硫酸钙)的溶解度也比较大，残留问题严重，因此分离效果不是很理想，只能用作初步分离，并且通常是与其他分离方法配合使用。

(2) 有机沉淀剂沉淀法。以有机溶剂作为沉淀剂的一种沉淀分离方法，多用于生物小分子、多糖及核酸类产品的分离，有时也用于蛋白质的沉淀和金属离子的去除。一些有机溶剂可以使水溶液中的蛋白质、酶、核酸、多糖、果胶以及其他小分子成分发生沉淀作用。对于蛋白质来说，在蛋白质溶液中加入温和的有机溶剂，能够降低溶剂的介电常数而使蛋白质沉淀。为了防止因构象变化而导致蛋白质不可逆的变性，溶剂沉淀通常在小于 10℃的低温下操作。此类沉淀剂有乙醇、甲醇、丙酮、二甲基甲酰胺、二甲基亚砜、乙腈、异丙醇等，其中最常用的是乙醇和丙酮。食品中蛋白质、酶成分的沉淀多用乙醇，因为甲醇、丙酮都有一定的毒性，所以必须谨慎使用。乙醇通常还可以作为多糖、果胶等成分的沉淀剂，如马尾藻中的褐藻胶用乙醇提取效果较好。

(3) 非离子多聚体沉淀剂沉淀法。以非离子型的多聚体作为目标成分沉淀剂的一种沉淀分离方法，适用于生物大分子，如酶、核酸、蛋白质、病毒、细菌等的沉淀分离。典型的非离子型多聚体是聚乙二醇(PEG)，根据其相对分子质量的大小，有PEG6000、PEG4000、PEG20000 等型号，数字表示聚合物的相对分子质量。非离子沉淀剂沉淀生物大分子的机理与盐析原理相似，过程仍可由 Cohn 盐析方程式表达。其沉淀的机理是由于非离子聚合物与生物大分子争夺水分子，水分子在生物大分子以及聚合物之间发生重新分配而导致生物大分子脱水而沉淀；非离子聚合物对生物大分子的空间排斥作用，使生物大分子被聚集而引起沉淀。此种方法的优点在于操作条件温和，不易引起生物大分子的变性；用不同的浓度可沉淀不同的组分，分段分离的选择性较好；沉淀后的多聚物易于去除和回收。沉淀剂的相对分子质量越大，沉淀效果越好，但聚乙二醇相对分子质量超过 20000 时，由于黏性太大而不易操作，因此一般使用的相对分子质量为 2000～6000；生物大分子的相对分子质量越大，沉淀效果也越好，若低于 20000，效果不明显；生物大分子的浓度太稀时，效果也不明显；有其他离子的存在和在两性分子的等电点条件下，PEG 的分离效果会得到显著提高。

(4) 等电点沉淀法。利用两性电解质在等电点状态下溶解度最低而易于沉淀的原理实现分离的一种技术，适用于氨基酸、蛋白质、酶及其他属于两性电解质成分的沉淀分离，如大豆蛋白的“碱提酸沉”提取方法。此外，发酵后味精主要成分谷氨酸的结晶也是在其等电点附近的 pH 环境中进行的。

(5) 共沉淀分离法。利用沉淀及在形成沉淀的过程中对其他待分离成分进行吸附或络合而产生共沉淀，以达到除杂的目的。常见于多种化合物特别是一些小分子物质的沉淀。例如，果蔬汁中具有起浑活性的多酚与具有起浑活性的蛋白质络合，导致浑浊的产生。

(6) 变性沉淀分离法。又称为选择性变性沉淀分离，是利用特定条件使目标成分变性，导致其性质的改变（如溶解度下降）而得以分离的技术，适用于一些变性条件差异较大的蛋白质和酶的分离。

(7) 亲和沉淀。选择能够与目标成分亲和络合的配基，在适当条件下（如 pH、离子强度、温度等）形成可逆性的络合物而产生沉淀分离。如果产生的络合物不容易沉淀，可以先将配基加到某种载体（或“手臂”）上进行亲和络合，获得沉淀后再用适当方法拆分而得到目标成分。亲和沉淀实质是配基-产品复合物的沉淀。载体、配基与待分离的酶、蛋白质或其他的活性成分形成一个较大的络合物，由于络合物相对分子质量较大而产生沉淀。因此，这种方法被认为是分离纯化酶及蛋白质的专一性较好的技术手段，是蛋白质等生物大分子的新型分离技术。根据上述原理而设计的成功例子是利用 NAD 作为配基，与载体 $—CH_2CONHNHCO(CH_2)_4CONHNHCOCH_2—$ 分子的两端结合，形成一个双向的 NAD 配基：$NAD—CH_2CONHNHCO(CH_2)_4CONHNHCOCH_2—NAD$，成功地用于乳酸脱氢酶的亲和分离。

7.4.1　盐析法沉淀分离

盐析法属于无机沉淀剂沉淀，是以盐类作为沉淀剂的一类沉淀方法。盐析法应用最广的领域是蛋白质和酶类大分子的沉淀分离。盐析法分离蛋白质已有多年的历史。由于其他分离技术的出现，盐析法在选择性方面显得有些不足，同时产品沉淀后还必须进行残留沉淀剂的去除。但是在粗提阶段，盐析法仍是一种比较有效的常用的分离方法。盐析法具有成本低，不需特别的设备，操作简单安全，对一些生物活性成分的破坏作用小等特点。

盐析原理：盐溶液中蛋白质、酶等生物大分子随着盐浓度的变化，通常会出现由盐溶到盐析的变化现象。在低盐浓度下，蛋白质和酶类的溶解度随着盐的浓度提高而提高，这个过程称为盐溶。这主要是中性盐离子对蛋白质分子表面活性基团及水活度的影响，即无机盐离子在生物大分子表面吸附，使颗粒带相同电荷而互相排斥；无机盐离子增加了蛋白质的亲水性，改善了生物大分子与水膜的结合，使蛋白质的溶解度增加。当盐浓度增加到一定程度时，在盐离子的作用下，水活度大大降低，同时生物大分子表面的电荷被大量中和，生物大分子表面的水化膜由于离子较强的水膜化能力而被破坏，生物大分子于是相互聚集而沉淀析出。

盐析过程中，蛋白质的溶解度与盐离子强度之间的关系可用 Cohn 表达式表示：

$$\lg(S/S_0) = -K_s \cdot I$$

或

$$\lg S = \lg S_0 - K_s \cdot I$$

式中，S_0表示蛋白质在纯水中（即 $I=0$）的溶解度；S 表示蛋白质在离子强度为 I 的溶液中的溶解度；K_s 为盐析常数；I 为溶液中的离子强度，$I=\frac{1}{2}\sum MZ^2$，其中 M 表示溶液中各种离子成分的物质的量浓度，Z 为离子的价数。

当温度一定时，对于某一溶质（蛋白质）来说，其 S_0 也是常数，即 $\lg S_0=\beta$（截距常数），所以有 $\lg S=\beta-K_s \cdot I$ 。

β的大小取决于溶质（蛋白质）的性质，与温度和 pH 有关。溶质的 K_s 则取决于盐的性质，与离子的价数、平均半径有关。一般来说，K_s 越大，盐析的效果越好；同一溶液中，两种溶质的 K_s 相差越大，则盐析的选择性也就越好。当溶液中混合有多种相对分子质量不同的生物大分子需要分离时，可以采取 K_s 分段盐析或β分段盐析法将不同的生物大分子沉淀分离。K_s 分段盐析就是在一定的 pH 和温度条件下，逐步提高溶液中的盐离子强度，使不同相对分子质量的生物大分子在不同的离子强度下有最大的析出（通常是相对分子质量最大的组分在较低盐离子强度下先沉淀）。β分段盐析则是指保持溶液的离子强度不变，改变溶液的 pH 和温度，使不同的生物大分子在不同的 pH 和温度条件下有最大的析出。不同离子具有不同的 K_s，高价阴离子如硫酸根、磷酸根等有较高的 K_s；而高价阳离子如镁离子、钙离子等则有较低的 K_s。至于蛋白质的性质与 K_s 之间的关系，目前还没有明显的规律可循。

盐析分离法中盐的选择：在盐析法中常用到的中性盐有硫酸铵、硫酸钠、硫酸镁、磷酸钠、磷酸钾、氯化钾、醋酸钠、硫氰化钾等。其中，以硫酸铵、硫酸钠应用最广。虽然磷酸盐的盐析效果比硫酸铵好，但硫酸铵的最大优点在于温度系数小，即温度的变化引起溶解度的改变不大，较低的温度下仍然有较大的溶解度；溶解度大，应用于许多蛋白质和酶的盐析时，对蛋白质和酶活性的影响较小，并且价格低廉。硫酸铵应用于盐析的缺点主要是缓冲能力较小并常随着溶液 pH 的变化而变化；此外，由于硫酸铵分子含氮元素，残留在沉淀物或溶液中都会影响到蛋白质的定量分析，尤其是采用凯氏定氮法和双缩脲法进行测定时。硫酸钠由于不含氮，不影响蛋白质的定量测定，但其缺点是在30℃以下溶解度太低，需在30℃以上操作，不利于保持酶的活性。磷酸盐、柠檬酸钠、硫氰化钾等也用于蛋白质的盐析，但由于溶解度低，或容易与其他金属离子产生沉淀，或因酸性过强等缺点，都不如硫酸铵的应用广泛。

影响盐析效果的因素主要有：

（1）生物大分子的浓度，浓度高时可以提高盐析效果。

（2）盐的离子强度和离子类型。

Hofmeister 盐系列中，各种阴离子对酶和蛋白质的沉淀效果顺序如下：

柠檬酸盐＞磷酸盐＞硫酸盐＞乙酸盐≈氯化物＞硝酸盐＞硫氰酸盐

硫酸铵在水中具有较高的溶解度以及硫酸盐在 Hofmeister 盐系列中的位置，所以通常是生物大分子盐析时的首选盐类。金属离子，如 Mn^{2+}、Fe^{2+}、Ca^{2+}、Mg^{2+}、Ag^{+}等也可以沉淀蛋白质。这些离子能够结合蛋白质不同的功能基团，这些离子起作用时的浓度比 Hofmeister 盐系列中的离子要低得多，同时易于通过离子交换吸附或螯合剂除去。

（3）溶液中的 pH 以及温度。对于盐析酶、蛋白质等两性电解质，将 pH 调整在这些成分的等电点处通常具有最好的效果。

盐析时溶液的硫酸铵饱和度调整方法有两种：一种是固体加入法。根据需要的盐析浓度，将盐的用量直接加入溶液中进行浓度调整即可，此种方法不会改变溶液体积，但是容易造成局部浓度的瞬时提高而导致局部的蛋白质和酶的失活。另一种方法是饱和溶液加入法，此种方法可以避免盐浓度的局部提高，避免敏感的酶或蛋白质失活，但是会使处理的溶液体积变大。事先配制好盐的饱和溶液，根据前后溶液的盐浓度要求及溶液体积，按下式计算出需要加入饱和溶液的体积：

$$V=V_0(S_2-S_1)/(1-S_2)$$

式中，V 为需加入的饱和盐溶液的体积；V_0 为待盐析溶液的体积；S_1 为待盐析溶液的饱和度；S_2 为需达到的溶液饱和度。

盐析后的脱盐处理：蛋白质、酶等经过盐析沉淀分离后，产品中往往残留有盐分，按照食品工业用酶的法规，食品酶制剂中不允许混有食盐以外的无机盐类，因此盐析得到的酶制剂产品须通过脱盐方能获得较纯的产品。常用的脱盐处理方法有透析法、电渗析法和葡聚糖凝胶过滤法。透析法通常适用于实验室的小样品处理，目前已有成品的透析袋商品专门用于此类操作。较多样品的处理工业上常用的方法是凝胶过滤技术，此种技术原理及操作已在第6章中介绍。

7.4.2　等电点沉淀分离原理及应用

化学上，狭义的两性电解质是指分子中同时含有酸基和碱基的化合物；广义的两性电解质则是指分子中同时含有质子供体（H^{+}）和质子受体（OH^{-}）的化合物。

蛋白质、酶及氨基酸等都属于典型的两性电解质。两性电解质的共同特点是在其等电点处的溶解度最低，因此等电点沉淀分离主要是利用两性电解质分子在等电点处溶解度最低，不同的两性电解质具有不同的等电点进行分离的一种方法。等电点是指使两性电解质处于荷电性为零时溶液的 pH，通常以 pI (isoelectric point)表示。等电点是表征各种两性电解质的特征值，可作为分析、鉴定两性电解质的依据，如酶和蛋白质的等电聚胶电泳。

溶液的 pH 偏离两性电解质 pI 时，两性电解质因带有同种电荷而互相排斥；当溶液的 pH＜两性电解质的 pI，两性电解质带正电，呈阳离子状态；当溶液 pH＞两性电解质的 pI，两性电解质带负电，呈阴离子状态；当溶液 pH＝两性电解质的 pI 时，两性电解质所带电荷为零，易于互相接近，溶解度小，得以沉淀析出。以最简单的氨基酸甘氨酸(Gly)为例，甘氨酸分子中含有一个酸根基团和一个氨基基团，在溶液中，甘氨酸可以以阴离子($H_2NCH_2COO^-$)、非离子($H_3^+NCH_2COO^-$)、阳离子($H_3^+NCH_2COOH$)等形式存在，依溶液的 pH 变化而变化。实验证明：在 pH＝1 时，绝大部分的甘氨酸分子以阳离子形式存在；在 pH＝11 时，以带负电荷的阴离子形式存在；在 pH＝6 时，则以 $H_3^+NCH_2COO^-$ 形式存在，所带正电荷与所带的负电荷恰好相等，总电荷为零。因此，甘氨酸的等电点 pI 约为 6。从上可知，通过改变溶液的 pH，就可以使两性电解质带正电、带负电或不带电，溶解度也同时发生变化。带电荷的两性电解质，处于电场中会朝相反电极方向迁移，而不带电的两性电解质则不会出现迁移现象，所以用电渗析的方法也可以进行有效的分离。

对于简单的氨基酸，获得其 pI 参数的方法，可以通过对其解离常数的滴定和推算获得。对于含有多个氨基或羧基的其他氨基酸，其氨基和羧基的离解常数也可通过酸碱滴定进行测定，通过这些离解常数，可计算其 pI。对于由多种氨基酸组成一级结构的酶、蛋白质、多肽等复杂大分子，其解离常数的滴定和推算较为复杂，通常用实验方法获得 pI，如通过等电聚焦电泳法便可直接、简单、准确地测定两性电解质的 pI。

等电点沉淀分离在食品工业上的应用：

(1) 谷氨酸的提取。工业上谷氨酸的获得，主要通过：①微生物发酵；②对动植物蛋白质的酶法降解和酸碱水解；③化学合成。无论哪一种方法，得到的产品都不会是单一的氨基酸，而通常是各种氨基酸的混合物。这就需要进行各种单体的有效分离，包括采用等电点结晶分离及电渗析等。通过调整溶液中的 pH，使之符合某一种氨基酸的 pI，此时该种氨基酸处于溶解度最低状态，结合浓度、温度调整及晶核的加入等措施，就可比较容易地将该种氨基酸分离。常见氨基酸的等电点见表 7-2。食品工业上典型的例子是谷氨酸的结晶分离。谷氨酸的溶解度与 pH 的关系可以用图 7-2 表示。从图中可知，在 pH＝3. 22 时，谷氨酸的溶解度最小，此 pH 是其等电点。从蛋白质水解液或微生物发酵液中提取谷氨酸时，通过压滤去除菌体或动植物残渣后，一边搅拌料液，一边缓慢加入 HCl 溶液。在 pH 达到 4 时，如果有足够浓度，即开始有谷氨酸结晶（晶核）出现；如果浓度不够高，难以形成晶核，可以外加谷氨酸结晶体作为晶核。继续加入 HCl 溶液至 pH＝3.22 左右，静置一段时间，溶液中的晶体长大，大部分谷氨酸就以结晶的形式沉淀出来。谷氨酸发酵工业中，根据等电点结晶分离的原理提取谷氨酸的工艺流程如图 7-2 所示。

表 7-2　常见氨基酸及蛋白质的等电点

氨基酸种类	英文缩写	等电点参数	蛋白质或酶	等电点
丙氨酸	Ala	6.00	鱼精蛋白	12.00～12.40
精氨酸	Arg	10.76	胸腺蛋白	10.80
天冬酰胺	Asn	5.41	溶菌酶	11.00～11.20
天冬氨酸	Asp	2.77	细胞色素 C	9.80～10.30
半胱氨酸	Cys	5.07	RNA 酶	7.80
胱氨酸	Cys-Cys	4.60	酪蛋白	4.60
谷氨酸	Glu	3.22	醇溶谷蛋白	6.50
谷氨酰胺	Gln	5.65	乳球蛋白	5.10
甘氨酸	Gly	5.97	菠萝蛋白酶	9.35
组氨酸	His	7.99	血红蛋白	7.10
羟脯氨酸	Hyp	5.83	牛胰岛素	5.30～5.40
异亮氨酸	Ile	6.02	明胶	4.70～5.00
亮氨酸	Leu	5.98	鸡蛋清蛋白	4.55～4.90
赖氨酸	Lys	9.94	牛胰蛋白酶	5.00～8.00
蛋氨酸	Met	5.74	家蚕丝蛋白	2.00～2.40
苯丙氨酸	Phe	5.48	肌球蛋白	5.40
脯氨酸	Pro	6.30	大豆蛋白(7S,11S)	4.30
丝氨酸	Ser	5.68	人血清蛋白	4.60
色氨酸	Trp	5.89		
酪氨酸	Tyr	5.66		
缬氨酸	Val	5.96		

(2) 蛋白质的等电点沉淀分离。蛋白质由多种氨基酸通过肽键聚合而成，相对分子质量从数万到数百万。侧链末端的氨基和羧基，支链上的可离解基团包括 α-羧基、β-羧基、γ-羧基、咪唑基、巯基、α-氨基、苯酚基、胍基等，都能在水中离解形成酸离子或碱离子，因此都具有两性电解质的属性。一些蛋白质的等电点见

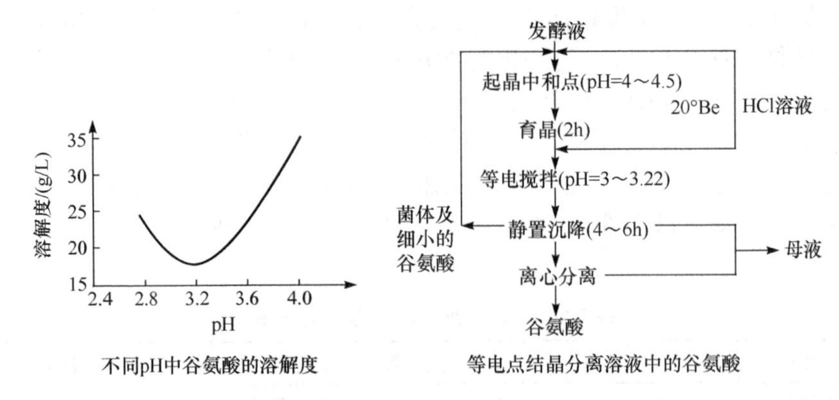

图 7-2　谷氨酸的等电点及等电点结晶分离工艺(陆九芳等,1994;高孔荣等,1998)

表 7-2。大豆是起源于我国的传统食物,富含油脂和蛋白质(占干重的 30%～45%,其中 7S 占总蛋白的 37%,11S 占总蛋白的 31%)。大豆的深加工产品除了获得油脂外,还是食品中蛋白质的重要来源,因此恰当的分离技术对大豆蛋白的生产具有实用意义。

将大豆深加工成富含蛋白质的大豆蛋白制品主要有三种:脱脂豆粉、浓缩大豆蛋白和分离大豆蛋白。将脱脂后的大豆粕简单粉碎即得脱脂豆粉,其蛋白质含量通常在 50%左右。根据脱脂方式及热处理方法的不同,所得脱脂豆粉的性质差异很大,主要表现在蛋白质的变性程度上,即存在着不同的溶解度和功能特性。热变性程度低的脱脂豆粉,脂氧合酶活力较高,可用作面粉漂白剂,但其豆腥味大,抗营养因子活力较高(如大豆胰蛋白酶抑制剂),其应用受到限制。经过焙炒的脱脂豆粉,色泽棕黄,风味较好,但由于其蛋白质变性程度大,功能特性差。浓缩大豆蛋白是指以低温脱脂豆粕为原料,经过湿热水处理、醇洗或酸洗等方法去除其中可溶性组分(如可溶性碳水化合物、灰分、肽类、植酸),得到的产品蛋白质含量在 70%(干基)以上。与脱脂豆粉相比,浓缩大豆蛋白的蛋白质含量提高了,大部分可溶性的抗营养物质、豆腥味物质都已除去。在制备浓缩大豆蛋白的方法中,热水和醇溶液都会导致大豆蛋白质较大程度地变性,从而影响其功能特性。酸洗法较为理想,该方法利用大豆蛋白等电点沉淀原理,将豆粉分散液用稀酸调节 pH 至 4.3 以沉淀蛋白质,因此它引起蛋白质的变性程度小,产品有着较好的溶解性。

大豆分离蛋白是纯度最高的大豆蛋白制品(蛋白质含量大于 90%),其制备工艺较为复杂,蛋白质中以 7S 和 11S 球蛋白为主,产品有着良好的功能特性,应用最广,包括饮料、加工肉、香肠、焙烤食品等。在以 7S 和 11S 球蛋白为主的大豆分离蛋白中,其等电点 pI 为 4.3。其溶解度-pH 曲线表明:当溶液 pH 为 0.5 时,约有 50%的蛋白质溶解;当 pH 为 2.0 处,约有 85%的蛋白质溶解;当 pH 为 4.3 时,蛋白质的溶解度趋向于最小,只有 10%,这时大豆球蛋白基本上不溶解;当 pH 达到

6.5 时，蛋白质的氮溶解指数为 85%；当 pH 为 12 时，蛋白质的氮溶解指数达到最大值，约为 90%。大豆蛋白的此种溶解特性便是“碱提酸沉”法分离大豆蛋白的理论依据。在碱性（pH 为 9.0 左右）条件下将大豆蛋白最大量地浸提出来，然后离心除去不溶性成分，用 10%～35%的稀 HCl 溶液调整 pH 至 4.3 左右，使蛋白质在等电点状态下沉淀；离心或过滤得到大豆蛋白凝乳，再回调 pH 至中性后得到溶解度较大的浓缩溶液，然后进行喷雾干燥，即获得大豆分离蛋白产品。提取工艺如图 7-3 所示。

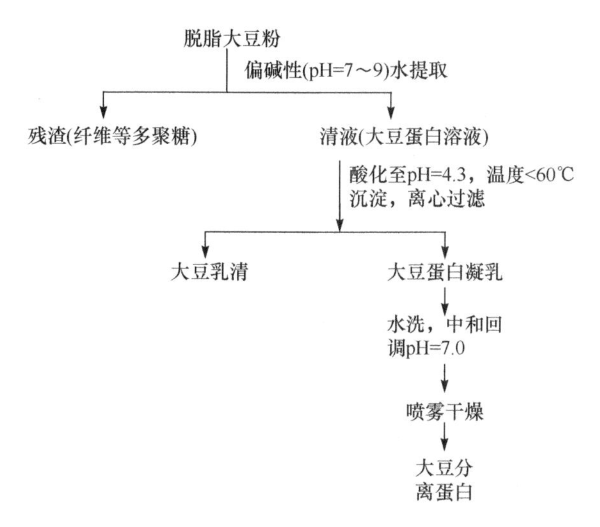

图 7-3　大豆分离蛋白的“碱提酸沉”提取工艺

7.4.3　生物大分子的变性沉淀分离

变性沉淀分离的原理：生物大分子在变性时，其主要的性质往往发生较大的变化，包括：

（1）生物活性的丧失，如酶、激素、毒素、抗原性等活性以及血红细胞输氧功能的丧失；

（2）物理化学性质改变，如溶解度的改变（甚至出现沉淀）、黏度增加、扩散系数降低、光谱特性的变化；

（3）化学结构及构象的变化，如蛋白质二级构象、三级构象的变化；

（4）变性使得其结构松散，侧链基团暴露，易于被蛋白酶水解。

生物大分子变性时，往往形成沉淀，如鸡蛋在水溶液中经加热后就凝固而沉淀，这就是蛋白质不可逆变性的典型例子。生物大分子经变性沉淀后，就变得容易提取和去除。变性沉淀分离的原理就是利用生物大分子对物理、化学等外部环境因子敏感性的差异而选择性地使一种组分发生变性形成沉淀，而使另一些组分保持不变性，这样就可以达到分离、除杂和提纯的目的。当然，利用变性沉淀分离的前提是变性后的生物大分子，其活性受到的影响较少，或者能够恢复活性。

酶和蛋白质变性的概念及影响因子：对于酶和蛋白质等生物大分子来说，变性概念通常不涉及其一级中氨基酸组成的改变，只有发生酸碱水解和酶水解时，其肽链中的氨基酸才会产生断裂。酶和蛋白质的变性通常是指二、三、四级结构发生变化，从而导致蛋白质物理、化学性质的改变及生物功能的改变。生物大分子的变性有可逆变性和不可逆变性两种。如果变性因子去除后，生物大分子能恢复原来的基本构象，其功能特性和主要性质也能够恢复，此种变化称为可逆变性，相反则称为不可逆变性。例如，胰蛋白酶在酸性环境中（pH＝2.0）可耐较高的温度，受热后产生沉淀，但是冷却后将沉淀溶解即可恢复原来的活性；而鸡蛋的加热凝固则属于不可逆的变性。一般说来，在温和条件下产生的变性容易恢复，在较剧烈的条件（高温、强酸、强碱）下发生的变性则多为不可逆变性。影响蛋白质变性的因子包括温度、pH 及其他的化学因子，还有各种物理作用，如工程操作上的剪切力作用等。一般说来，加热都会导致生物大分子的变性失活。这是由于在较高温度的作用下，使得维持蛋白质构象的一些键发生了断裂，破坏了原来特有的排列和空间结构，使原来在大分子内部有序的结构变得无序，促进了蛋白质分子的相互凝集沉淀。如果处理的温度较低、时间较短，生物大分子的热变性是可逆的；如果受热温度较高、时间较长，则蛋白质的热变性多数是不可逆的。许多蛋白质尤其是酶类，都有一个活性最高的温度和活性稳定的温度区域。低温可以降低酶的活性，起抑制作用，当温度升高时其活性又得到恢复，因此酶通常保存在低温下。与温度的影响一样，不同的酶和蛋白质都有相应的活性最适 pH 和最佳的保存 pH。超过其 pH 范围，就会发生活性变化甚至变性。这主要是由于酸碱的作用使蛋白质分子内的基团带电性质发生了变化，从而破坏了静电引力所形成的键，导致原来构象从有序变得无序。

其他化学和物理因子：许多化学试剂都能使蛋白质变性，如甲酸、乙酸、三氯乙酸等酸类，甲醇、乙醇等醇类，以及 *N*-甲基乙酰胺、氯仿、酚等，表面活性剂如十二烷基磺酸钠等，它们与蛋白质结合，可将蛋白质的亚基拆散从而引起蛋白质变性。此外，由于酶的水解作用，也会使蛋白质变性。物理因子主要来自于强力的过滤尤其是反渗透和超滤操作时产生较大的剪切力，导致酶和蛋白质构象的改变而引起的变性；其他的操作如搅拌、离心、高速传递等，如果不当，也会因为剪切力的作用而导致酶和蛋白质变性。

变性沉淀分离的应用：热变性沉淀分离，即利用各种蛋白质对热的耐受性不同的特点，使蛋白质组分之间得以分离，同时使蛋白质与水及其他可溶性成分分离。此法常用于组织化植物蛋白生产。例如，从豆浆中生产腐竹，大豆蛋白在 50～60℃时开始变性，在 70～80℃时，其分子结构有较大变化。热变性时，大豆蛋白分子间通过其副价键聚集而形成蛋白质聚合体。在豆浆煮沸的温度下，大豆蛋白进一步胶黏聚集成膜，疏水性增加，从溶液中分离出来。另一个例子是在黑曲霉发酵生产脂肪酶时，要去除其中伴生的淀粉酶以提高纯度。利用脂肪酶和淀粉酶的热敏感性不同，在温度为40℃、pH为3.4下处理2.5h，可将黑曲霉发酵液中90%以上的淀粉酶沉淀去除。利用酶作用进行变性分离的例子是奶酪及凝乳的制备，在凝乳酶的作用下，牛乳形成凝块或凝胶的过程为：凝乳酶首先把κ-酪蛋白部分降解改性，被改性了的酪蛋白聚集成胶束进一步形成凝胶而沉淀，当有90%的κ-酪蛋白被水解时，可以看到胶束的聚集现象。牛乳变性形成奶酪过程中的关键因子是凝乳酶。凝乳酶主要来自于小牛胃，来源有限，因此可用其他的蛋白酶作代用品，如猪或牛的胃蛋白酶、微小毛酶、麦氏毛酶及各种植物蛋白酶等。但是由于酶的专一性不同，在产率和产品的特性方面有较大差异并常有苦味出现。

7.4.4　果蔬汁、茶饮料制品及啤酒浑浊沉淀的机理及稳定化

酒类尤其是啤酒以及茶饮料、果蔬汁制品等软饮料加工中常见的质量问题就是沉淀，特别是外观呈浑浊型的饮料更为突出。通常，人们将货架期果蔬汁和酒类产品中出现的沉淀浑浊称为“后浑浊”或“二次沉淀”；对茶饮料或速溶茶中出现的浑浊沉淀称为“冷后浑”、“茶乳”或“茶乳酪”。对于澄清饮料来说，出现的浑浊和沉淀，虽然不是微生物污染，但都被看成一种质量缺陷，影响了产品的外观，降低了产品的商业价值，因此是饮料加工必须避免的问题。

茶饮料(包括速溶茶)、果蔬汁及啤酒浑浊沉淀的机理：通过对各种饮料中浑浊沉淀的收集和分析发现，参与浑浊沉淀的成分中，主要包括多糖类、蛋白质以及少量的多酚类成分。而进一步研究发现，多糖类碳水化合物只是由于共沉作用而被动地存在于沉淀中。因为研究发现，进行饮料的稳定化时，只需除去饮料中适量的蛋白质或多酚类成分即可，不需去除其中的多糖类。啤酒、茶叶、各种水果、蔬菜等植物性的食品原料中都含有多酚类成分。这些多酚类物质能和蛋白质、酶等生物大分子发生络合作用，并且在一定程度上改变这些生物大分子的生物活性。茶多酚在绿茶中含量达20%～30%，与大多数植物性食品原料中的丹宁酸、儿茶酚等化合物性质相似，其单体组成包括：表儿茶素没食子酸酯、儿茶素、表儿茶素、表没食子儿茶素以及表没食子儿茶素没食子酸酯。高浓度络合蛋白质时，二者形成的络合物随着量的增加而起浑甚至沉淀。这种起浑沉淀现象在食品或软饮料中经常出现，如茶饮料、啤酒和各种果蔬汁。虽然这种起浑现象不是微生物污染，但对于产品的感官品质产生不良影响，尤其是在需要冷溶性的速溶茶产品中，如果加工过程中对其中的浑浊成分不加以去除，会影响到产品的可溶性。因此，在啤酒、速溶茶、茶饮料以及其他果蔬汁加工中都有澄清工艺。

在茶多酚的分子结构中主要含有能与蛋白质形成氢键结合的两种基团：羟苯

基和醑酰基。由于这两种基团构型上的差异以及羟基的变化而形成多种结构相似的组分,即儿茶素单体。这些活性基团使得儿茶素能以氢键的形式与酶蛋白络合,从而形成浑浊和沉淀,即起浑活性。

通常,简单的酚类和单体性多酚与具有起浑活性的蛋白质结合时,一般不会导致浑浊的形成,但是酚类的二聚体或多聚体,以及表儿茶素和儿茶素及其多聚体与起浑蛋白质结合时,则有浑浊形成,尤其与温度有关。

关于起浑活性蛋白质,氨基酸分析表明,啤酒中的起浑活性蛋白质来自于大麦中的醇溶蛋白。浑浊形成的量与多肽或蛋白质中的脯氨酸残基含量呈线性关系。用均一的、不含脯氨酸残基的聚氨基酸化合物实验则无浑浊活性,不会产生浑浊,如图 7-4 所示。多种蛋白质,如大豆脂氧化酶、α-淀粉酶、酪氨酸酶和黄嘌呤氧化酶都能与茶多酚结合而产生浑浊,而高温有助于暴露更多的结合位点。

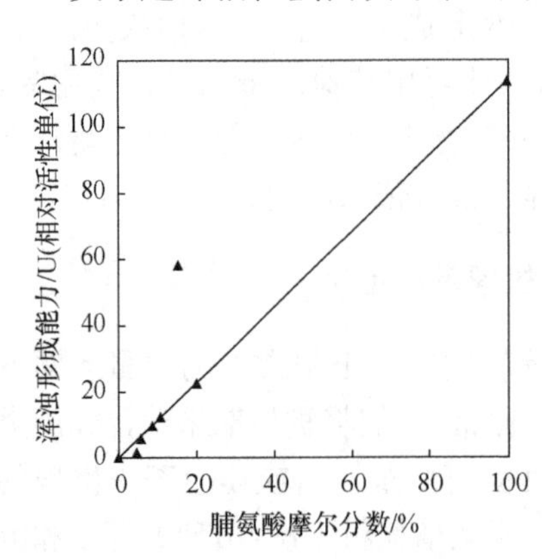

图 7-4 多肽及天然蛋白质中脯氨酸摩尔分数与浑浊形成能力间的关系(Asano et al.,1982)

关于起浑活性蛋白质和起浑活性多酚之间的反应,多酚类成分在其中起桥连作用,而蛋白质中的脯氨酸起关键作用。

(1) 起浑活性蛋白质与起浑活性多酚的最初反应与共价结合无关,因为低温导致的浑浊会随着饮料的加热而部分或全部溶解。如果是共价结合,则不会有此种现象。所以,蛋白质与多酚之间的结合应该属于氢键或疏水键结合。

(2) 浑浊的形成随着多酚的提高而达到最大值,多酚浓度再提高时,浑浊则下降;同样,浑浊的形成随着蛋白质浓度的提高而达到最大值,但是达到最大值后再提高蛋白质浓度则无助于浑浊的进一步提高。

(3) 多酚类成分在其中起桥连作用。起浑活性蛋白分子中与多酚结合的部位取决于其中的脯氨酸残基数。当多酚的末端羟基数与起浑活性蛋白的结合位点相当时,就比较容易形成网络状的沉淀。当起浑活性蛋白相对于起浑活性多酚过剩时,每个起浑活性多酚分子的末端都能够找到起浑活性蛋白分子中的位点结合,但是由于没有多余的多酚分子与夹心的蛋白分子进行位点桥连,因此形成的浑浊粒子也比较小的;当起浑活性多酚相对于起浑活性蛋白过剩时,所有的起浑活性蛋白的结合位点都被占据,使连接着的起浑活性多酚难以在另一端找到能够连接的起浑活性蛋白,因此形成的浑浊粒子也比较小。这就是在啤酒中形成的浑浊较小,而在苹果汁中形成的浑浊较大的原因。起浑活性多酚与起浑活性蛋白质的结合机理如图 7-5 所示。

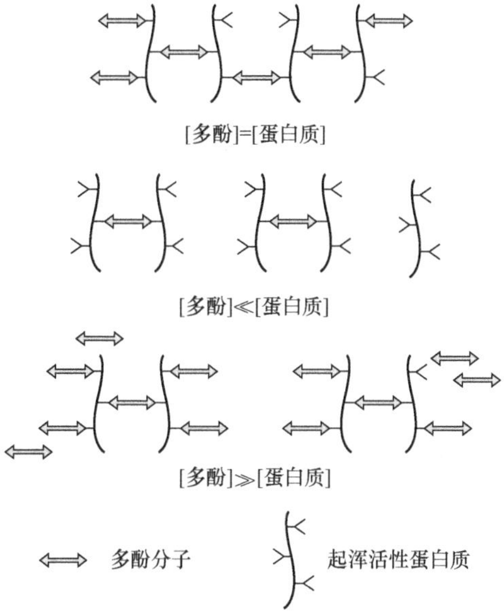

[多酚]=[蛋白质]

[多酚]≪[蛋白质]

[多酚]≫[蛋白质]

多酚分子　起浑活性蛋白质

图 7-5　起浑活性多酚与起浑活性蛋白质的结合机理(Siebert et al. ,1996a;1996b)

包装出厂后的果蔬汁、啤酒及茶饮料等产品,在货架期产生浑浊的过程一般分为两个阶段:第一阶段是静止期,在此阶段肉眼一般看不到浑浊。这一阶段的长短,因不同饮料之间浑浊活性成分的差异而不同。储藏的啤酒一般是两三天,葡萄汁要达到 5 个浊度单位大约需要 60 天,而橘子汁则是 25 天。第二阶段是浑浊呈线性增长时期。到了这个阶段,饮料的感官品质受到较大影响,只需要很短的时间,浊度即可达到较大值。之所以有两个时期的区分,可能是其中的多酚类成分需要一定程度的氧化激活作用,才能够与有浑浊活性的蛋白质络合,形成更大的分子导致浑浊。

除了上述起浑活性蛋白质和多酚类结合所形成的浑浊外,果蔬汁中还会出现由果胶类成分导致的浑浊现象。果胶类浑浊主要来源于水果的细胞壁成分。果胶类成分本身属于大分子,在果汁中含量较高,可与蛋白质、酚类物质、细胞壁碎片等形成悬浮胶体。这些胶体会由于热处理或添加电解质成分而引起电荷的中和,导致胶体凝集,产生浑浊。此外,还有一些在葡萄酒和葡萄汁中容易出现的浑浊是酒石酸钾钠结晶、酒石现象以及酒石酸钙浑浊。其原因是由于葡萄原料中的酒石酸与其中的钾、钠离子形成酒石酸钾钠。当原料质量不理想时(葡萄品种或成熟度的原因),往往会出现酒石浑浊甚至是酒石结晶现象。

饮料去浑浊和稳定化的策略:虽然对饮料中浑浊的形成机理已有一定的认识,但是各种饮料由于浑浊活性成分的差异,以及这些成分在饮料的营养、风味及功能特性方面所起的作用不同,去浑浊和稳定化的策略也各不相同。果蔬汁和酒类生产上应用的多种控制技术主要是酶法、膜超滤法和应用澄清剂等。

酶处理是通过果胶酶专一性水解果胶物质以防止软饮料浑浊发生。在软饮料加工过程中,应用果胶酶可增加软饮料出汁率,提高澄清度,延长软饮料储藏期。在大多情况下,果胶酶制剂常与明胶或淀粉酶、木瓜蛋白酶等澄清剂一起使用,以提高软饮料澄清效果。酶处理方法的缺点是最佳条件控制较难,耗时长。同时成本也是一个考量因素。目前果胶酶已较多地应用于无花果饮料澄清,澄清效果比明胶、单宁等澄清剂要好。

采用膜超滤技术可简化传统软饮料澄清的工艺步骤,减少酶制剂用量,并能在常温条件下操作,有利于保存软饮料原有的风味及营养成分,是一种快速、有效的澄清方法。目前,对膜超滤技术的研究较多,主要包括膜的种类、截留相对分子质量、操作压力、料液流速等工艺参数。膜超滤技术的主要缺点是操作无专一性,对所有蛋白质等大分子的去除效果上均等,膜及膜分离设备价格及操作成本也是一个考量因素。

澄清剂可单独或与酶制剂联合使用。明胶、单宁、硅溶胶等物质能与软饮料中果胶、多酚、蛋白质等发生作用,形成大颗粒物质,再通过差速离心、过滤等方法加以分离,从而达到澄清软饮料的目的。活性炭、聚乙烯吡咯烷酮和聚乙烯聚吡咯烷酮等可通过吸附作用或络合能力,除去软饮料中的胶体物质。目前,在生产上应用的澄清剂主要有明胶、活性炭、聚乙烯聚吡咯烷酮及壳聚糖等。20 世纪 80 年代以后,壳聚糖在营养、保健、储藏等方面的特殊作用逐渐被人们发现,在食品工业中得到了广泛的应用。用壳聚糖澄清果汁是一种新兴的方法,因其具有无毒无害、良好的澄清效果及在澄清过程中条件容易控制等优点,所以应用前景良好。此种方法的缺点在于要与多种澄清剂联用,处理时间较长,有时会引起非生物浑浊和褐变。

从理论上说,只要去除参与浑浊中的一种成分,即可达到饮料澄清的目的。但是,饮料中有些参与浑浊的成分,本身属于营养成分(如蛋白质)或风味成分(如啤酒茶饮料中的多酚类),因此去除哪一种成分,以达到既澄清饮料,又保持饮料的风味和营养,就是一个策略性问题。对于各种饮料的澄清和去浑浊方法,最理想的应该是具有专一性效果。例如,对于啤酒来说,浑浊活性蛋白质的含量高,而浑浊活性的多酚类含量低;而在茶饮料和果蔬汁(苹果汁、葡萄汁等)中,浑浊活性蛋白质含量低,浑浊活性多酚类含量高;葡萄制的白酒中,浑浊活性蛋白和多酚都低;而红酒中的浑浊活性多酚比白酒显著高。所以在方法上,对于啤酒最理想的应该是除去浑浊活性蛋白,而保留发泡活性蛋白和其中的多酚类成分。这样既能够澄清啤酒,又不影响啤酒的发泡性。多酚类成分的保留则有助于保持啤酒的苦涩味,方法是将发酵后的啤酒置于罐中低温放置,诱导形成浑浊后沉淀,同时可以加入明胶粉、单宁以加速此过程;斑脱土可以除去浑浊活性蛋白但是同时又会除去发泡蛋白;硅胶比斑脱土的选择性好,在除去浑浊活性蛋白的同时,对发泡蛋白基本无影响。这是由于硅胶与浑浊活性多酚性质相似,能够选择性地结合浑浊活性蛋白中的脯氨酸残基(图 7-6、图 7-7);但是在富含浑浊活性多酚的饮料中,硅胶的作用则大大降低(Siebert et al. ,1996a;1996b)。对于茶饮料和速溶茶,由于多酚类本身是茶饮料中最重要的风味成分,去除多酚类,则茶饮料无茶味,同时茶饮料中高含量的多酚不易去除,因此最佳的策略是只去除浑浊活性蛋白质。因为其中的蛋白质含量低,在饮料的营养及风味方面都不起作用,可采用硅藻土和斑脱土去除;斑

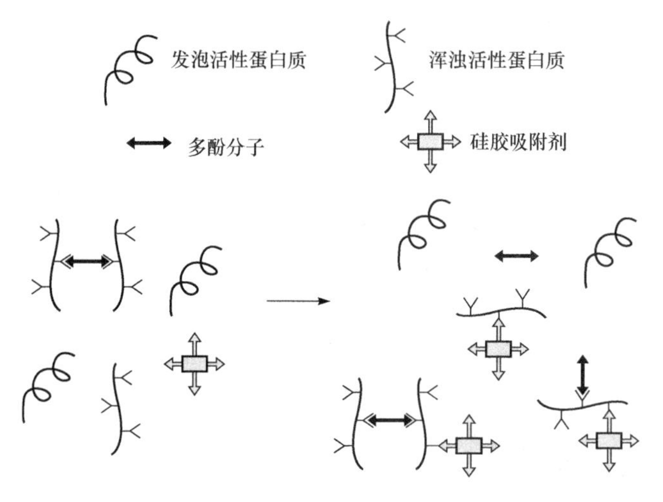

图 7-6　硅胶选择性吸附啤酒中浑浊活性蛋白质机理(Siebert et al. ,1996a;1996b)

硅胶可以选择性地吸附浑浊活性蛋白质中的脯氨酸残基而将其去除

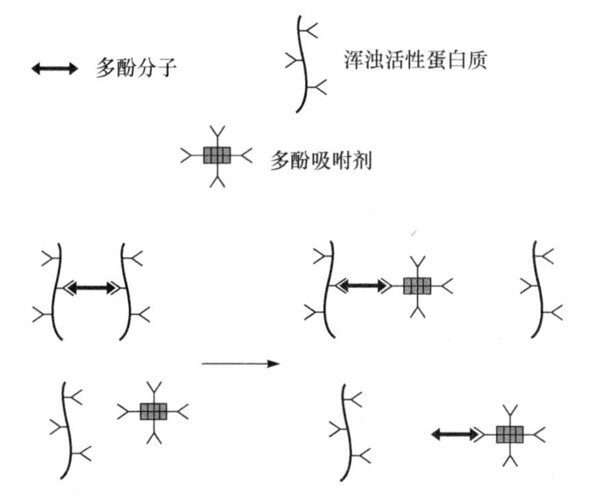

图 7-7　聚乙烯吡咯烷酮(PVPP)吸附浑浊活性多酚机理(Siebert et al. ,1996a;1996b)

PVPP 可以吸附多酚分子中能够结合浑浊活性蛋白的部位,因此对于浑浊活性多酚具有选择性

脱土也通常用于果蔬汁和白酒的稳定化，对于所有蛋白质的除去效果都比较明显。采用适当切割相对分子质量的超滤膜，也可以除去浑浊活性蛋白质，但是不适用于啤酒的稳定化处理，因为同样也会除去发泡蛋白。

7.5　结晶分离技术

7.5.1　结晶的定义及晶体的性质

作为一种固液分离手段，结晶是物质分离和纯化技术中一个经典的化工单元操作，目前还经常应用于化学、化工及生物化学、生物化工等行业。在食品工业也使用得比较广泛，如制糖、味精、各种氨基酸、盐、酶和蛋白质的纯化等过程，都有可能应用到结晶技术。

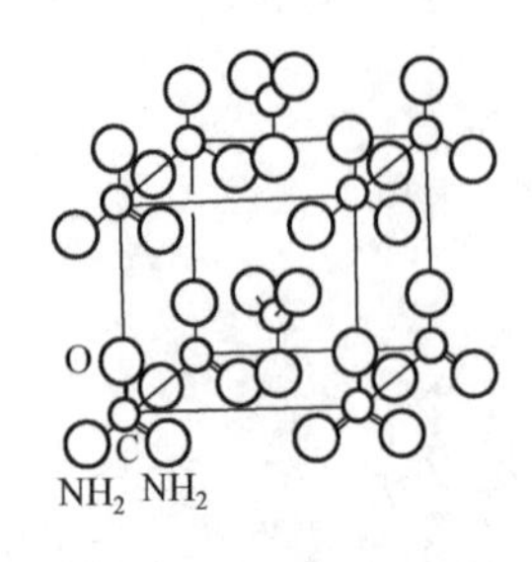

图 7-8　尿素晶胞示意图

结晶是纯净物质由液态在一定条件下转变成晶体的过程，因此它是一种特殊的沉淀方法。晶体是许多性质相同的粒子(包括分子、原子或离子)在三维空间中有规则排列成格子的一种物质状态。围绕晶体的天然平面称为晶面，两个晶面的交线则称为晶棱，晶体中每个格子称为晶胞(图 7-8)。如果一种液体，其内部结构与固态晶体一样明显地具有规律性的空间排列，则称之为液态晶体或液晶。对于晶体形状、大小和消光现象等性质的研究，可通过光学显微镜、偏光显微镜以及借助于 X 射线衍射的方法。晶体与非晶体，可以通过如下几点性质方面的差别加以区别：

(1) 晶体具有方向性和多向差异性。也就是说，在同一个方向，晶体具有相同的性质(包括电学和光学等性质)，而不同的方向之间则性质有差别；非晶体不具有此种特性。

(2) 晶体具有一定的对称性。组成晶体基本单元的排列具有周期性，因此反映在晶体内部结构和外部形态方面就具有规律性的对称。

(3) 晶体物质纯度较高。形成晶体的基本单元必须是相同的离子或分子，才能周期性地排列，这就决定了能够结晶的物质，还必须达到一定的纯度才能形成晶体。因此，物质形成晶体的前提是具有比较高的纯度。

(4) 同质多晶现象。有些物质具有不同的结晶形态，即同质多晶现象，如偶数碳原子的脂肪酸和奇数碳原子的脂肪酸都具有数种晶型。

(5) 晶体可以有多种形状，包括立方体、四角形、斜方晶体、六边形、单斜晶系、三斜晶系及三角形等。晶体的形状取决于下游工艺。

7.5.2　晶核的形成和晶体的成长

溶液中溶质形成晶核的方式有两种：

(1) 在过饱和溶液中自发形成的晶核，称为"一次成核"或同相结晶化。在"一次成核"方式中，当溶液进入过饱和线，处于过饱和状态时自发形成晶核的，称为"均相成核"。溶液处于过饱和状态，通过外界因素的诱导，如刮壁、振动、超声波、紫外线或其他的机械作用和物理处理等形成晶核，称为"非均相成核"。从产生过饱和条件到形成晶核所需要的时间，称为诱导时间。

(2) "二次成核"或"异相结晶化"是指通过加入晶种而诱发形成的晶核。此种方式中，通常是将现成的溶质结晶体研碎，加入少量的溶剂，使之处于低饱和状态，并有许多小晶核，将其倒入待结晶的溶液中，轻轻搅拌后放置一段时间即有结晶长大而析出。

一种成分能否以结晶方法分离，取决于多种因素，包括：

(1) 待分离成分必须能够结晶，这又取决于这种成分的分子或原子结构；

(2) 待分离成分的纯度；

(3) 待分离成分在溶液中的浓度；

(4) 工艺中的操作参数，即影响结晶过程的因子，如晶核的形成或外加晶核、温度、pH 等。

物质能否形成晶体，取决于该物质的本性，这是结晶的先决条件。各种有机酸、单糖、核苷酸、氨基酸、维生素、辅酶等相对分子质量较小、结构比较简单的物质，当其纯度达到一定程度后，一般都可以结晶成分子型或离子型的晶体。而多糖、蛋白质、酶和核酸等成分，由于相对分子质量大、结构复杂，相对来说不容易定向排列，获得晶体就困难些。能否形成结晶还与大分子的结构有很大关系。一些成分，如蛋白质、酶由多种氨基酸通过肽键连接而成，其结构有些重复性，因此从其内部结构来看，也具备形成晶体的条件。通常，分子支链较少而对称性好的大分子比支链多、对称性差的大分子容易结晶，分子越大越难结晶。能够形成晶体的无机化合物包括：许多盐类，如 $NaCl$、Na_2SO_4、NH_4Cl、$(NH_4)_2HPO_4$、$MgSO_4$、KCl、KNO_3、K_2SO_4 以及尿素等；能够形成晶体的有机小分子物质包括：各种有机酸、单糖、氨基酸、核苷酸、维生素、辅酶、双糖等。而多糖、蛋白质、核酸和酶等生物大分子形成晶体就困难些，其中一些结构复杂、对称性不好的核酸、蛋白质和酶等，迄今仍未获得晶体。

溶质要形成晶体，还必须要有一定的纯度，这是结晶的另一个前提条件。杂质的存在，主要影响到结晶溶质分子或原子的定向排列，甚至有些杂质会与结晶粒子形成络合物。杂质含量越低就越有利于结晶的形成和生长。因此，溶质结晶前必须进行一定的纯化处理，如糖的澄清除杂、谷氨酸的脱色除铁处理等。溶质的纯度达到什么程度才能形成结晶,不同的溶质有不同的要求。例如,多数能够结晶的蛋白质和酶,其纯度必须达到50%以上时才能结晶;而胱氨酸结晶时对纯度的要求不是很严格,可以在毛发的水解液中单独结晶析出。

一种能够结晶的成分,当其在溶液中的纯度达到一定的程度后,其浓度也必须达到一定的程度才能结晶,这就是饱和度的问题。这是因为在一定的浓度下,结晶粒子才有足够的碰撞机会并按一定的速率定向地排列,才能够形成晶核,并使晶核长大。溶质的浓度与结晶之间的关系是:当溶质处于不饱和状态时,溶质可进一步溶解至饱和,直至溶质不再溶解,此时不会有晶体的产生;当溶质处于饱和状态时,结晶速率与晶体溶解的速率达到平衡状态,没有结晶的成长。饱和状态的溶液,如果温度降低或加入晶核,就可达到过饱和状态,这时会有晶核的产生和长大,溶质可以以晶体的形式析出,溶液中的溶质再恢复到饱和状态。过饱和状态是指在特定的温度下,溶剂比常规状态下溶解了更多的溶质。所以,只有当溶液处于过饱和状态时,溶质的粒子才有足够的碰撞机会并按一定的速率定向地排列聚集而形成晶体,并且形成晶体的速率又大于晶体溶解的速率,晶体才得以形成和成长。

影响晶核的形成及成长的因素:溶液中溶质的浓度要达到过饱和状态才能促使晶核的形成,因此在溶液中必须先形成高的溶解度,然后通过适当方法使结晶罐快速冷却形成溶质的过饱和状态,这样才能形成晶核。连续的结晶过程中,晶核一经形成,晶体就开始生长。影响晶体生长的因素有多种,如温度、浓度、溶剂、搅拌速率、容器壁等。尤其是温度,因为温度影响到溶质的溶解度,所以不同的成分有不同的结晶温度。例如,触珠蛋白在高盐浓度下需要稍高于室温的条件才能结晶,而血清蛋白则要求在较低的温度下结晶;又如,含结晶水的柠檬酸在较低温度下进行结晶,而谷氨酸钠则采用较高温度结晶。为保证生物大分子的生物活性,生物大分子的结晶通常需在低温下进行。而为了便于杂质的溶解,以提高结晶的纯度,一些小分子通常又需采用较高的温度。温度还会影响到晶体的形状、大小以及结晶的质量。有些物质在不同的温度会形成不同的晶体,如硝酸铵就有4个转折点和1个熔点。柠檬酸在低于36.6℃时结晶结晶会成为含一个水分子的柠檬酸结晶体,而在超过36.6℃时结晶则变为不含水的柠檬酸结晶体。

调控温度是形成晶核并使晶核成长最常用的手段。结晶发生在较低的过饱和状态时,对晶体生长较为有利。温度与溶质结晶之间的关系,如图7-9所示,图中展示了结晶与温度、溶质浓度之间的相互关系:a指较高温度区域,加入溶质,处于不饱和状态,处于稳定状态;b指溶液被冷却,处于饱和状态,处于亚稳定状态;c指温度进一步下降,进入亚稳定区域,处于不稳定状态,开始出现晶核;d指迅速形成晶核;e指随着晶体的成长,溶质浓度下降;f指在不断的冷却循环中晶核长大;g指收集晶体,温度进一步下降,处于饱和状态。

pH的影响:溶液中pH的变化主要影响到溶质的溶解度,因此也就影响到溶

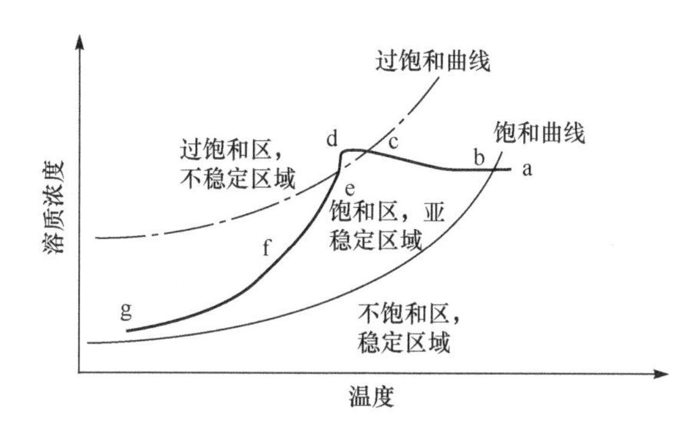

图 7-9　溶质结晶过程以及结晶与溶质浓度、温度间的关系

质的结晶过程。对大多数物质来说，结晶时所选用的 pH 与沉淀时的 pH 大致相同。各种溶质结晶时都有一个相应的 pH 范围。对于两性电解质溶液，结晶的 pH 就是该溶质的等电点。但是对酶等生物活性大分子进行结晶时，选用的 pH 要避免影响其生物活性。

结晶时间的影响：结晶速率过快时，通常会造成晶体的数量多而晶粒小，并且杂质多。缓慢的结晶，可以得到较纯净的大粒晶体。由于小晶体总表面积比大晶体大得多，对杂质吸附的机会也大得多，因此大晶体比小晶体的纯度高。

搅拌的影响：结晶过程一般都在搅拌条件下进行。适当的搅拌可增加晶体与结晶母液的接触机会，使晶体均匀生长，从而避免晶体下沉造成晶粒不均匀的现象。但如果搅拌速率过快，则会增加溶质的溶解，并造成晶体的损坏，影响到晶体的生长。工业大生产使用的搅拌结晶装置的搅拌速率选用 5～15r/min 的范围比较适宜。

总而言之，结晶过程一般都是在过饱和区内形成晶核，然后在饱和区内生长。要使溶液呈饱和状态或过饱和状态以获得晶核形成和生长，降低温度或将溶剂(水)蒸发以提高溶质浓度是最常用的方法。工业上通常采用的方法有蒸发浓缩和绝热蒸发。此种结晶法在工业上使用较多，精制食盐、砂糖、葡萄糖、味精、柠檬酸等产品的结晶多采用此法。

绝热蒸发就是在真空条件下使高温溶液进行闪蒸(又称闪急蒸发)，即利用高温的溶液进入真空状态，由于压力的突然降低，引起溶剂的大量蒸发，并带走大量的热而使溶液温度下降，从而获得低度的过饱和溶液。此外，加沉淀剂也是一种手段。加入沉淀剂，使之发生化学反应，改变溶剂成分，使溶质的溶解度下降，从而形成过饱和。以上这几种方法各有优劣，需要根据实际情况进行选择。目前工业应用以真空蒸发的结晶方法使用较广。一般大规模的结晶是将浓缩与结晶两个步骤分开操作：第一步用多效蒸发的方法将溶液浓缩至一定的浓度；第二步将浓缩后的溶液转入带有冷却和搅拌装置的结晶罐中结晶。小规模的生产则往往将蒸发浓缩与结晶两个步骤在同一设备中进行。采用的设备如蒸发结晶锅(器)。用于结晶和蒸发浓缩的设备分为间歇式和连续式，有带搅拌器的，也有强制循环的。通常，罐式结晶器是应用最久和最基本的结晶设备，此种方法的操作中，加热并处于饱和状态的溶液被输送到一个开口罐内冷却结晶。结晶后将母液排放，收集晶体。过程中不容易进行晶核形成及晶体大小的控制。此种方法劳动力成本较高，只适用于产品附加值较高的化学及医药类产品的生产。

工业结晶生产的另一种设备及技术是刮面结晶罐。此种结晶罐配有一个长约2ft① 的槽和一个半循环式的罐底，罐身用冷却管夹层，搅拌器的螺旋桨桨叶可以刮向槽壁把成长于管壁上的结晶体移走。目前比较先进的设备是强制式循环溶液蒸发结晶罐，如图 7-10 所示。此种结晶罐将蒸发和结晶结合于一体。结晶过程中，溶液被强制循环通过蒸气加热管而升温，升温了的溶液被输送到结晶罐内的蒸发区间。在蒸发区间由于温度和低压的作用产生闪蒸，溶剂(水)被大量蒸发，溶质浓度显著提高，于是溶液处于过饱和状态。此时，过饱和的溶液通过管道送入流态化区间，在此处通过二次成核进行结晶和晶体的成长。在溶液、进料液的混合循环和加热过程中将体积较大的晶体收集即得到产品。

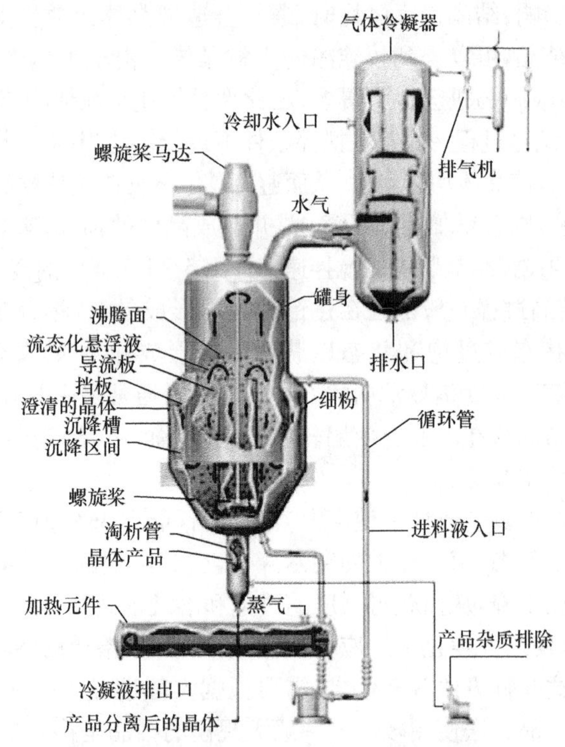

图 7-10　集蒸发和结晶于一体的 Courtesy of Swenson 结晶罐(http://www.swenson-equip)

① 1ft=3.048×10^{-1}m。

7.6 絮凝分离

利用絮凝作用把溶液中的胶体成分、微小颗粒及悬浮物除去以达到分离目的的技术，称为絮凝分离技术。絮凝作用是指胶体和悬浮物颗粒在絮凝剂或其他条件下，脱稳交联成为粗大絮凝体的过程。絮凝作用的过程首先包含着凝聚作用，凝聚作用是颗粒由小到大的量变过程，而絮凝作用是若干个凝聚作用的结果。当颗粒凝聚到粒径为 0.1～2.0cm 时，便会从溶液中沉降而被分离出来。絮凝分离技术的应用主要是除杂，即去除溶液中不需要的组分。此种技术在水的净化方面应用得最多，如饮用水的净化、工业用水以及石油工业废水、造纸工业废水、采矿工业废水、化学工业废水、生化工程废水、食品工业废水、纺织印染工业废水等的处理。制糖工业中应用絮凝分离进行各类糖浆、混合汁、泥汁以及甜水、废水的澄清脱色处理。絮凝分离在生物化工上的应用包括从培养基中分离细胞、去除细胞碎片。

7.6.1 絮凝分离作用机理

絮凝分离的对象为溶液中的胶体粒子或悬浮物颗粒。这些颗粒的大小不同于真溶液中的溶质分子。真溶液溶质的颗粒小于 1×10^{-7}cm，在溶液中呈溶解状态，很稳定，能通过滤纸，能进行扩散和渗析；胶体颗粒粒径为 $1\times10^{-7}\sim1\times10^{-4}$cm，扩散极慢，不能渗析，在水中呈胶体状态，较稳定，环境条件不变时不易沉淀；悬浮物颗粒粒径为 $1\times10^{-4}\sim1\times10^{-2}$cm，不能通过滤纸，不能扩散渗析，在水中不稳定，较长时间的静置会有沉淀出现。布朗运动是胶体和悬浮物的另一个特性。由于布朗运动，颗粒间互相碰撞，较小颗粒运动速度较快，碰撞机会多，导致小颗粒集结成大颗粒，最终产生絮凝沉淀。温度提高，颗粒的能量增加，运动加快，颗粒间碰撞的机会更多，胶体更易产生絮凝沉淀。溶液中的胶体和悬浮物颗粒表面都带有相同电性的电荷，这是胶体和悬浮物颗粒在溶液中得以稳定的主要原因之一。因为同电相斥，颗粒间不能靠近聚集。胶体颗粒表面的电性来自于：两性电解质、离子性大分子在水中的电离作用、离子键化合物的离子离解、由于颗粒表面自由能的作用导致的离子吸附以及离子的取代作用(即晶格取代作用)。

胶体颗粒的结构如图 7-11 所示，胶体由胶核、吸附层、扩散层构成，胶核表面吸附着阴、阳离子，所以胶核外是一种双电层的结构。从胶体颗粒切面到溶液之间的电位称为 ξ 电位。ξ 电位是胶体化学中非常重要的参数，它表示胶团扩散层的厚度和电荷密度的性质。扩散层厚则 ξ 电位高，颗粒之间不能靠近聚集，保持着较稳定的状态。因此，ξ 电位大小反映出胶体颗粒的稳定性。

向胶体溶液中加入电解质时，电解质可中和颗粒表面上的电荷，胶体颗粒之间消除了同种电荷的排斥力，颗粒便易于结合在一起而聚集。解释絮凝化学原理比

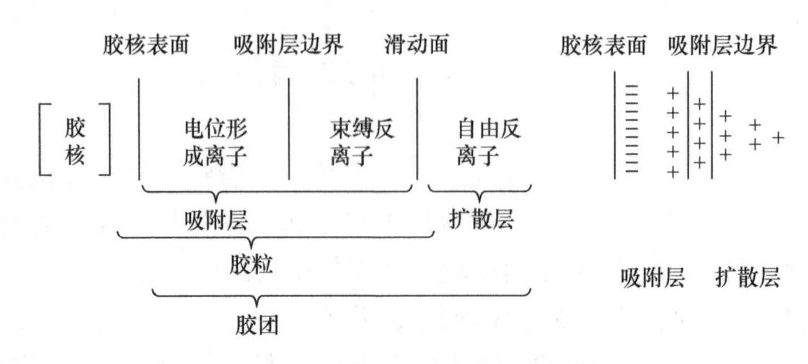

图 7-11　胶体结构剖面图

较完善的理论是由 Derjaguin、Lanau、Vervey 及 Overbeek 提出的胶体稳定理论，简称 DLVO 理论。其基本论点是胶体颗粒间的吸引能和排斥能的相互作用决定着胶体的稳定性与絮凝沉淀。根据这个理论，絮凝的作用机理可概括为如下几个要点：

(1) 颗粒凝集。胶体颗粒表面因带有相同电荷而存在排斥力，排斥力大小与颗粒间的距离和所带的电荷数有关。当颗粒布朗运动的动能不足以克服排斥力时，颗粒便不能聚合而保持稳定状态。当布朗运动的动能能够克服排斥力时，颗粒可以互相接近，一旦接近到某一程度，颗粒间的范德华力大于排斥力，颗粒便会聚合，出现脱稳状态。

(2) 双电层的压缩和电荷的中和作用。胶体结构中的双电层变薄时，排斥能降低，即 ξ 电位下降，当 ξ 电位降低到某一个阈值时，颗粒就能够因互相吸引、脱稳、聚集，而产生疏松的絮凝体。加入电解质可以中和颗粒表面的电荷而压缩胶体双电层，使絮凝作用产生。

(3) 桥连作用。桥连是指溶液中胶体和悬浮物颗粒通过有机或无机高分子絮凝剂形成桥架式空间结构的絮凝体而沉淀下来的现象。此种桥连也可以是两个同性电荷的胶粒经一个带异电性的电解质分子连接在一起。这种桥连发生在带负电的胶体颗粒与带正电的阳离子高分子絮凝剂(如聚丙烯酰胺的共聚物)之间，也可以发生在带正电的胶体颗粒与带负电荷的有机高分子絮凝剂(如聚丙烯酸钠)之间。把分子结构分支少、具有线型结构的高分子絮凝剂加入胶体溶液时，絮凝剂中的某些基团借助于范德华力、氢键、配位键等作用，与胶体粒子形成桥连现象，连接的胶体粒子越多，桥连作用越明显，絮凝效果就越好。

(4) 沉淀物网捕机理。利用一些金属盐、金属氧化物和氢氧化物作絮凝剂时，能够形成金属氢氧化物或金属碳酸盐聚合物沉淀。所形成的聚合物具有特殊的网状结构，会把溶液中的胶体粒子网捕而达到将其去除的目的。例如，铝盐或铁盐无机絮凝剂在水溶液中发生水解后，形成水合金属氧化物高分子，这些高分子具有三维空间的立体结构，适合于对胶体颗粒的捕获，就像多孔的网子一样，从水中将胶体和悬浮颗粒清扫下来，形成絮状沉淀。

7.6.2　絮凝剂的种类和影响絮凝作用的因素

絮凝剂有多种，其分类和归纳如图 7-12 所示。首先是按有机和无机分类，然后按其相对分子质量的大小、官能团的性质以及官能团离解后所带电荷的性质，将其进一步分为高分子、低分子、阳离子型、阴离子型和非离子型絮凝剂等。

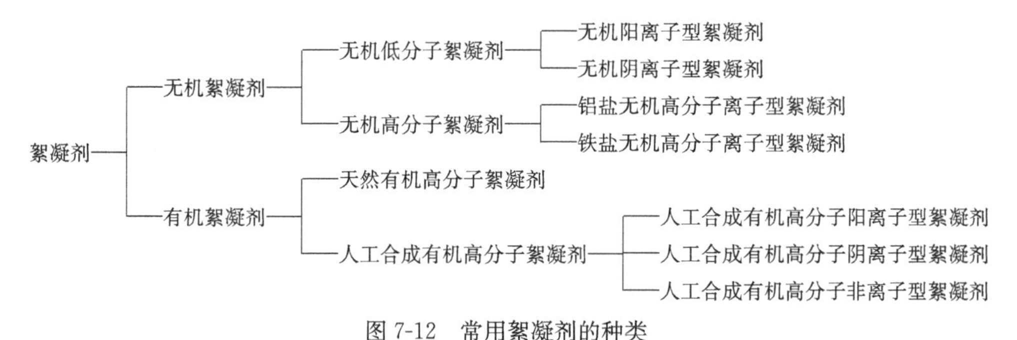

图 7-12　常用絮凝剂的种类

絮凝作用是一个包含物理和化学作用的复杂过程，影响絮凝作用的因素包括：

(1) 溶液 pH。pH 对胶体颗粒表面的带电性、胶体扩散层厚度(即 ξ 电位)、絮凝剂的性质和作用效果等都有较大的影响。一般情况下，阳离子型絮凝剂适合在中性或酸性的 pH 环境中使用；而阴离子型絮凝剂则适合在中性或碱性的环境中使用。聚季胺盐的有机高分子阳离子型絮凝剂适合在碱性溶液中使用。非离子型絮凝剂从强酸性到碱性的环境都适用。

(2) 温度。絮凝作用最适合的温度为 20～30℃。水温过高时，化学反应速率过快，形成的絮凝体细小，并使絮凝体的水合作用增加，同时能量的消耗也增大；水温过低时，有些絮凝剂的水解反应变慢，水解时间过长，效率降低。

(3) 搅拌速率和时间。恰当的搅拌速率和时间，有利于絮凝剂发挥作用，加速絮凝作用，提高絮凝效果。搅拌速率过快，时间过长，会将絮凝体搅碎变成小颗粒而不能沉淀；搅拌速率过慢，时间过短，絮凝剂和胶体颗粒不能充分接触，不利于絮凝剂捕集胶体颗粒，絮凝效果变差。搅拌速率一般以 40～80r/min 为宜，不要超过 100r/min；搅拌时间以 2～4min 为宜，不要超过 5min。

(4) 高分子絮凝剂的性质和结构。分子结构中分支少、呈线型结构的有机高分子絮凝剂的絮凝效果好；而环状或支链结构多的有机高分子絮凝剂的絮凝效果较差。有机高分子絮凝剂的一些官能团，如—COONa、—$CONH_2$、—SO_3Na 等过多时，由于电荷密度过高，会降低絮凝效果。但对于以中和作用为主的絮凝剂来说，官能团过少对电荷的中和作用不利也会影响到絮凝作用。

(5) 有机高分子絮凝剂的相对分子质量与使用浓度。絮凝剂的相对分子质量越大,絮凝作用越好。絮凝剂的相对分子质量不要小于 30000,最好在 250000 以上。一般情况下,絮凝作用的效果随着絮凝剂用量的增加而增大。在絮凝剂的用量达到一定值时,絮凝也达到最大效果,再增加用量时,对絮凝效果无意义。过量时会使形成的絮凝体重新变成稳定的胶体,反而降低絮凝效果。絮凝剂的用量与溶液中胶体和悬浮物的含量有关,每一种待处理的溶液,其最佳的絮凝剂用量都应通过预实验来确定。

7.6.3 絮凝分离技术的应用

絮凝分离主要应用于生物化工中对发酵过后细胞、细胞碎片或蛋白质的去除。发酵产物,不管是胞内产物或胞外产物,用适当的方法对其提取和回收前,可先将发酵液中的细胞、细胞碎片进行去除。一般可以在过滤前进行絮凝沉淀,以减少非絮凝的小颗粒滤过滤布的现象,同时有利于形成多孔性的滤饼。氨基酸发酵和酶制剂发酵的菌体,通过絮凝剂沉淀分离的效果较好。由于其菌体体积细小,相对密度和水接近,过滤和离心时有一定困难。一些菌体表面一般带负电荷,如芽苞杆菌在 $pH<3.0$ 时,其表面负电荷较多,电位较高,形成很难沉降的胶体溶液或悬浮液。菌体细胞壁外层为生物大分子,所带基团如—COOH、—NH_2、—OH 等,可与水形成氢键,也能形成亲水性比较稳定的胶体溶液。细菌和放线菌发酵产酶后,用1%碱式氯化铝和相对分子质量为 1000 万的聚丙烯酰胺(浓度低于 5mg/L)作为絮凝剂处理时,其中的碱式氯化铝起电荷中和作用,而聚丙烯酰胺则起吸附架桥作用,处理后菌体的过滤速度可以显著提高,酶的回收率也显著改善。

在糖汁的澄清和脱色中,用 0.6mg/L 的聚丙烯酸钠进行处理,糖液悬浮物能够大部分沉降,得到较清的糖液。用碱化后的阴离子型聚丙烯酰胺作絮凝剂,用量为 6~12mg/L,也有较好的效果。但此种絮凝剂可能残留有未聚合完全的单体,单体的毒性较大,所以此种絮凝剂的用量,在一些国家很严格。英国规定为1mg/L,应用于食品工业中时单体残留量应在 0.05%以下。处理后饮用水的聚丙烯酰胺含量不超过 0.5μg/L。

在活性污泥处理方面,活性污泥大部分是由阴离子型的生物高分子组成,本身带有负电荷,在性质、机理、作用等方面,类似于阴离子有机高分子絮凝剂,用阳离子型高分子絮凝剂处理有较好效果。阳离子高分子絮凝剂主要起中和电荷的作用。向活性污泥中加入相对分子质量为 250000 的阳离子高分子絮凝剂二甲胺-环氧氯丙烷共聚物,浓度为 10mg/L,然后在澄清池中澄清,10 天后废水的流出速率增加 1 倍,从 6.45kg/(d · m^2)提高到 12.90kg/(d · m^2)。

7.7 蒸　　发

在食品工程、生物工程和中药工程中，应用蒸发操作减少物料的体积，制备适用于进一步加工的浓缩液，或为结晶、沉淀和干燥创造条件。从减少蛋白质、酶及其他生物活性成分变性的角度考虑，采用 40℃以下的真空蒸发操作效果最好。其他的一些操作中如果出现发泡现象，常常会导致空气与水界面处蛋白质、酶和活性成分的变性。对于常温操作，第 2 章中所述的反渗透和超滤是效果良好的温和方法。食品工程蒸发操作需要考虑到的最常见的问题还有果蔬汁浓缩中香气及风味成分的回收。果蔬汁浓缩的目的是除去水分并最大限度地保留香气成分，并使其中的营养不受影响。蒸发浓缩后的果蔬汁，有利于储藏和运输，或者直接就可以作为产品销售，或根据需要通过勾兑成为各种所需的产品。浓缩过程中，因为芳香性油常常是挥发性的，必须通过适当的方法将其回收。例如，利用液态 CO_2 吸收，蒸发后再与产品混合，以保持产品的风味不发生显著变化。

在食品工程、生物工程和中医药工程中，传统的浓缩工艺存在着浓缩温度高、浓缩时间长、有效成分及挥发性成分有损失、设备易结垢、废液排放等问题。为了解决这些问题，出现了一些先进的浓缩新工艺和新技术，主要包括：悬浮冷冻浓缩、渐进冷冻浓缩、自然外循环两相流浓缩、在线防挂壁三相流浓缩、反渗透、膜蒸馏、渗透蒸馏、大孔吸附树脂分离浓缩等。

作为最常用的单元操作，蒸发浓缩对各种果蔬汁加工、中药制剂制备及生物工程产物的处理具有较强的适应性。蒸发浓缩过程的温度和受热时间等是影响浓缩液质量的关键因素。自 20 世纪 70 年代以来，多种类型的蒸发浓缩工艺和装置包括：夹套浓缩器、升膜浓缩器、降膜浓缩器、刮板薄膜浓缩器、离心薄膜浓缩器、滚筒刮膜浓缩器、双滚筒真空浓缩器、自然外循环两相流浓缩器和在线防挂壁三相流浓缩器。其中，自然外循环两相流浓缩器结构简单，操作稳定、方便，传热效率高，传热面积大，适用于大规模生产，可组成多效的蒸发浓缩操作，以利用产生的蒸气余热，降低能量消耗。该类浓缩器虽然具有提取液停留时间长的不足，但是如果生产中结合真空条件下操作，则可以降低蒸发温度，因此也适用于热敏性料液的浓缩。相对而言，该设备还具有不易结垢、最终浓缩液相对密度大的特点。该类浓缩器因其良好的适应性、可操作性、经济性等优势，至今仍被广泛应用（刘明言，2006）。

提取和浓缩装置：由于中药材、生物培养液和果蔬汁中的有效成分有些是热敏性的，在高温环境下可能会失去活性。因此，为了防止有效成分特别是生物活性成分被破坏流失，提取浓缩在低温减压状态下进行最为理想。图 7-13 为一种比较有效的提取和减压浓缩装置。

提取罐内处于真空减压低温状态，使得物料中的有效成分不断溶出，加上热回

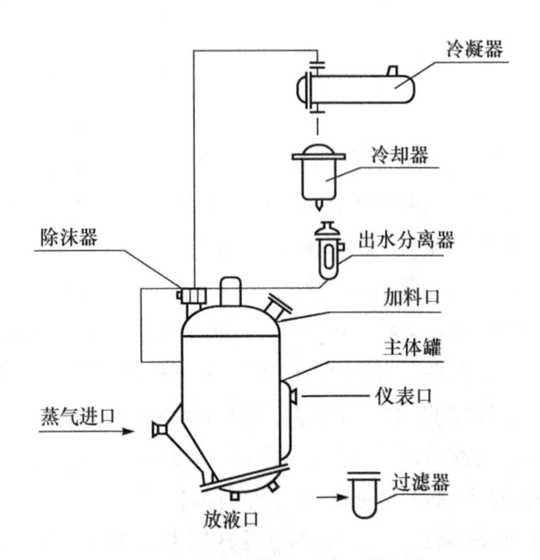

图 7-13　提取和减压浓缩设备(刘明言,2006)

流的新溶剂不断地补充,使溶剂反复运动于物料表面与渗透至内部,物料与溶剂始终保持较高的浓度梯度,加快了物料有效成分的溶出,有利于提高提取率。溶剂的回流离不开冷凝器。冷凝器的作用是把蒸发的溶剂冷凝并冷却到一定温度,使溶剂回到提取罐内被再次利用。

减压蒸馏的特点:"减压状态"或"真空状态"是指在给定时间内气体压强低于环境大气压的稀薄气体状态,即设备中气体分子密度低于环境大气压下气体分子密度的状态。气体分子是气体内部换热的基本载体,气体的绝对压力与气体分子密度(单位体积内气体分子数)成正比。分子的碰撞是饱和蒸气冷凝的前提,抽真空使换热器内部的气体密度下降,气体分子数减少,气体分子之间发生碰撞的概率减小,从而降低了热量传递速率,增加了蒸气冷凝难度。真空度越高,气体密度越小,分子发生碰撞的概率也越小,蒸气冷凝需要的换热行程和换热面积越大;抽真空时,由于两侧压差比较大,物料大量蒸发导致通过管道或者换热器的流速很大,以致换热器的流通截面积受限或者阻力降很大。

减压蒸馏冷凝器的设计:蒸馏冷凝器的特点是表观气速相当大,同时由于在真空条件下操作,一些在常压/加压冷凝器设计中不明显的特点显现出来,主要有:

(1) 在处理同样气量和气体流通截面相等的条件下,真空操作较加压操作时的气体流速大,从而剪切力增大,导致冷凝液膜变薄,而且冷凝液也可能提前向湍流过渡。因此,冷凝传热膜系数可能比重力冷凝提高 4 倍左右。

(2) 真空操作时加速度对压力梯度的影响也很大,管内冷凝时的压力梯度可用公式表示为

$$\left(\frac{\mathrm{d}p}{\mathrm{d}z}\right)_{\mathrm{A}}=\frac{\mathrm{d}}{\mathrm{d}z}\left\{m^2\left[\frac{(1-x)^2}{\rho_{\mathrm{L}}(1-\varepsilon_{\mathrm{g}})}+\frac{x^2}{\rho_{\mathrm{g}}\varepsilon_{\mathrm{g}}}\right]\right\}$$

式中，x 为气体质量，g；m 为单位截面积上气体的质量流率，$\mathrm{L/m^2}$；ε_{g} 为孔隙率，%；ρ_{L}、ρ_{g} 分别为液体、气体的密度，g/L。

由式中可见，右边第二项的值与气体密度成反比，由于在真空操作时，蒸气进口附近的气体质量变化很快，故此值将明显变大。

冷凝过程可以分为三个区域，即冷凝区（含过热蒸气降温区）、过渡区和气体冷却区。在冷凝区内，蒸气流速变化很快，而其饱和温度维持不变。所以，气速过高对冷凝过程并无益处，尽管高气速会提高过热蒸气的降温速率，但这是以增大压降为代价的。在气体冷却区内，控制步骤为气膜控制，采用较高的气速对提高传热系数和促进冷却过程有利。所以，真空冷凝器的设计实际上是解决传热效率和压降之间的矛盾。采用壳程冷凝可以缓和气速和压降之间的矛盾，从而获得较满意的设计效果。管内冷凝虽然是冷凝器的常用形式，但就真空冷凝器而言，采用管内冷凝不易在获得较高传热效率的同时降低压降，因此壳程冷凝是设计中最常用的冷凝方式。

传统的列管式换热器在减压蒸馏的应用中冷凝效果差，蒸气不能完全冷凝，造成溶剂的损失。另外，体积笨重也使其不容易进行后期的维护。SECESPOL 换热器是欧洲进口的管壳式换热器，其换热管采用独特的螺旋螺纹管缠绕结构，换热效率能达到传统管壳式换热器的 3～7 倍，应用于蒸气冷凝工况，有着无可比拟的优越性。该换热器具有以下几大特点：

(1) 冷凝效果好，换热效率高。有文献报道，换热管壁厚每减少 0.1mm，换热系数能提高 10%左右。传统列管式换热器的壁厚一般为 1.5～2.5mm，而 SECESPOL 换热器的换热管壁厚仅有 0.6mm。因此，其冷凝效果远高于传统换热器。

(2) 100°角连接设计，结垢倾向低。SECESPOL 换热器的 JAD 系列换热器采用 100°角连接设计，使换热器全部参与换热，不留死角。另外，流体自动冲刷管路，降低了结垢倾向，同时对流体起到缓冲作用，减少阻力，降低噪声。

(3) 非对称流设计。SECESPOL 换热器采用非对称流设计，壳程容积最大为管程容积的 4.2 倍，可满足多种复杂工况。

(4) 全不锈钢设计，安全可靠。SECESPOL 换热器的 JAD 系列换热管采用 316L 不锈钢、壳程采用 316 不锈钢，管壳程具有相同的热膨胀系数，另外采用先焊接后胀接的焊接工艺，有效防止换热管与管板焊缝的开裂，保证物料和产品的洁净度以及生产的安全。由于无需胶垫密封，物料对不锈钢无腐蚀，密封性好，能够保证系统的真空度，安全性高。

(5) 体积小巧，便于安装。相同的工况条件下，SECESPOL 换热器的体积仅是传统管壳式换热器的 1/10 左右。因此，其安装非常方便，可以与管道直接相连，无需另外搭建安装平台；容易拆卸，后期维护方便，维护费用低。

7.8　干　燥

7.8.1　干燥的原理及影响干燥效果的主要因素

干燥是将产品及物料与水分离的过程。干燥的目的在于提高产品的储藏安全性，减少体积以便储运和后续加工。对于生物化工中的产品如酶或蛋白质，为了尽可能减少变性，应该采用真空蒸发，尽可能在低温度下操作。对于减少蛋白质溶液的体积，超滤是相当温和的方法。在生物工程中，蒸发操作的最常见例子是果汁的浓缩和香气成分的回收。果汁浓缩和干燥的目的是除去水分而保留香气成分和营养，其后再根据需要勾兑成为所需的产品。由于芳香性油的挥发性，为了尽可能保持产品风味，通常会将其首先回收，水分蒸发后再与产品混合。不同产品安全储藏的含水量要求不同，一般控制在5%～12%。

不同的干燥方法有不同的效果，影响干燥效果的因素如下：

(1) 物料本身的特性。不同物料的亲水性不同，导致同样的含水量，水的活度有较大差别。活度越大，水分越容易挥发，物料越容易干燥，反之则较难干燥。

(2) 蒸发面积。干燥过程是水或溶剂从物料表面蒸发的过程，干燥效率与蒸发面积成正比。如果物料厚度增加，蒸发面积减小，干燥难度增加，同时还可能使物料内部温度分布不均匀而导致局部的升温和结块等现象。

(3) 干燥速率。干燥过程是水分在物料表面受热蒸发，同时物料内部水分在热力作用下依照水分梯度进行迁移的过程。如果干燥过程中水分过快蒸发，常常会使物料表面发生黏结致密，造成水分迁移阻力，减慢干燥过程。

(4) 物料所处的状态。静态物料蒸发面积小，干燥慢，流化态使物料蒸发面积增加，可以加快干燥速率。

(5) 温度。提高温度可以加速干燥过程，但是干燥过程与能耗效率之间有着平衡关系。同时一些有活性的物料或产品，如酶和蛋白质必须在较低温度下干燥。此时冷冻干燥是最适宜的干燥方法。

(6) 环境湿度。物料所处空间的相对湿度越低，越有利于干燥。如果环境的相对湿度大，干燥过程则慢，极端的情况是在饱和湿度的环境下无法进行干燥。因此，利用气体流动的干燥方法，会显著改善干燥效果，如采用鼓风干燥。在喷雾干燥时，降低气流的湿度，也能显著改善干燥效果。

(7) 压力。物料水分的蒸发速率与压力成反比，减压能够有效地加快蒸发的速率，还能降低干燥时需要的温度，不但有利于保存产品的活性，同时有利于改善产品的营养品质和质构、色泽等感官方面的品质。因此，有真空干燥和冷冻干燥技术方面的各种应用。

干燥的方法有很多种，由于食品工业、农产品加工以及生物化工中的产品千差万别，对干燥过程的要求也各不相同，同时各种干燥过程原理及成本方面也存在较大差别。因此，不同的干燥方法，其适用性有相当大差别。食品工程中常见的干燥方法包括：常压干燥、真空干燥、冷冻干燥和喷雾干燥等；生物制品常用的干燥方法包括：气流干燥、喷雾干燥和冷冻干燥等方法。

7.8.2　常压干燥技术

1. 热风干燥

热风干燥又称热风干制，是在烘箱或烘干室内吹入热风使空气流动加速干燥的常用方法。热风干燥设备主要是箱式热风干燥机（俗称烘箱）。干燥室排列有热风管、鼓风机等，主要以煤电等为能源。热风由热风管输入干燥室内，在鼓风机的作用下，热风对流使干燥室内部温度分布均匀，干燥产生的余热由热风口排出。热风干燥是生产及实验室操作中常用的干燥技术。

2. 热泵干燥

热泵是一种能够从低温热源吸取热量，并在较高温度下作为有用热能有效地、受控制地加以利用的热能装置。热泵是能耗较低的加热装置之一。出于节能，热泵已广泛应用于空调、干燥、蒸馏等许多领域。干燥是一项耗能量大的加工作业，美、日、德等国家早就将热泵应用于粮食、木材、果蔬、茶叶等农副产品的干燥中，节能效果非常显著。我国对热泵干燥技术的研究起步较晚，20 世纪 90 年代我国研制出国产的热泵干燥设备并陆续应用于鱼类、农产品种子、海珍品等原料的干燥，显示出节能和提高质量的双重效益。与传统的热风干燥相比，热泵干燥技术主要有以下优点：干燥温度较低（一般低于 50℃），能较好地保持蔬菜天然的营养、色泽和风味；节能效果显著，在热风干燥中，排放的高温尾气中浪费了相当一部分热能（包括潜能），故热能损失大。热泵干燥的主要缺点是干燥速度慢、易发生污染等。热泵干燥应用于鱼片的干燥，适当的工艺条件下干燥的鱼片复水性、感官评定、新鲜度方面都属于一级品，并且具有干燥时间短的优点。热泵干燥技术目前也应用于脱水蒜片等多种农产品干燥的工业化规模生产中。

3. 喷雾干燥

喷雾干燥是用高速离心或高压的方法将含水量在 50%左右的溶液、悬浮液或浆状液从喷嘴处以细小雾滴（10～50μm）喷入温度为 120℃的干燥室，在 15～40s 的时间内雾滴被干燥为细粉的过程。喷雾干燥的特点是喷雾干燥时物料温度低，条件温和，干燥速度快，产品有良好的分散性、流动性和溶解性，安全卫生，操作简便，适合于大规模生产，对于热不稳定性产品的干燥同样适用。但为了回收废气中夹带的产品微粒，需配备高效的废气分离装置。喷雾干燥处理的原料液可以是溶液、悬浮液，也可以是熔融液或膏糊液。干燥产品根据需要可制成粉状、颗粒状、空心球或团粒状。干燥过程中空气经过滤和加热，进入干燥器顶部空气分配器，热空气呈螺旋状均匀地进入干燥室，料液经塔体顶部的高速离心雾化器，(旋转)喷雾成极细微的雾状液珠，与热空气并流接触在极短的时间内干燥。成品连续地由干燥塔底部和旋风分离器中输出，废气由风机排出。这种技术的特点是：干燥速度快，料液经雾化后表面积显著增加，在热风气流中，细小的雾滴瞬间就可蒸发95%～98%的水分，完成干燥时间仅需数秒，对于含水量40%～60%(特殊物料可达90%)的液体能一次干燥成粉粒产品，干燥后不需粉碎和筛选，减少生产工序。目前主要应用于奶粉、速溶咖啡、速溶茶、葡萄糖、蛋清(黄)粉等食品的加工与生产。对香蕉浆液的喷雾干燥显示：进风温度对香蕉抗性淀粉的保留率影响最大，其次是进料速度，而对香蕉浆液浓度影响最小。

4. 气流干燥

气流干燥是将固体流态化的干燥方法，把呈泥状、粒状或小块状的湿物料送入热干燥介质中，物料在流化过程中与热介质进行热交换，得到粉粒状干燥产品。常用的热干燥介质为不饱和热空气或循环的过热氮气。气流干燥所需时间短、热效率高、设备简单、操作简便，但易使目的产物受热变性和氧化，产品色泽变褐，也不适用于黏稠度大的物料的干燥。

7.8.3 真空干燥技术

连续带式真空干燥的原理：水的饱和蒸汽压与温度紧密相关。在真空状态下，水的沸点降低，易于蒸发。所以，此种干燥方法可以在低温下进行，能够避免高温对热敏感的营养成分的破坏，同时提高了干燥速度。在真空系统中，相对缺氧下的干燥还可以减轻甚至避免食品中氧敏感成分的氧化，也可以减少褐变。真空干燥时，将物料放置在密闭的干燥室内，用真空系统建立一个真空环境，同时对物料加热，使物料内部的水分通过压力差、浓度差进行迁移、扩散到表面，水分子在物料表面获得足够的动能，逃逸到真空室的低压空间，再经真空泵抽走。在维持干燥室真空度的情况下，如何实现连续化生产是连续带式真空干燥设备的难点和特点。连续带式真空干燥是指在真空条件下，将物料连续地、均匀地铺放在传送带上，然后提供热量，物料在输送的过程中呈沸腾发泡状态，内部水分扩散、蒸发，被真空泵抽走，从而得到多孔、高品质的干制品。物料一般由计量泵或真空专用进料装置连续地送入真空干燥室，在输送带上铺成薄层。输送带运行时物料水分不断蒸发，得到干制品，之后干制品进入成品仓。积累到一定量后，将干燥室与成品仓间的密封阀门关闭，以维持干燥室的真空环境(进料端仍然连续进料)，然后一次性出料，从而实现真空条件下的连续进料，间歇出料的过程。这种连续带式真空干燥的优点在于：①低温干燥，适合于热敏性物料；②稀氧干燥，适用于易氧化物料；③能够实现连续的大规模生产；④密闭工作，卫生条件好，产品质量与安全性容易保障；⑤尤其适合高黏性、带有微粒的物料干燥；⑥产品呈多孔状，复溶性好。

连续带式真空干燥设备主要由真空系统、带式干燥机、加热系统和控制及测量系统等组成。此类设备主要应用在食品行业（纯果汁粉、速溶咖啡、甜料、调味料等的制备）、医药卫生行业（蛋白质、酶等生物活性物质以及中草药提取物的提取）、化工行业（染料、金属氧化物及易爆品的干燥）。

连续带式真空干燥是一种新兴的干燥方式，它不仅具有普通真空干燥的优点，而且更加高效、节能，其作业时间约为真空冷冻干燥的 1/5，且品质相当。该设备适用于固体、液体、高黏性流体，能够连续运作；一次性投资适中，运作成本较低，在大规模工业生产中具有较好的应用前景。

真空冷冻升华干燥：冷冻干燥是在低于水的三相点压力下进行物料脱水干燥的一种技术。物料经装载后，首先被冷冻至－35℃以下，系统抽真空使物料容器室的真空度达到 0.1Torr① 左右，然后将装载物料盘的隔板加热升温至 40～60℃（根据需要甚至更低），物料中的冰升华而除去。冷冻干燥过程中，样品不起泡、不暴沸、不粘壁，质构疏松，复溶快。产品残留水分低（＜2%），对于生物大分子的活性影响很少，所以适合热敏性物料。但设备投资较大，能耗大，干燥成本为普通干燥的 2～5 倍以上。真空冷冻干燥的产品可以最大限度地保持新鲜原料所具有的色、香、味及营养物质，因此它适用于一些中高档食品的干制加工。

图 7-14 为工业用的冷冻干燥装置。在操作物料冷冻干燥的过程中，有几个要点必须加以注意：

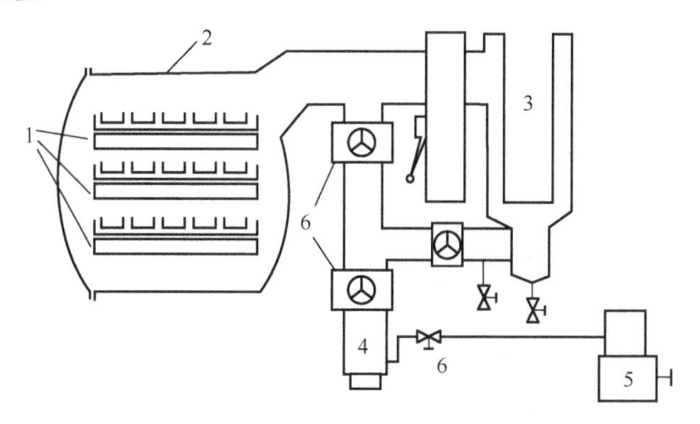

图 7-14　冷冻干燥装置（彭志英等，2008）

1. 物料；2. 真空干燥箱；3. 冷凝器；4. 增压泵；5. 前级泵；6. 隔离阀

① 1Torr＝1mmHg＝1.33322×10^2Pa。

(1) 溶剂。样品最好是水，尽量少含或不含有机溶剂，因为有机溶剂会降低物料的冰点，自然就增加了干燥难度。同时，低沸点的溶剂如乙醇或丙酮的蒸气压较高，不易凝结，经过冷阱进入泵内，冷凝于泵油，使泵油稀释并对设备的真空泵造成损伤。

(2) 盐浓度。物料中盐的存在也会使溶液冰点下降，冻块易于融化，延长干燥时间。因此，冻干时应尽量避免盐的使用。

(3) 物料酸碱度。冻结过程中缓冲液成分会出现溶解度变化甚至析出的情况，会导致物料的 pH 产生波动，物料中对 pH 敏感的活性成分会受到影响。

(4) 操作结束前不要扰动物料，干燥结束时，缓慢进气使压力回升，避免急速回气的气流冲散冻干品；待系统内压力升至大气压后，取出装样容器，关闭真空泵；最后关闭冷冻机或移去冷阱(关机次序与开机次序相反)。因为如果在放入空气以前关闭真空泵，有可能导致泵油倒流至冷阱，甚至进入干燥器，污染物料。同时为了预防水蒸气进入真空泵，应在关闭真空泵以后才停止冷却。

微波真空干燥：微波作为一种新能源，与传统干燥方式相比，具有干燥时间短、加热均匀性好、热效率高的特点，且微波穿透力强，能快速深入物料内部，物料的加热均匀。微波真空干燥是利用微波加热原理，将微波技术和真空技术相结合的一种新型微波能应用装置。待干燥物料在低压力时，通过减小气相中的水蒸气分压，降低其沸点，使物料能在较低温状态下进行脱水，加快水分扩散速率，较好地保护物料中的成分。它兼具微波及真空干燥的干燥周期短、效率高、产品质量好、干燥的同时能杀菌、加工成本低等优点。目前应用于龙眼肉、金针菇及茶叶等农产品的干燥。有关微波干燥的原理及应用，在第 4 章有更详细的讨论。

参 考 文 献

高孔荣，黄惠华，梁照为. 1998. 食品分离技术. 广州：华南理工大学出版社

蒋维钧. 1992. 新型传质分离技术. 北京：化学工业出版社

刘存玉. 2006. 真空冷凝器及其优化设计考虑的因素. 化工设计，(1)：28-30

刘明言. 2006. 中药提取液浓缩新工艺和新技术进展. 中国中药杂志，(3)：184-231

刘茉娥，等. 1993. 新型分离技术基础. 杭州：浙江大学出版社

陆九芳，等. 1994. 分离过程化学. 北京：清华大学出版社

潘永康. 1998. 现代干燥技术. 北京：化学工业出版社

彭志英，等. 2008. 食品生物技术导论. 北京：中国轻工业出版社

沈永贤. 2006. 中药热回流提取浓缩机组. 中国：2827365. 2006-10-18

王娟，陈人人，杨公明，等. 2007. 高效节能的真空带式连续干燥设备介绍. 农业工程学报，23(3)：117-120

徐成海，张世伟，关奎之. 2004. 真空干燥. 北京：化学工业出版社

Asano K，Shinagawa K，Hashimoto N. 1982. Characterization of haze-forming proteins of beer and their roles in chill haze formation. J. Am. Soc. Brew. Chem. ,40:147-154

Asano K,Ohtsu K,Shinagawa K,et al. 1984. Affinity of proanthocyanidins and their oxidation products for haze forming proteins of beer and the formation of chill haze. J. Agric. Biol. Chem. ,48(5):1139-1146

Fricke J,et al. 2002. Chromatographic Reactors. Weinheim:Wiley-VCH Verlag GmbH & Co. KGaA

Hara Y,Honda M. 1990. The inhibition of α-amylase by tea polyphenols. J. Agric. Biol. Chem. ,54(8):1939-1944

Henley S. 1998. Separation Process Principles. New York:John Wiley & Sons

Meisel N. 1998. Continuous vacuum drying:More and more applications. Industries-Alimentaires-et-Agricoles,105(4):281-285

Rousseau R W. 1987. Handbook of Separation Processes Technology. New York:John Wiley & Sons

Sekiya J,Kajiwara T,Monma T,et al. 1984. Inter-reaction of tea catechin with protein:Formation of protein precipitate. J. Agric. Biol. Chem. ,48(8):1963-1967

Shaeiwitz J A,et al. 2002. Biochemical Separations. Weinheim:Wiley-VCH Verlag GmbH & Co. KGaA

Siebert K J,Carrasco A,Lynn P Y. 1996a. Formation of protein-polyphenol haze in beverages. J. Agric. Food Chem. ,44(8):1997-2005

Siebert K J,Troukhanova N V,Lynn P Y. 1996b. Nature of polyphenol-protein interactions. J. Agric. Food Chem. ,44(1):80-85